中等职业教育数控技术应用专业系列教材

数控铣床/加工中心编程与操作实例

第2版

主　编　翟瑞波
参　编　汪化娟

机 械 工 业 出 版 社

本书是依据中等职业学校、技工学校的数控技术应用专业领域技能型紧缺人才培养培训指导方案编写的。本书的主要内容包括数控铣床/加工中心编程基础，FANUC 系统、SIEMENS 系统和华中系统数控铣床编程与操作实例。本书将典型零件的加工过程逐一分解，讲解详细，并将宏程序参数编程应用在实际零件加工中。

本书可作为中等职业学校、技工学校数控技术应用专业教学用书，也可作为职业技术院校机电一体化、机械制造类专业教材及机械类工人岗位培训和自学用书。

图书在版编目（CIP）数据

数控铣床/加工中心编程与操作实例/翟瑞波主编．—2 版．—北京：机械工业出版社，2012.1（2023.8 重印）
中等职业教育数控技术应用专业系列教材
ISBN 978-7-111-36060-5

Ⅰ.①数…　Ⅱ.①翟…　Ⅲ.①数控机床：铣床—程序设计—中等专业学校—教材　②数控机床：铣床—操作—中等专业学校—教材　Ⅳ.①TG547

中国版本图书馆 CIP 数据核字（2011）第 205746 号

机械工业出版社（北京市百万庄大街 22 号　邮政编码 100037）
策划编辑：王英杰　王晓洁　责任编辑：宋亚东
版式设计：霍永明　责任校对：刘怡丹
封面设计：王伟光　责任印制：刘　媛
涿州市般润文化传播有限公司印刷
2023 年 8 月第 2 版第 6 次印刷
184mm×260mm · 19.75 印张 · 488 千字
标准书号：ISBN 978-7-111-36060-5
定价：48.00 元

电话服务	网络服务
客服电话：010-88361066	机 工 官 网：www.cmpbook.com
010-88379833	机 工 官 博：weibo.com/cmp1952
010-68326294	金 书 网：www.golden-book.com
封底无防伪标均为盗版	机工教育服务网：www.cmpedu.com

中等职业教育数控技术应用专业系列教材
编　委　会

前　言

本书第1版自2007年7月出版以来，以较强的通用性、实用性受到了广大读者的欢迎。随着数控技术的发展，书中的内容、课题需要进一步优化，以便满足读者需求。加之新一届陕西省数控教学研究会成立，一些专家、学者提出了很好的建议，特此成立新的编委会并完成了本书第2版的编写。在保证加工出合格零件的同时，如何优化数控加工工艺、合理编制程序是一个关键问题，本书第2版正是以着重解决此问题为出发点而编写的。与此同时，本书在第1版的基础上调整了章节设置，优化了教材结构，使教材更加适于教学和便于读者学习掌握。

本书从数控铣床/加工中心编程基础入手，依次分析了FANUC系统、SIEMENS系统和华中系统的编程与操作。书中基本指令的讲解详细，实例丰富；指令的综合运用合理得当；宏程序（参数编程）课题适用性强。综合课题的设置突出了实际应用效果，强化了加工工艺、程序编制的应用技巧。书中实例程序均已在机床上运行加以验证。本书内容丰富，文字精炼、术语准确，典型实例代表性强，是从事数控教学、数控加工的首选教材和参考书。

本书第一、二、三章由翟瑞波编写，第四章由汪化娟编写，全书由翟瑞波担任主编并统稿。

本书在编写过程中得到了陕西省数控教学研究会各院校专家和学者的大力支持，以及中航工业西安航空发动机（集团）有限公司技术、技能专家的大力帮助，在此一并表示感谢。

由于作者水平所限，书中不足之处在所难免，恳请广大读者批评指正。

编　者

目　录

第一章　数控铣床/加工中心编程基础

第一节　数控铣床/加工中心概述

一、数控铣床概述

数控铣床在机床设备中应用非常广泛，它能够进行平面铣削、型腔铣削、螺纹铣削、外形轮廓铣削、三维及三维以上复杂型面铣削，还可进行钻削、镗削等孔加工。加工中心、柔性制造单元等都是在数控铣床的基础上产生和发展起来的。

1. 数控铣床按主轴位置分类

（1）立式数控铣床　立式数控铣床（图1-1）的主轴轴线垂直于水平面，是数控铣床中最常见的一种布局形式，应用范围也最广泛。从机床数控系统控制的坐标数量来看，目前3坐标数控立铣仍占大多数，一般可进行3坐标联动加工。此外，有些机床主轴可以绕X、Y坐标轴中的其中一个或两个轴作数控摆角运动，实现4坐标和5坐标数控立铣。

图1-1a所示为立式数控铣床，一般用在中型数控铣床中；图1-1b所示为龙门数控铣床，大型数控铣床多采用此种结构。

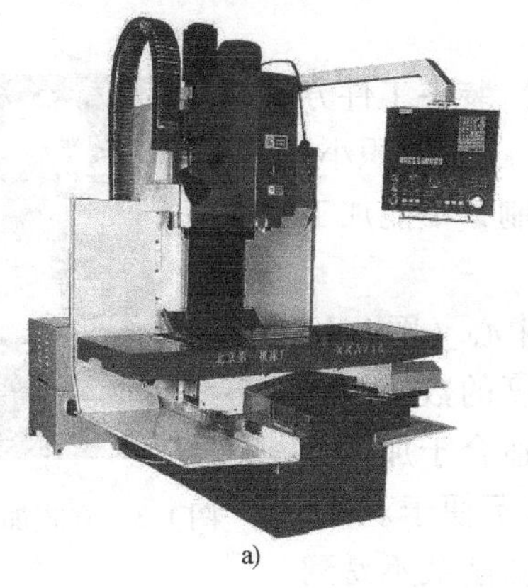

a)

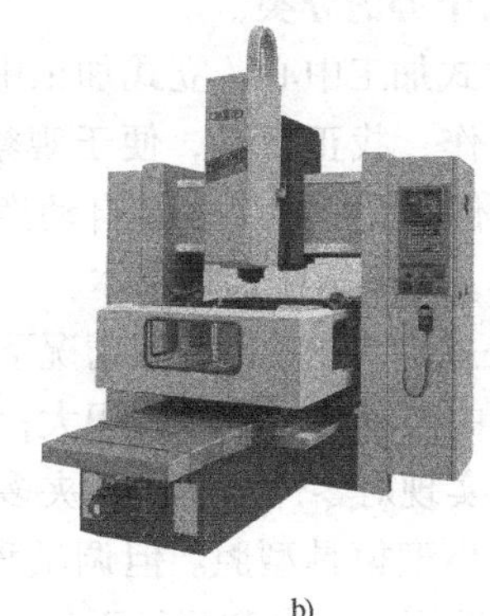

b)

图1-1　立式数控铣床

a）立式数控铣床　b）龙门数控铣床

（2）卧式数控铣床　卧式数控铣床（图1-2）与通用卧式铣床相同，其主轴轴线平行于水平面。为了扩大加工范围和扩充功能，卧式数控铣床通常采用增加数控转盘或万能数控转盘来实现4坐标和5坐标加工。这样，不但可以加工工件侧面上的连续回转轮廓，而且可以实现在一次安装中，通过转盘改变工位，进行“四面加工”。

图1-2　卧式数控铣床

（3）立卧两用数控铣床　由于这类铣床的主轴方向可以更换，能达到在一台机床上既可以进行立式加工，又可以进行卧式加工，而同时具备上述两类机床的功能，其使用范围更广，功能更全，选择加工对象的余地更大，且给用户带来不少方便。特别是当生产批量小，品种较多，又需要立、卧两种方式加工时，用户只需买一台这样的机床就行了。

2. 数控铣床按系统功能分类

(1) 经济型数控铣床　经济型数控铣床是在普通铣床基础上改造而来的，采用经济性数控系统，成本低，机床功能较少，主轴转速和进给速度不高，主要用于精度要求不高的平面或曲面类零件的加工。

(2) 全功能数控铣床　全功能数控铣床一般采用半闭环或闭环控制，控制系统功能较强，一般可实现4坐标或以上的联动，加工适应性强，应用最为广泛。

(3) 高速数控铣床　高速数控铣床的主轴转速在8000～40000r/min、进给速度可达10～30m/min，采用全新的机床结构（主体结构及材料变化）、功能部件（电主轴、直线电动机驱动进给）和功能强大的数控系统，并配以加工性能优越的刀具系统，可对大面积的曲面进行高效率的、高质量的加工。

二、加工中心概述

数控铣床与加工中心在数控机床中所占的比重较大，应用也最为广泛。数控铣床与加工中心的主要区别在于加工中心是带有刀库和自动换刀装置的数控铣床。因此，数控加工中心的编程方法除换刀程序外，均与普通数控铣床的编程方法相同。

加工中心集中了铣削、镗削、钻孔、攻螺纹和车螺纹等功能，适用于加工凸轮、箱体、支架、盖板、模具等各种复杂型面的零件。

1. 加工中心的分类

(1) 立式加工中心　立式加工中心（图1-3）装夹工件方便，便于操作，找正容易，便于观察切削情况，占地面积小，应用广泛。但它受立柱高度及自动换刀系统的限制，不能加工太高的工件，也不适于加工箱体。

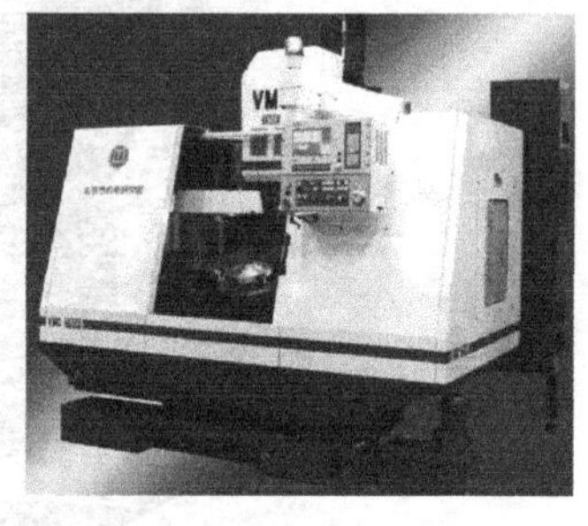

图1-3　立式加工中心

(2) 卧式加工中心　一般情况下，卧式加工中心（图1-4）比立式加工中心复杂，占地面积大，有能精确分度的数控回转工作台，可实现对零件的一次装夹多工位加工，适合于加工箱体类零件及小型模具型腔。但调试程序及试切时不便于观察，生产时不易监视，装夹和测量不便，加工深孔时切削液不易到位（若没有内冷却钻孔装置）。由于存在诸多不便，卧式加工中心的准备时间比立式加工中心更长，但加工数量越多，其多工位加工、主轴转速高、机床精度高的优势就表现得越明显，所以卧式加工中心适合于批量加工。

(3) 立卧加工中心　立卧式加工中心（图1-5）利用铣头的立卧转换机构可以实现立式加工方式与卧式加工方式的相互转换。立卧式加工中心兼有立式加工中心、卧式加工中心的特点。

立式加工中心、卧式加工中心带有APC（交换工作台）装置，交换工作台有两个或多个。在有的制造系统中，工作台在各机床上都通用，通过自动运送装置，工作台带着装夹好的工件在车间内形成物流，这种工作台也叫托盘。因为装卸工件不占机时，因此其自动化程度更高，效率也更高。

图 1-4　卧式加工中心

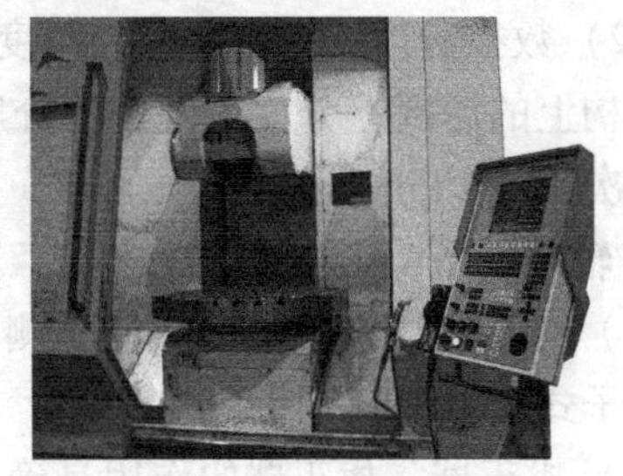

图 1-5　立卧加工中心

2. 按换刀形式分类

（1）带刀库和机械手的加工中心　加工中心的换刀装置（ATC）由刀库和机械手组成，换刀机械手完成换刀工作。这是加工中心普遍采用的形式。

（2）无机械手的加工中心　这种加工中心的换刀通过刀库和主轴箱的配合动作来完成。一般是采用把刀库放在主轴可以运动到的位置，或整个刀库或某一刀位能移动到主轴箱可以达到的位置。刀库中刀的存放位置方向与主轴装刀方向一致。换刀时，主轴运动到刀位上的换刀位置，由主轴直接取走或放回刀具。多用于采用 40 号以下刀柄的小型加工中心。

（3）刀库转塔式加工中心　一般在小型立式加工中心上采用转塔刀库形式，主要以孔加工为主。

三、加工中心工具及辅助设备

1. 数控回转工作台和数控分度工作台

（1）数控回转工作台　数控回转工作台同直线进给工作台一样，是在数控系统的控制下完成工作台圆周进给运动的，并能同其他坐标轴实行联动，以完成复杂零件的加工，还可以作任意角度转位和分度。数控回转工作台适用于数控铣床和加工中心，使机床增加一个或两个回转坐标，从而使 3 坐标机床实现四轴、五轴加工功能。图 1-6 所示为数控回转工作台的典型结构。

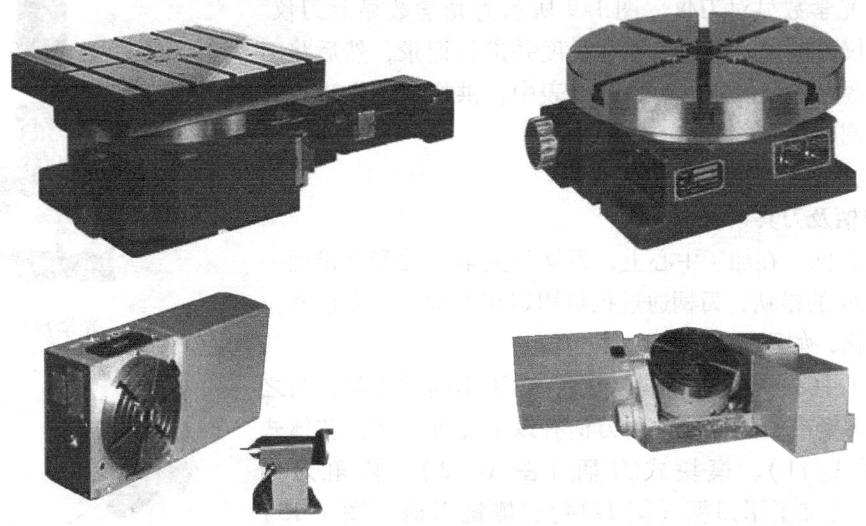

图 1-6　数控回转工作台的典型结构

（2）数控分度工作台　数控分度工作台与数控回转工作台不同，它只能完成分度运动。由于结构上的原因，分度工作台的分度运动只限于某些规定角度，如在0°～360°范围内每5°分一次或每1°分一次。

2. 辅助设备

（1）对刀器　对刀器的功能是测定刀具与工件的相对位置，其形式多样，如：对刀量块、电子式对刀器（图1-7）等。

（2）找正器　找正器的作用是确定工件在机床上的位置，即确定工件坐标系，它有机械式和电子式两种。电子式找正器需要内置电池，当其找正球接触工件时，发光二极管亮，其重复找正精度在2μm以内。图1-8所示为其应用（测量孔径、台阶高、槽宽、直径及坐标系设定）。

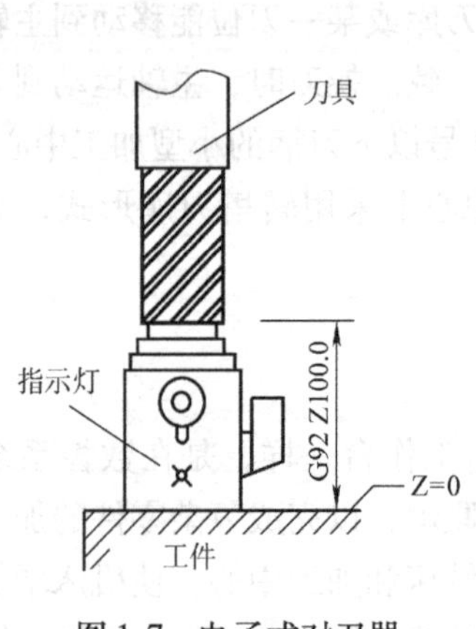

图1-7　电子式对刀器

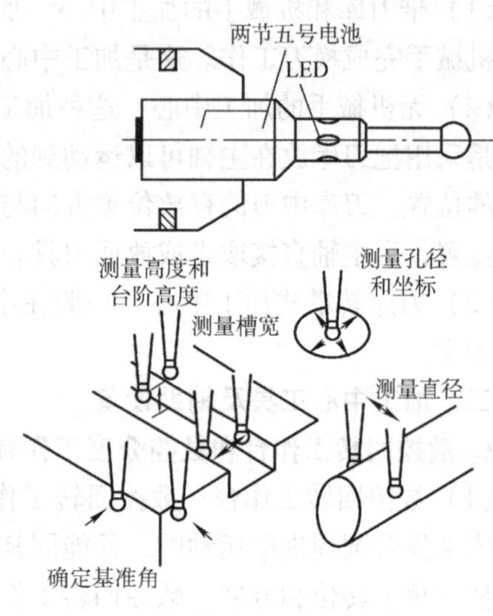

图1-8　找正器

（3）光学数显对刀仪　图1-9所示为光学数显对刀仪。使用对刀仪可测量刀具的半径和长度并进行记录，然后将刀具的测量数据输入机床的刀具补偿表中，供加工中心进行刀具补偿时调用。

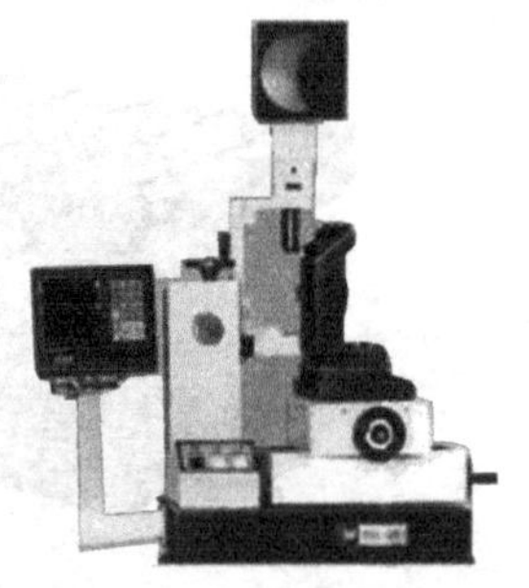
图1-9　光学数显对刀仪

四、加工中心刀具系统

1. 刀柄及刀具系统

（1）刀柄　在加工中心上，刀柄与主轴孔的配合锥面一般采用7:24的锥柄，刀柄通过拉钉固定在主轴上。刀柄和拉钉已标准化，如图1-10所示。

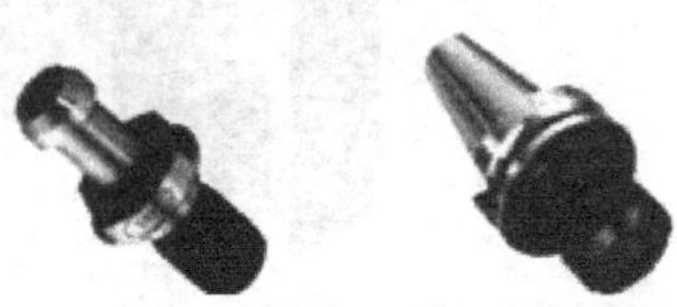
图1-10　刀柄和拉钉

在加工中心上，刀具种类繁多，对于不同的刀具，与之相适应的刀柄有所不同。常用刀柄有以下几种形式：整体式刀柄（图1-11）、模块式刀柄（图1-12）、转角刀柄（图1-13）、孔加工用刀柄（图1-14）、侧铣刀柄（图1-15）和内冷却刀柄（图1-16）。

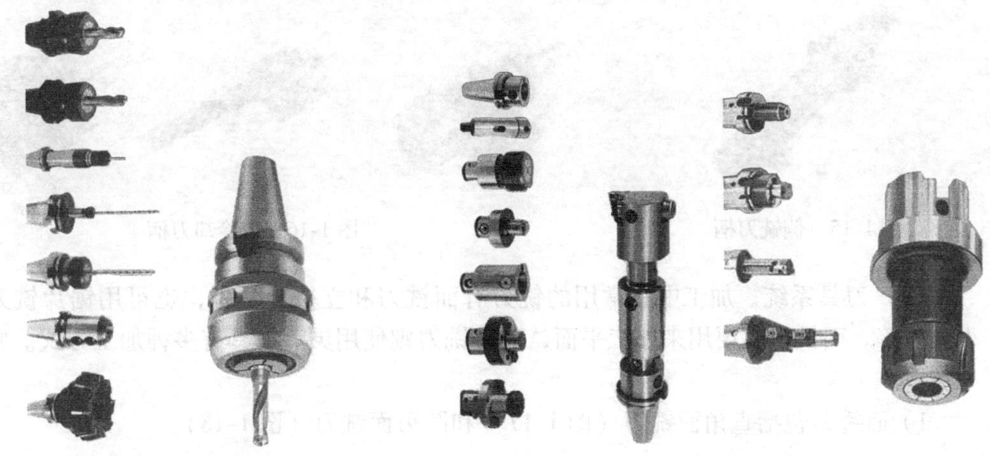

图 1-11　整体式刀柄　　图 1-12　模块式刀柄

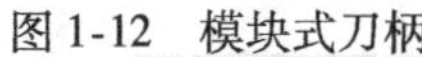

图 1-13　转角刀柄

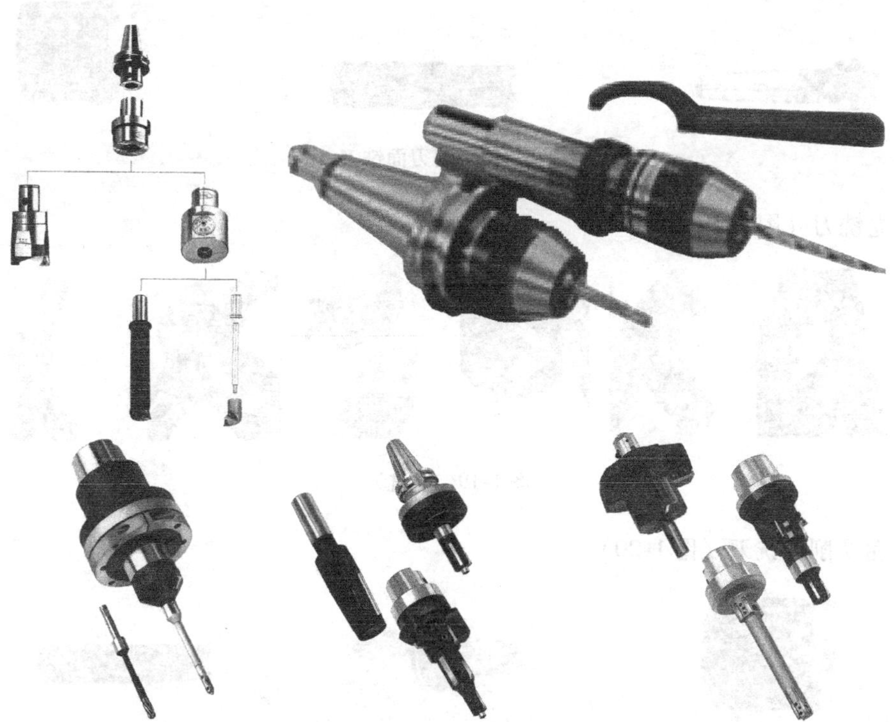

图 1-14　孔加工用刀柄

图1-15 侧铣刀柄

图1-16 内冷却刀柄

（2）刀具系统 加工中心常用的铣刀有面铣刀和立铣刀两种，也可用锯片铣刀、三面刃铣刀等。面铣刀主要用来加工平面，而立铣刀则使用灵活，具有多种加工方式。常用刀具如下：

1）面铣刀包括直角面铣刀（图1-17）和圆刃面铣刀（图1-18）。

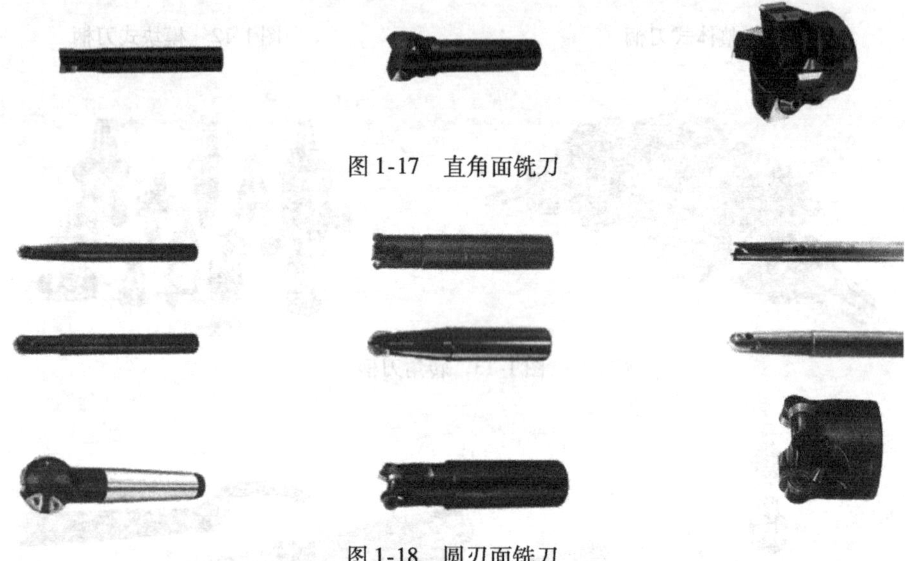

图1-17 直角面铣刀

图1-18 圆刃面铣刀

2）立铣刀（图1-19）。

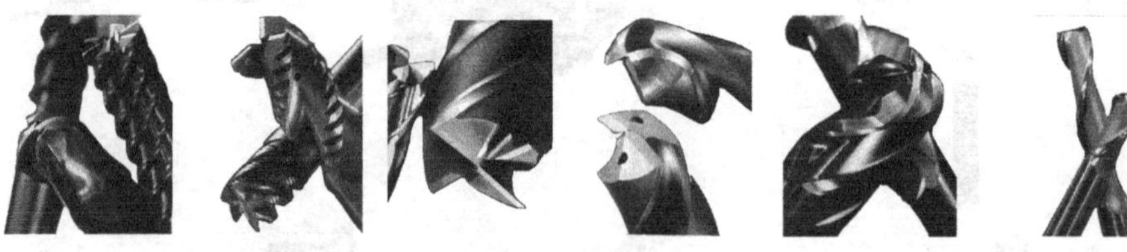

图1-19 立铣刀

3）粗切削侧铣刀（图1-20）。

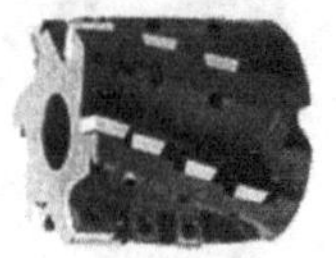

图1-20 粗切削侧铣刀

4）平面铣刀（图1-21）。

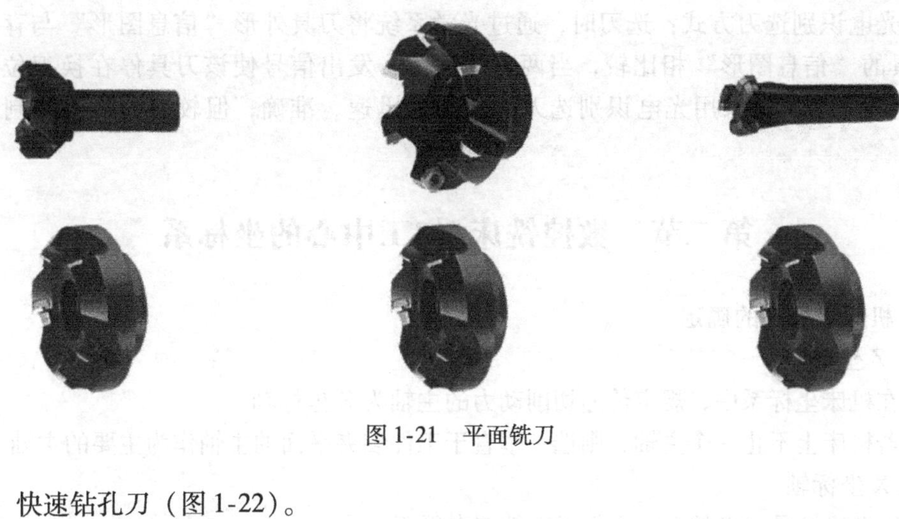

图1-21 平面铣刀

5）快速钻孔刀（图1-22）。

图1-22 快速钻孔刀

6）其他铣刀（图1-23）。

a) b)

图1-23 其他铣刀
a）T形槽铣刀 b）侧切槽铣刀

2. 镗铣加工中心刀库

（1）刀库类型 加工中心常用的刀库有盘式和链式两种。盘式刀库结构简单、紧凑，应用较多，一般存放刀具不超过32把，如图1-24所示。链式刀库多为轴向取刀，适用于刀库容量较大的数控机床，如图1-25所示。

图1-24 盘式刀库

图1-25 链式刀库

（2）选刀方式 按数控装置的刀具选择方式指令，从刀库中挑选各工序所需刀具的操作，称为自动选刀。常用的选刀方式有以下两种方式：

1）顺序选刀方式：将刀具按加工工序的顺序，依次放入刀库的每一个刀座内。每次换刀时，刀库按顺序转动一个刀座位置。并取出所需要的刀具。已使用过的刀具可以放回原来的刀座内，也可以按顺序放入下一个刀座内。

顺序选刀方式具有结构简单、工作可靠等优点，但由于刀库中的刀具在不同的工序中不能重复使用，从而降低了刀具和刀库的利用率。此外，人工装刀的操作必须准确，一旦刀具在刀库中的顺序发生差错，将会造成严重事故。

2）光电识别选刀方式：选刀时，通过光学系统将刀具外形“信息图形”与存储器内指定刀具的“信息图形”相比较，当两者一致时，发出信号使该刀具停在换刀位置，由机械手将刀具取出。采用光电识别选刀方式选刀迅速、准确，但较高的价格限制了它的使用。

第二节　数控铣床/加工中心的坐标系

一、机床坐标系的确定

（1）Z坐标轴

1）在机床坐标系中，规定传递切削动力的主轴为Z坐标轴。

2）若机床上不止一个主轴，则选一垂直于工件装夹平面的主轴作为主要的主轴。

（2）X坐标轴

1）X坐标轴是水平的，它平行于工件装夹平面。

2）如果Z坐标是水平（卧式）的，当从主要刀具的主轴向工件看时，向右的方向为X的正方向；如果Z坐标是垂直（立式）的，当从主要刀具的主轴向立柱看时，X的正方向指向右边。

（3）Y坐标轴　Y坐标轴根据Z和X坐标轴，按照右手直角笛卡儿坐标系确定。如图1-26所示。

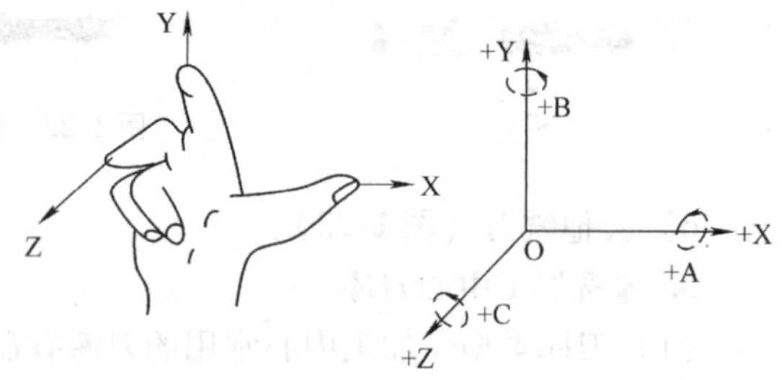

图1-26　右手直角笛卡儿坐标系

（4）其他坐标轴　如果在X、Y、Z主要直线运动之外另有第二组、第三组平行于它们的运动，可分别将它们的坐标定为U、V、W和P、Q、R。

（5）旋转坐标轴　A、B、C分别表示其轴线平行于X、Y、Z的旋转坐标轴。可用右手判定，大拇指为坐标轴正向，则弯曲的四指为旋转坐标轴的正向。图1-27、图1-28所示分别为卧式和立式数控铣床坐标系。

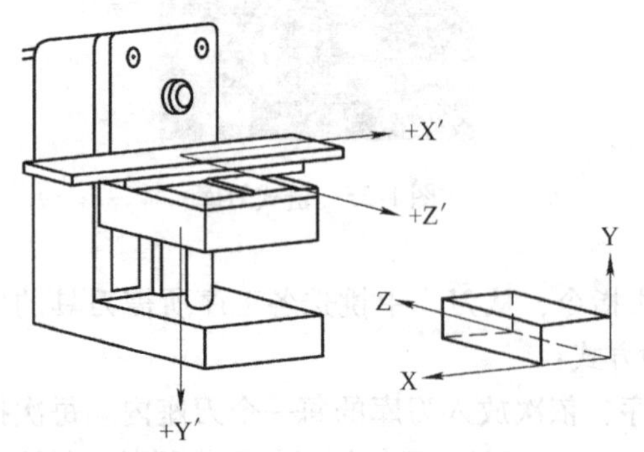

图1-27　卧式数控铣床坐标系

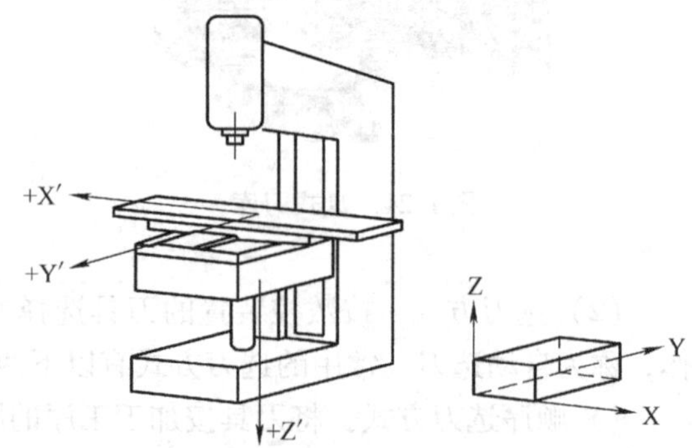

图1-28　立式数控铣床坐标系

二、机床原点

机床原点是机床坐标系的原点，是机床制造商设置在机床上的一个物理位置。其作用是使机床与控制系统同步，建立测量机床运动坐标的起始点。

机床原点一般设置在机床移动部件沿其坐标轴正向的极限位置，如图 1-29 所示。

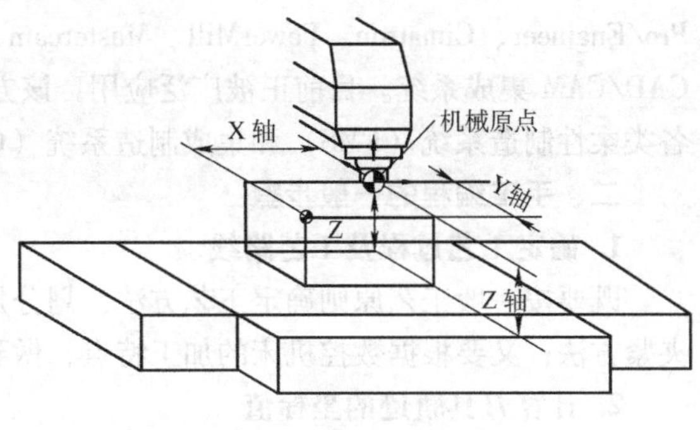

图 1-29　立式铣床机床原点

三、机床参考点

与机床原点相对应的还有一个机床参考点，它是机床制造商在机床上用行程开关设置的一个物理位置，与机床的相对位置是固定的。机床参考点一般不同于机床原点。一般来说，加工中心的参考点为机床的自动换刀位置。

四、工件坐标系

工件坐标系是编程人员在编程和加工时使用的坐标系，是程序的参考坐标系。工件坐标系的原点设置以机床坐标系为参考点，一般在一个机床中可以设定 6 个工件坐标系，同时还可以在程序中多次设置原点。设置时一般用 G92 或 G54 ~G59 等指令。工件坐标系采用右手直角笛卡儿坐标系，图 1-30 所示为工件坐标系。

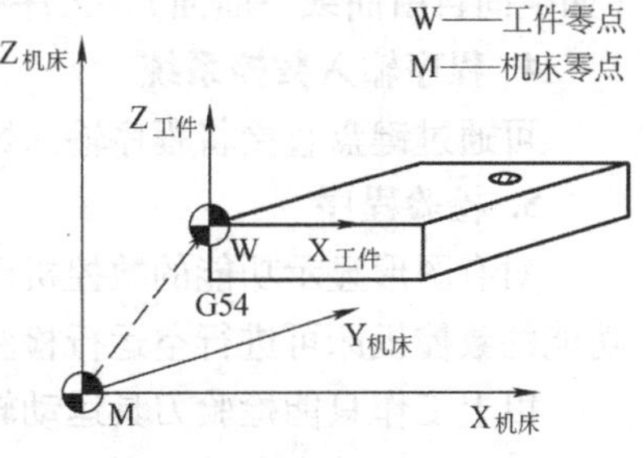

图 1-30　工件坐标系

编程人员以工件图样上某点为工件坐标系的原点，称工作原点。工作原点一般设在工件的设计工艺基准处，便于尺寸计算。

编程时的刀具轨迹坐标点按工件轮廓在工件坐标系中的坐标确定。

在加工时，工件随夹具装夹在机床上，这时测量工作原点与机床原点间的距离，称作工作原点偏置，该偏置预存到数控系统中。在加工时，工作原点偏置能自动加到工件坐标系上，使数控系统可按机床坐标系确定加工时的绝对坐标值。

第三节　编程的一般步骤

所谓编程，即把零件的工艺过程、工艺参数及其他辅助动作，按动作顺序及数控机床规定的指令格式编成加工程序，然后输入控制装置，从而操纵机床进行加工。

一、数控机床的编程方法

1. 手工编程

利用一般的计算工具，通过各种数学方法，人工进行刀具轨迹的运算，并进行指令编制。这种方式比较简单，很容易掌握，适应性较大。适用于中等复杂程度程序、计算量不大的零件编程。对机床操作人员来讲必须掌握。

2. 自动编程

分析零件图样和制订工艺方案由人工进行，数学处理、编写程序、检验程序由计算机完成。此方式效率高，可解决复杂形状零件的编程难题。

利用CAD/CAM软件可进行零件的设计、分析及加工编程的编制，常用的软件如UG、Pro/Engineer、Cimatron、PowerMill、Mastercam、CAXA等。该种方法适用于制造业中的CAD/CAM集成系统。目前正被广泛应用，该方式适应面广、效率高、程序质量好，适用于各类柔性制造系统（FMS）和集成制造系统（CIMS），但投资大，掌握起来需要一定时间。

二、手工编程的一般步骤

1. 确定工艺过程及工艺路线

既要按一般工艺原则确定工艺方法，划分加工阶段，选择机床、刀具、切削用量及定位夹紧方法；又要根据数控机床的加工特点，做到工序集中、换刀次数少和空行程路线短等。

2. 计算刀具轨迹的坐标值

根据零件的形状、尺寸，确定加工路线，计算出零件轮廓线上各几何要素的起点、终点和圆弧的圆心坐标。若数控机床无刀具补偿功能，则应计算刀心轨迹。当用直线、圆弧来逼近非圆曲线时，应计算曲线上各节点的坐标值。

3. 编写加工程序

手工编程适合零件形状较简单、加工工序较短、坐标计算较简单的场合；对于形状复杂(如空间自由曲线、曲面)、工序很长、计算烦琐的零件可采用计算机辅助编程。

4. 程序输入数控系统

可通过键盘直接将程序输入数控系统，也可采用计算机传输程序。

5. 检验程序

对有图形显示功能的数控机床，可进行图形模拟加工，检查刀具轨迹是否正确。对无此功能的数控机床可进行空运行检验。

以上工作只能检验刀具运动轨迹的正确性，无法检验对刀误差和某些计算误差引起的加工误差及加工精度误差。因此，还要进行首件试切削，可先用铝、塑料、石蜡等易切削材料试切。试切削后若发现工件不符合要求，可修改程序或进行刀具补偿。

手工编程的一般过程如图1-31所示。

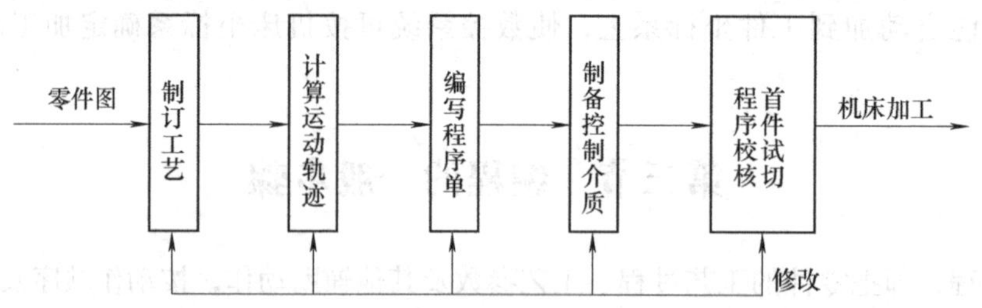

图1-31　手工编程的一般过程

第四节　程序编制的基本概念

一、程序代码

国际标准化组织（ISO）在数控技术方面制定了一系列相应的国际标准，各国根据实际情况制定了各自的国家标准，这些标准是数控加工编程的基本原则。

国际上通用的EIA（电子工业协会）和ISO（国际标准化组织）两种代码，代码中有数字码（0~9）、文字码（A~Z）和符号码。20世纪六七十年代国内外广泛采用八单位标准穿孔带作为数控系统的控制介质。20世纪80年代以后已不采用纸带输入，而广泛采用计算机传输数据的方法。

二、程序结构（以FANUC系统为例）

1. 程序号

在编程时，每一种工件必须先指定一个程序号，并编在整个程序的起始位置。FANUC系统中程序编号的结构如下：

O____；

└── 用4位数（1～9999）表示，不允许为0

程序编号可用下列方式

O3；

O03；

O103；

O1003；

O1234；

在程序后面可注释程序的名字和年月日并用括号括起。程序名可用16位字符表示，要求有利于理解。程序号要单独使用一个程序段。程序结构见例1。

例　O100；（NAME）程序编号

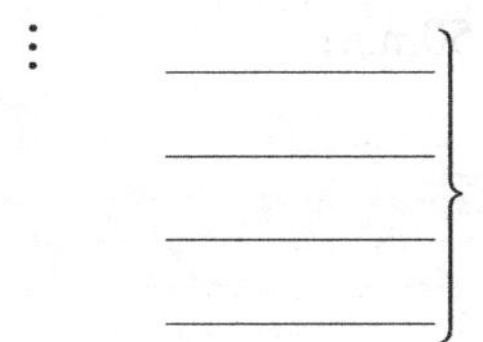

M02；　　　　程序结束

程序在存储器中的位置决定了该程序的一些权限，根据程序的重要程度和使用频率，用户可选择合适的程序号，程序编号使用规则见表1-1。

表1-1　程序编号使用规则

O1~O7999	程序能自由存储、删除和编辑
O8000~O8999	不经设定该程序就不能进行存储、删除和编辑
O9000~O9019	用于特殊调用的宏程序
O9020~O9899	如果不设定参数就不能进行存储、删除和编辑
O9900~O9999	用于机器人操作程序

2. 一个“字”

某个程序中安排字符的集合，称为“字”。程序段由各种“字”组成。指令字代表某一信息单元；每个指令字由地址符和数字组成，它代表机床的一个位置或动作。字的含义如图1-32所示。

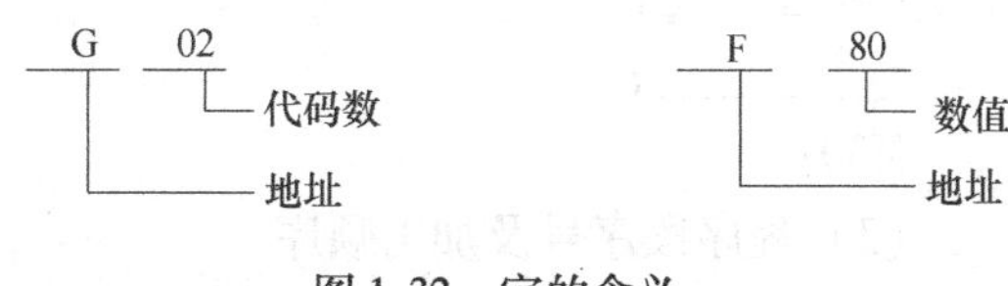

图1-32　字的含义

3. 程序段

程序段由程序段段号及各种“字”组成。

程序段格式是指令字在程序段中排列的顺序，不同的数控系统有不同的程序段格式。一个程序段中各字也可不按顺序（但为了编程方便常按一定顺序），这种格式虽然增加了地址读入电路，但是编程直观灵活，便于检查。常用程序格见表1-2。

表1-2 常用程序格

1	2	3	4	5	6	7	8	9	10	11
N__	G__	X__ U__ Q__	Y__ V__ P__	Z__ W__ R__	I__J__K__ R__	F__	S__	T__	M__	LF
顺序号	准备功能	坐标字				进给功能	主轴转速功能	刀具功能	辅助功能	结束符号

（1）准备功能（G功能） 由表示准备功能地址符“G”和两位数字组成，使机床做好某种操作准备指令。G功能代码已标准化。

（2）坐标字 由坐标地址代码的字母（如X、Y等）开头。各坐标轴的地址符按下列顺序排列：X、Y、Z、U、V、W、Q、R、A、B、C、D、F，其中，数字的格式含义如下：

如果机床设置加工单位以脉冲为单位，

则 X50.、X50.0、X50000 都可以表示沿X轴移动50mm；

如果机床设置加工单位以mm为单位，

则 50、50. 同样作用

例 O123；（程序号）

```
N11 ______;            设定刀具出发点
__________;
…
N12 ______;            粗铣外形
…                      略
N23 ______;            加工槽
__________;
N34 ______;            精切外形
⋮
N45 ______;
__________;
M30;
```

（3）程序段序号及加工顺序

1）进给功能F。由进给地址符F及数字组成，数字表示所选定的进给速度，单位一般为“mm/min”或“mm/r”。

2）主轴转速功能 S。由主轴地址符 S 及数字组成，数字表示主轴转速，单位为“r/min”。

3）刀具功能 T。由地址符 T 和数字组成，用以指定刀具的号码。

4）辅助功能（M 功能）。由辅助操作地址符“M”和两位数字组成。M 功能代码已标准化。

5）结束符号。列在程序段的最后一个有用的字符之后，表示程序段的结束。采用 ISO 标准时为“LF”，有的用“;”或“*”表示。

三、编程规则

1. 自保持功能

为了使编程和输入尽可能简单，大多数 G 代码和 M 代码都具有自保持功能（即模态码、续效码）除非是被取代或取消，否则总是有效的。另外，X、Y、Z、F、S 的内容不变，下一程序段会自动接受该内容，因此亦可不编写和不输入。

例

```
N40 G00 X30.0 Z5.0 S700 T01;
N50 G00 X0 Z5.0 S700 T01;
N60 G01 X0 Z0 F40 S700 T01;
N70 G01 X25.0 Z0 F40 S700 T01;
```

以上程序可简写为：

```
N40 G00 X30.0 Z5.0 S700 T01;
N50 X0;
N60 G01 Z0 F40;
N70 X25.0;
```

这样，程序编写和输入计算机就方便多了。

2. 指令的取消和替代

G 代码和 M 代码可分成不同的组（详见 FANUC 系统指令代码），对于同组中的代码，后编入的代码有效。

例

```
N40 G00 X30.0 Z5.0;
N50 G01 Z-25.0 F40;
```

其中，N50 中 G01 取消了 N40 中的 G00。

数控操作系统中有一些特殊的 G 指令和 M 指令可直接取消其他规定的几个指令。

如：G40 取消 G41、G42，G49 取消 G43、G44，M30 程序结束，并执行 M05（主轴停）、M09（切削液停）。

3. 初始状态

各类数控机床有其通电后的初始状态，常见的如绝对值编程、米制单位、取消刀补、切削液停、主轴停等。

四、准备程序段和结束程序段

每个程序的格式不可能完全相同。但是一个完整的程序必须具备准备程序段和结束程序段。

（1）准备程序段　一般必须具备以下几个指令：

1）程序号（O0001～O7999）。

2）编程零点的确定，也就是零点偏置尺寸（如 G92 X50.0 Y50.0 Z50.0;）。

3）刀具数据（如 T02_D02_H02）。

4）主轴转速（如 S500）。

5）主轴旋转方向（M03、M04）。

6）刀具快速定位的位置尺寸（如 G00 X__ Y__ Z__;）。

（2）结束程序段 一般具备以下几个指令：

1）刀具快速退回远离工件（如返回参考点）。

2）主轴停转（M05）。

3）取消刀具数据补偿（T00）。

4）程序结束并返回至程序开始（M30）。

复习思考题

1. 数控铣床如何分类？
2. 加工中心如何分类？试述数控铣床与加工中心的异同点。
3. 数控回转工作台和数控分度工作台有何不同？如何应用？
4. 光学数显对刀仪有何作用？
5. 加工中心常用刀柄有哪几种形式？
6. 试述镗铣加工中心刀库的类型及选刀方式。
7. 画图说明如何确定机床坐标系？
8. 什么是机床原点？什么是机床参考点？两者有何异同？
9. 什么是工件坐标系？工件坐标系原点如何确定？
10. 数控机床编程方法有哪些？各有何特点？
11. 试述手工编程的步骤。
12. 举例说明程序的结构。
13. 什么是自保持功能？
14. G、M 指令代码如何取消和替代？
15. 一个完整的程序应具备的准备程序段和结束程序段有哪些指令？

第二章　数控铣床/加工中心编程与操作实例（FANUC 系统）

第一节　常用指令

在数控加工过程中，用各种 G、M 指令来描述工艺过程的各种操作和运动特征。国际上广泛使用 ISO 标准的 G、M 指令。G、M 指令分别由地址字 G、M 及两位数字组成，共有 100 种 G 指令和 100 种 M 指令：G00～G99、M00～M99。随着数控系统功能的不断增加，系统指令已达三位数（如 G154）。G 代码组及含义见表 2-1。

表 2-1　G 代码组及含义

G 代码	组别	解释	G 代码	组别	解释
* G00		定位（快速移动）	G73		高速深孔钻削循环
G01	01	直线插补	G74		左旋攻螺纹循环
G02		顺时针切圆弧	G76		精镗孔循环
G03		逆时针切圆弧	* G80		取消固定循环
G04	00	暂停	G81		定点钻孔循环
* G17		XY 面选择	G82		钻孔、镗孔循环
G18	02	XZ 面选择	G83	09	深孔钻削循环
G19		YZ 面选择	G84		右旋攻螺纹循环
G28	00	机床返回参考点	G85		镗孔循环
G30		机床返回第 2 参考点	G86		镗孔循环
* G40		取消刀具直径偏移	G87		背镗孔循环
G41	07	刀具半径左偏移	G88		镗孔循环
G42		刀具半径右偏移	G89		镗孔循环
* G43		刀具长度正方向偏移	* G90	03	使用绝对值命令
* G44	08	刀具长度负方向偏移	G91		使用增量值命令
* G49		取消刀具长度偏移	G92	00	设置工件坐标系
* G94	05	每分进给	G98	10	固定循环返回起始点
G95		每转进给	* G99		返回固定循环 R 点

注：带 * 者表示是开机时会初始化的代码。

一、工件坐标系的确定

1. 工件坐标系设定指令 G92

指令格式：G92 X__ Y__ Z__；

例　G92 X300.0 Y300.0 Z250.0；

含义：刀具起刀点位于工件坐标系中坐标值为 X300.0 Y300.0 Z250.0 点处，如图 2-1 所示。加工时刀具须位于刀具起刀点处。

2. 工件坐标系的原点设置选择指令 G54 ~ G59

如图 2-2 所示，铣凸台时用 G54 设置零点，铣槽时用 G55 设置零点，编程比较方便。

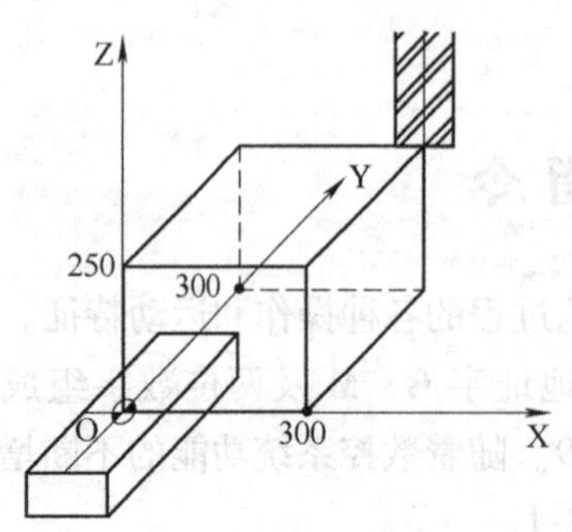

图 2-1 G92 X300.0 Y300.0 Z250.0 程序段示意图

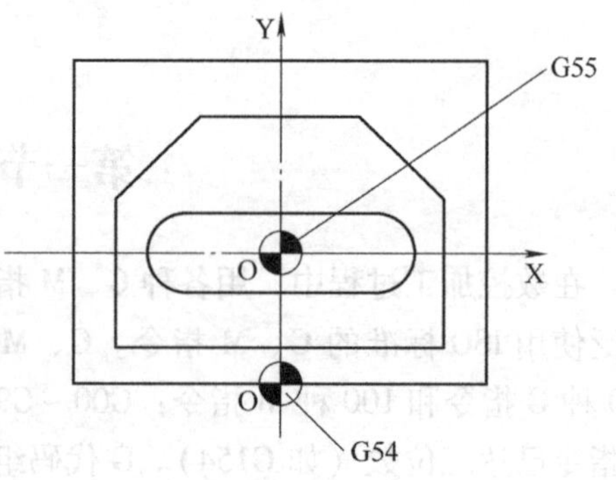

图 2-2 工件坐标系原点设置

一般数控机床可以预先设定 6 个（G54 ~ G59）工件坐标系，这些坐标系在机床重新开机时仍然存在。6 个工件坐标系皆以机床原点为参考点，分别测出工件原点相对机床原点的坐标值即原点偏置值，并输入到 G54 ~ G59 对应的存储单元中。在执行程序时，遇到 G54 ~ G59 指令后，便将对应的原点偏置值取出来参加计算，从而得到刀具在机床坐标系中的坐标值，控制刀具运动。

例 现已知图 2-3 所示原点偏置值。

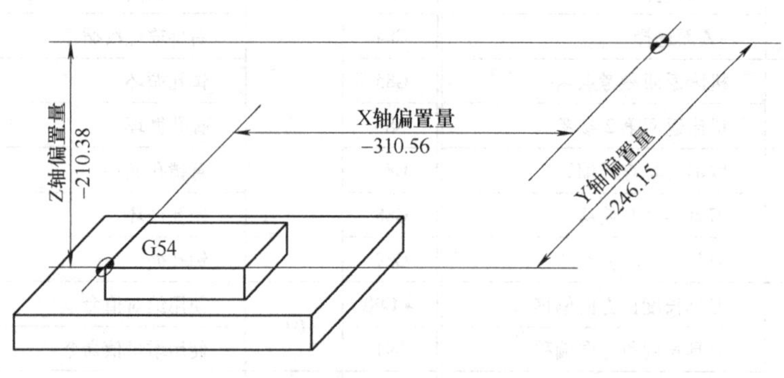

图 2-3 原点偏置

则 G54 偏置寄存器中的值输入为：

	X	Y	Z
G54	-310.56	-246.15	-210.38

此时，工件原点在机床坐标值为（X-310.56，Y-246.15，Z-210.38）处。

若程序编为 G90 G54 G00 X0 Y0 Z10.0；则刀具自动位于工件原点上方 10.0mm 处（仅与工件原点有关），此时机床坐标自动计算为（X-310.56 Y-246.15 Z-200.38）。

3. 局部坐标系指令 G52

局部坐标系是当前工件偏置的一种补充，或是一个子集或子系统，只有在选择了标准或附加的工件偏置后，才能设定局部坐标系。

局部坐标系的正式定义是与有效的工件偏置相关的坐标系统，它使用 G52 指令编程。G52 指令通常是已知工件坐标的补充，它设置一个新的临时程序原点。

为了加工孔编程方便，可用 G52 设置局部坐标系，如图 2-4 所示。

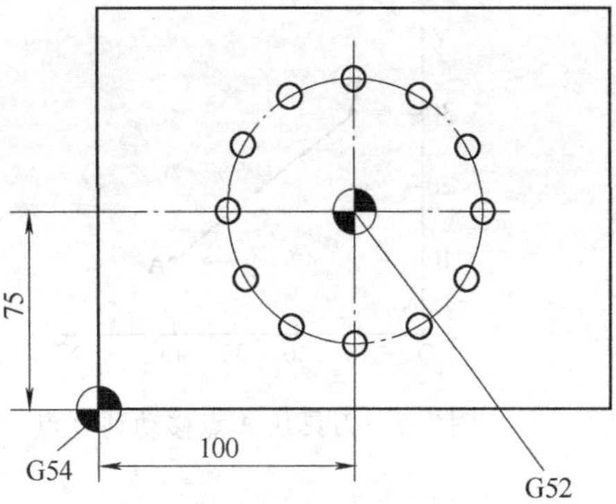

图 2-4 G52 设置局部坐标系

程序：

G90 G54 G00 X0 Y0；

G52 X100. Y75.； 建立局部坐标系，确定新的程序原点

… 此时的坐标值均以新的程序原点为准

G52 X0 Y0； 取消局部偏置并返回 G54

二、常用指令及应用

1. 米制和英制单位指令（G21、G20）

G21 指令选择米制（mm）单位，G20 指令选择英制（in）单位。G20、G21 是两个互相取代的 G 指令，一般机床出厂时，将 mm 输入 G21 设定为参数默认状态。用 mm 输入过程时，可不再指定 G21；但用 in 输入程序时，在程序开始时必须指定 G20。G21、G20 是具有停电后的续效性，为避免出现意外，在使用 G20 英制输入后，在程序结束前务必加一个 G21 的指令，以恢复机床的默认状态。

2. 绝对值坐标指令 G90 和增量值坐标指令 G91

表示运动轴的移动方式。G90 表示程序语句中的坐标为绝对坐标值，即从编程零点开始的坐标值。G91 表示程序中的坐标为增量坐标值，即指刀具从当前位置到下一个位置之间的增量值。如图 2-5 所示，表示刀具从 A 点移动到 B 点，用以上两种方式分别编程，格式如下：

G90 X10.0 Y30.0；绝对坐标

G91 X–30.0 Y20.0；增量坐标

大多数 FANUC 控制器允许在同一程序段使用两种模式，但是须在地址前指定 G90 和 G91 准备功能。车床并不使用 G90 和 G91，所以只在 X 轴和 U 轴以及 Z 轴和 W 轴之间切换，X 和 Z 包含绝对值，U 和 W 则是增量值。

3. 平面选择指令 G17、G18、G19

平面选择指令 G17、G18、G19 分别用来指定程序段中刀具的圆弧插补平面和刀具半径补偿平面，如图 2-6 所示。其中 G17 指定 XY 平面，G18 指定 XZ 平面，G19 指定 YZ 平面。镗铣加工中心初始状态为 G17。

4. F 进给率

F __；每分钟的进给率，进给率 F 的单位由 G 功能确定，即 G94 和 G95。

G94——直线进给率，单位 mm/min（默认设定）；

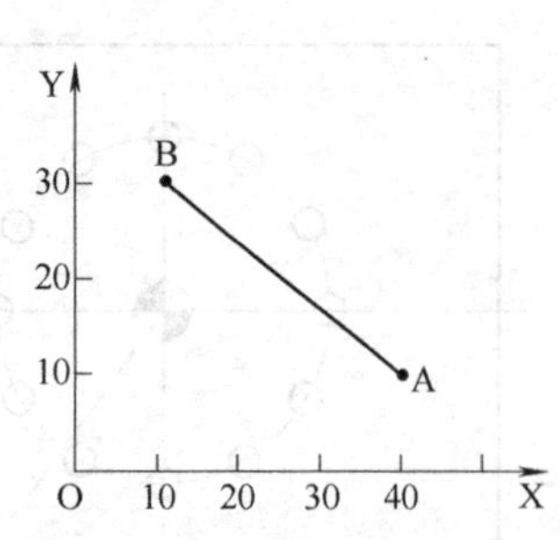

图 2-5　刀具从 A 点移动到 B 点

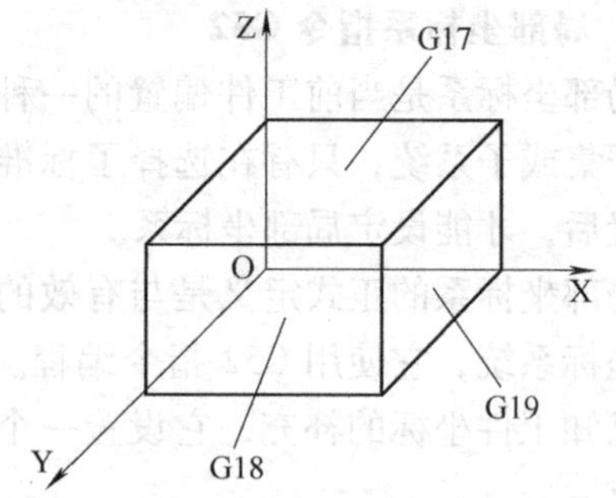

图 2-6　平面选择指令 G17、G18、G19

G95——旋转进给率，单位 mm/r（只有主轴旋转时才有意义）。

5. S 主轴转速/旋转方向

当机床具有受控主轴时，主轴的转速可以用地址 S 编程，单位为 r/min。旋转方向和主轴运动的起点和终点通过 M 指令规定：

M3——主轴正转，M4——主轴反转，M5——主轴停止。

如果在程序段中不仅有 M3 或 M4 指令，而且还有坐标轴运行指令，则 M 指令在坐标轴运行之前生效。

默认设定：当主轴运行之后（M3、M4），坐标轴才开始运行。如程序段中有 M5，坐标轴在主轴停止之前就开始运动。可以通过程序结束或复位停止主轴。程序开始时主轴转速零（S0）有效。

编程举例：

N10 G01 X70 Z20 F300 S270 M3；	在 X、Z 轴运行之前，主轴以 270r/min 启动，旋转方向为顺时针
…	
N80 S450；	改变转速
…	
N170 G00 Z180 M5；	Z 轴运行，主轴停止

6. 快速定位指令 G00

指令格式：G00 X __ Y __ Z __；

G00 命令指刀具从当前位置快速移动到目标点。G00 的移动速度由系统预先设定，其运动速度因具体的控制系统不同而异。

格式：G00 X __ Y __ Z __；

例　图 2-7 所示为点 O 至点 A 的刀具轨迹。

G90 G00 X40.0 Y30.0；

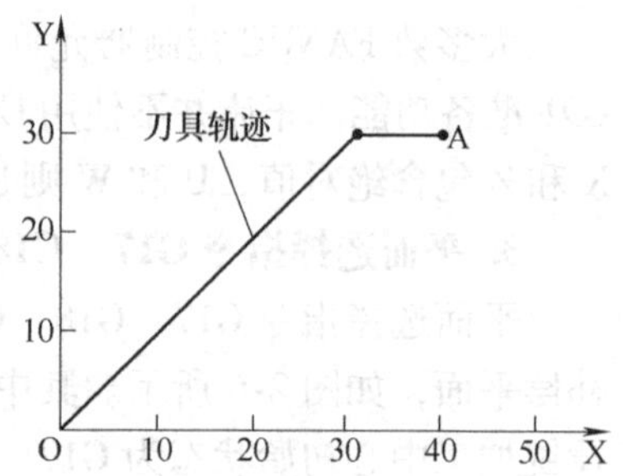

图 2-7　点 O 至点 A 刀具轨迹

7. 直线插补指令 G01

G01 命令指刀具以进给速度，沿直线移动到规定的位置。

格式：G01 X __ Y __ Z __ F __；

其中，F＿表示进给速度，初始状态的单位为 mm/min。其中，G01、F 均为模态指令。

例　G01 X40.0 Y30.0 F50；表示刀具从 O 点沿直线移动到 A 点，如图 2-8 所示。

例　G00、G01 指令的使用，如图 2-9 所示。

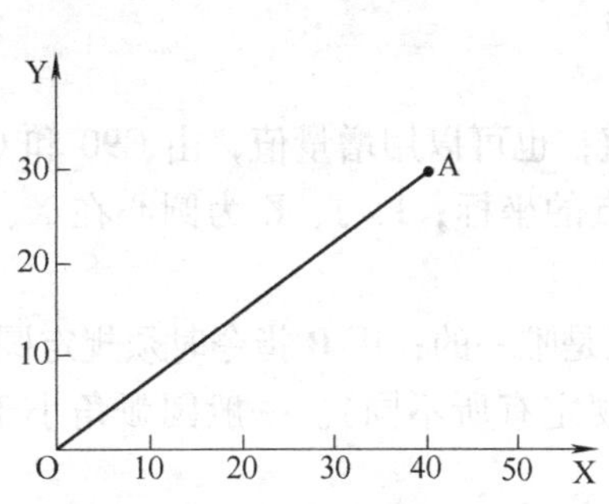

图 2-8　刀具从 O 点沿直线移动到 A 点

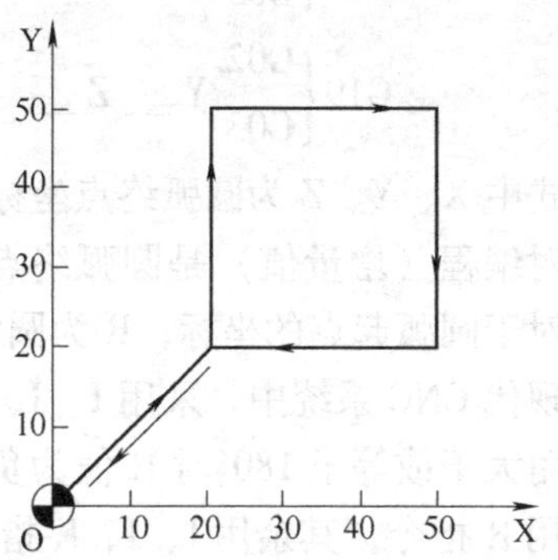

图 2-9　G00、G01 指令的使用 1

程序：

```
O0001;
G90 G54 G00 X20.0 Y20.0;
G01 Y50.0 F50;
X50.0;
Y20.0;
X20.0;
G00 X0 Y0;
```

例　根据图 2-10 所示加工轨迹，完成程序。

```
O1;
G90 G54 G00 X0 Y0;
G01 X20 Y10 F100;
Y40;
X10;
Y60;
X30 Y70;
X50;
X70 Y60;
Y40;
X60;
Y10
X20.;
G00 X0 Y0;
M30;
```

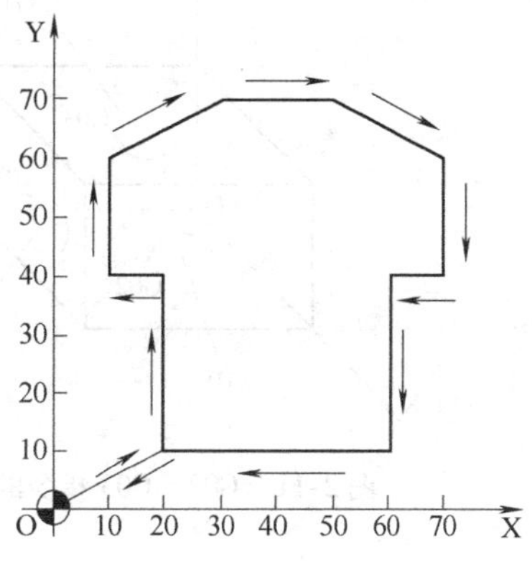

图 2-10　G00、G01 指令的使用 2

8. 圆弧插补指令 G02、G03

指令格式：$G17\begin{cases}G02\\G03\end{cases}X\_\_\ Y\_\_\ \begin{cases}I\_\_\ J\_\_\ F\_\_;\\R\_\_\end{cases}$

$G18\begin{cases}G02\\G03\end{cases}X\_\_\ Z\_\_\ \begin{cases}I\_\_\ K\_\_\ F\_\_;\\R\_\_\end{cases}$

$G19\begin{cases}G02\\G03\end{cases}Y\_\_\ Z\_\_\ \begin{cases}J\_\_\ K\_\_\ F\_\_;\\R\_\_\end{cases}$

格式中 X、Y、Z 为圆弧终点坐标，可以用绝对值，也可以用增量值，由 G90 和 G91 指定，相对编程（增量值）是圆弧终点相对于圆弧起点的坐标；I、J、K 为圆心在 X、Y、Z 轴上相对于圆弧起点的坐标；R 为圆弧半径。

在现代 CNC 系统中，采用 I、J、K 指令，则圆弧是唯一的；用 R 指令时须规定圆弧角，如圆弧角大于或等于 180°时 R 值为负（当然各系统规定有所不同）。一般圆弧角小于 180°的圆弧用 R 指令，其余用 I、J、K 指令。

G02 为顺时针加工，G03 为逆时针加工。刀具进行圆弧插补时必须规定所在的平面；旋转方向规定为：向着圆弧所在平面（如 X、Y 平面）的另一坐标轴的负方向（-Z）看去，顺时针方向为 G02，逆时针方向为 G03，如图 2-11 所示。

例　如图 2-12 所示。

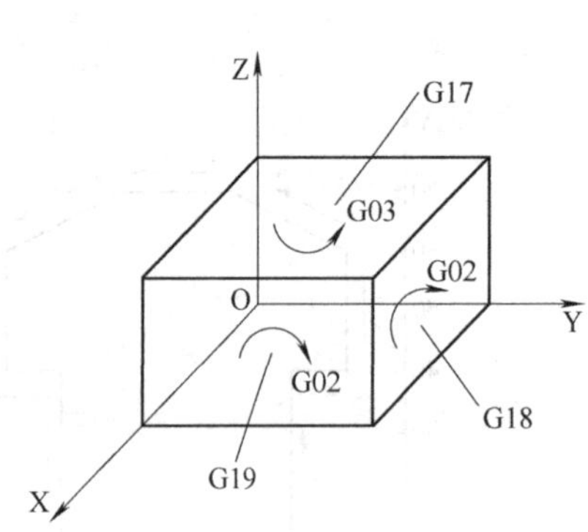

图 2-11　G02、G03 指令的使用

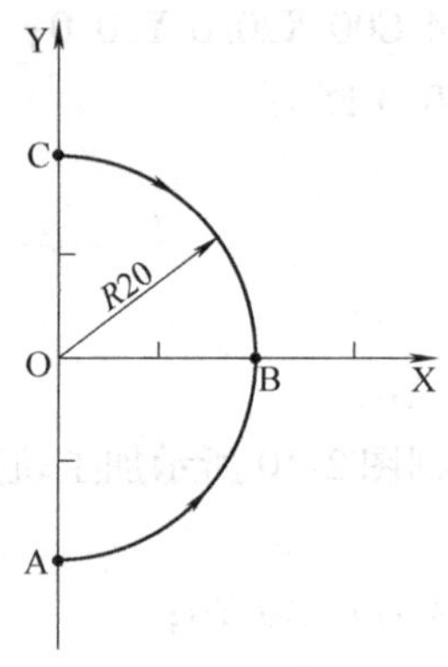

图 2-12　加工路线 1

A→B（逆时针插补）G03 X20.0 Y0 I0 J20.0；

C→B（顺时针插补）G02 X20.0 Y0 I0 J-20.0；

例　完成图 2-13 所示加工路径程序的编制（刀具现位于 A 点上方，只进行轨迹运动）。

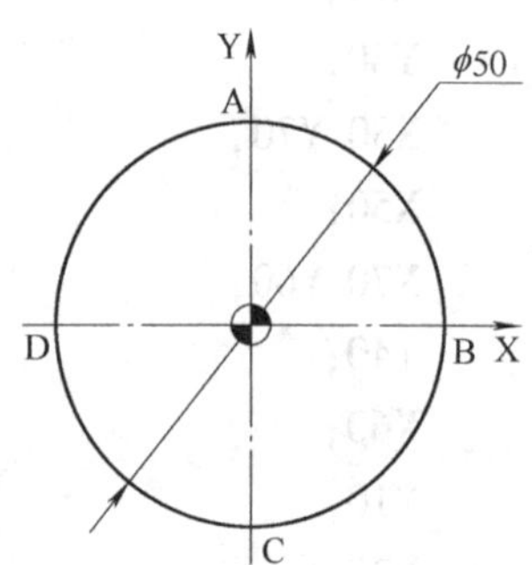

图 2-13　加工路线 2

程序：

```
O2;
G90 G54 G00 X0 Y25.0;
G02 X25.0 Y0 I0 J-25.0 F100;          A—B 点
G02 X0 Y-25.0 I-25.0 J0;              B—C 点
G02 X-25.0 Y0 I0 J25.0;               C—D 点
```

```
    G02 X0 Y25.0 I25.0 J0;                    D—A 点
或  G90 G54 G00 X0 Y25.0;
    G02 X0 Y25.0 I0 J-25.0 F100;              A—A 点整圆
```

例　根据图 2-14 所示加工轨迹，编写程序。（无 Z 轴移动、无刀具半径补偿）

```
O1;
G90 G54 G00 X0 Y0 M03 S400;
X30 Y10;
G01 Y40 F100;
X20;
Y50;
G02 X30 Y60 R10;
G01X40;
G03 X60 Y60 I10_J0;
G01 X70;
G02 X80 Y50 R10;
G01 Y40;
X70;
Y10;
X30;
Z10;
G00 X0 Y0;
M05;
M30;
```

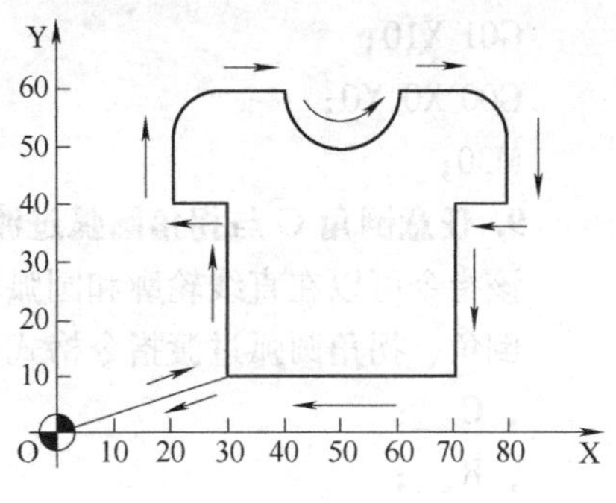

图 2-14　加工路线 3

例　根据图 2-15 所示加工轨迹，完成程序。（无 Z 轴移动、无刀具半径补偿）。

```
O1;
G90 G54 G00 X0 Y0;
X10 Y20;
G01 Y40 F100;
X30;
Y50;
G02 X40 Y60 R10;
G01 X60;
G02 X70 Y50 R10;
G01 Y40;
X90;
Y20;
```

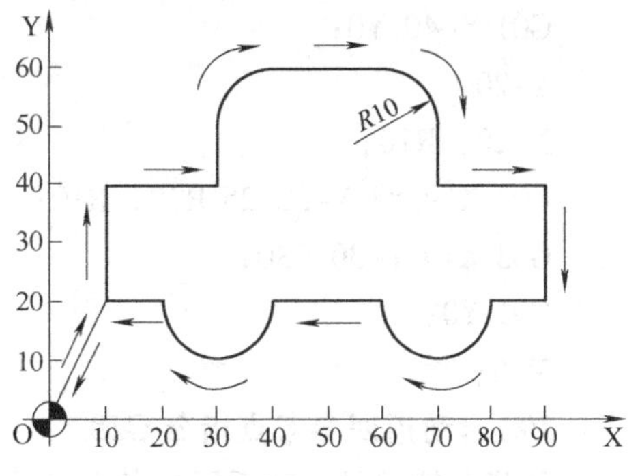

图 2-15　加工路线 4

```
X80;
G02 X60 Y20 I-10;
G01 X40;
G02 X20 Y20 I-10;
G01 X10;
G00 X0 Y0;
M30;
```

9. 任意倒角C与拐角圆弧过渡R指令

该指令可以在直线轮廓和圆弧轮廓之间插入任意倒角或拐角圆弧过渡轮廓，简化编程。

倒角、拐角圆弧过渡指令格式：

，C __；　　　　　　倒角

，R __；　　　　　　拐角圆弧过渡

上面的指令加在直线插补（G01）或圆弧插补（G02或G03）程序段的末尾时，加工中自动在拐角处加上倒角或过渡圆弧。倒角或拐角圆弧过渡的程序段可连续性地指定。

采用倒角C与拐角圆弧过渡R指令编程时，工件轮廓虚拟拐点坐标必须易于确定，且下一个程序段必须是倒角与拐角圆弧过渡后的轮廓插补加工指令，否则不能得出正确的加工轨迹。

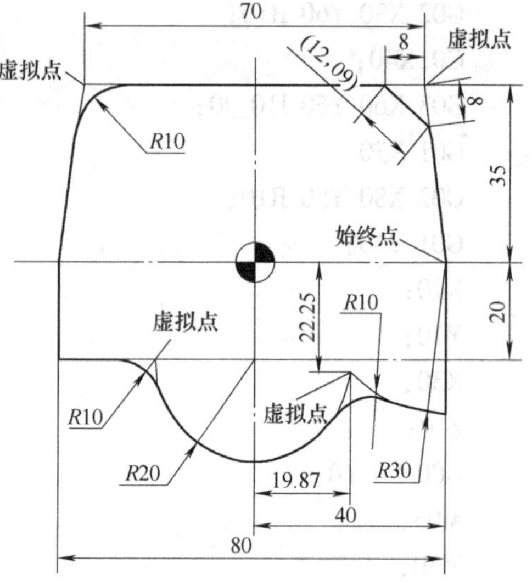

图2-16 加工路线5

例 完成图2-16所示轨迹的程序编制。

```
O1;
G90 G54 G00 X40 Y0;
G01 X30 Y35 F100, C8;
G01 X-35, R10;
G01 X-40 Y0;
Y-20;
X-20, R10;
G03 X19.87 Y-22.25 R20, R10;
G03 X40 Y-30 R30;
G01 Y0;
M30;
```

10. 自动返回参考点指令G28

该指令使刀具自动返回参考点（一般设置为机床原点），或经过某一中间位置，再回到参考点。

指令格式：G91（或G90）G28 X __ Y __ Z __；

X __ Y __ Z __为中间点坐标

例 1）G91 G28 Z0；表示刀具经过当前坐标点返回Z向参考点（加工中心为换刀点）。

2）G91 G28 X0 Y0 Z0；表示刀具经过当前坐标点返回参考点。

3）G90 G28 X __ Y __ Z __；表示刀具经过以工件坐标系为参考的中间坐标点（X __ Y __ Z __）返回参考点。中间点的确定应考虑到不致发生碰撞。

11. 暂停指令 G04

指令格式：G04 {X_ / P_}

例　G04 X5.0 … 暂停 5s。

G04 P5000 … 暂停 5s。

12. 常用 M 指令

M01——选择停止；

M02——程序结束；

M03、M04、M05——主轴正转、反转、停转；

M08、M09——切削液开、关；

M30——程序结束并返回；

M98——子程序调用；

M99——子程序调用返回（子程序结束）。

三、刀具选择指令

1. 刀具指令 T

用 T 指令编程可以选择刀具。有两种方法来执行：一种是用 T 指令直接更换刀具，另一种是仅仅进行刀具的预选，换刀还必须由 M06 来执行。选择哪一种，必须在机床参数中确定。

（1）编程

T __;　　刀具号，T0 表示没有刀具。

（2）编程举例

1）不用 M06 更换刀具。

```
N10 T1;          刀具 1
…
N70 T12;         刀具 12
```

2）用 M06 更换刀具。

```
N10 T10;         预选刀具 10
N15 M06;         执行刀具更换，然后 T10 有效
…
```

2. 刀具下刀、进退刀方式的确定

（1）刀具下刀方式　Z 轴下刀方式如图 2-17 所示。

注：1）起始高度是防止刀具与工件发生碰撞而设置的。

2）在安全高度以下，刀具以工作进给速度切至切削深度。

3）如果加工型腔，可在工件加工位置上方直接落刀。用立铣刀须做落刀孔。

（2）刀具的进退刀方式　进退刀方式在铣削加工中是非常重要的，二维轮廓的铣削加

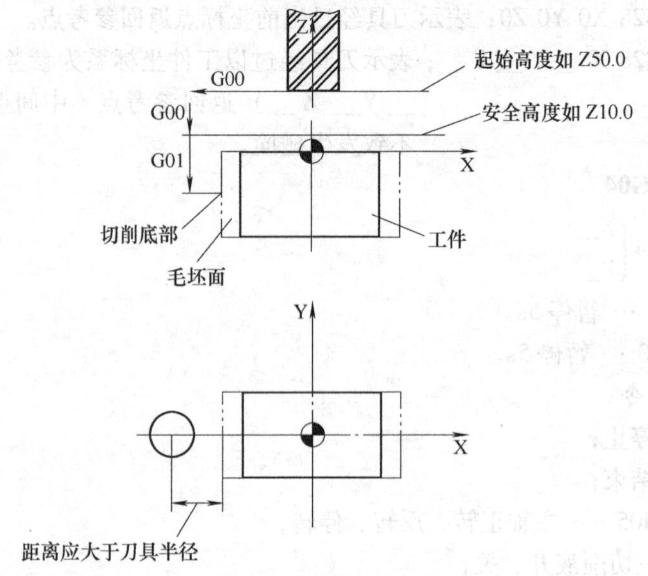

图 2-17　Z 轴下刀方式

工常见的进退刀方式有垂直进刀、侧向进刀和圆弧进刀方式，如图 2-18 所示。垂直进刀路线短，但工件表面有接痕，常用于粗加工；侧向进刀和圆弧进刀加工表面质量高，多用于精加工。

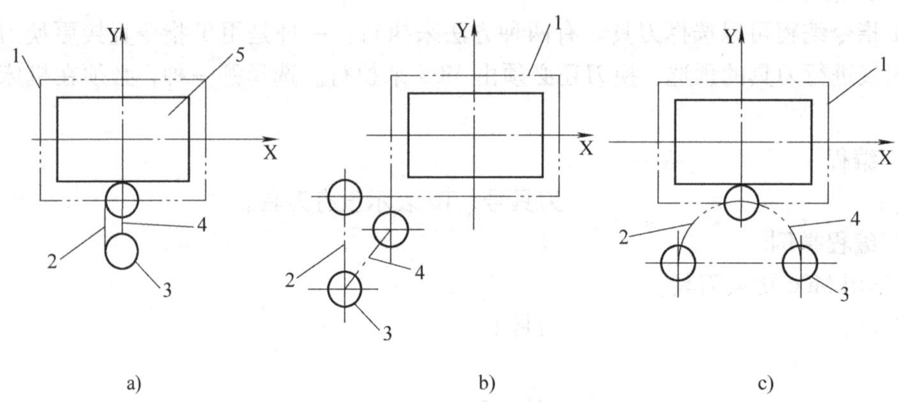

图 2-18　刀具的进、退刀方式

a）垂直进刀　b）侧向进刀　c）圆弧进刀

1—刀具轨迹　2—出刀　3—刀具　4—入刀轨迹　5—工件

第二节　刀 具 补 偿

在铣削加工中，不同的刀具，其半径、长度是不同的。刀具零点是数控镗铣类机床的主轴装刀锥孔端面与轴线的交点，是刀具半径、长度的零点。编程时为了编程方便，按工件轮廓轨迹编制程序。执行程序时的加工轨迹实际上是刀具零点的轨迹，因此使用不同的刀具时，应进行刀具半径及长度补偿。

一、刀具半径补偿

1. 不同平面内的刀具半径补偿

刀具半径补偿用 G17、G18、G19 指令在被选择的工作平面内进行补偿。比如当 G17 命令执行后，刀具半径补偿仅影响 X、Y 轴移动，而对 Z 轴不起补偿作用。

2. 刀具半径左补偿 G41、刀具半径右补偿 G42 指令

G41、G42 指令的判定如图 2-19 所示。

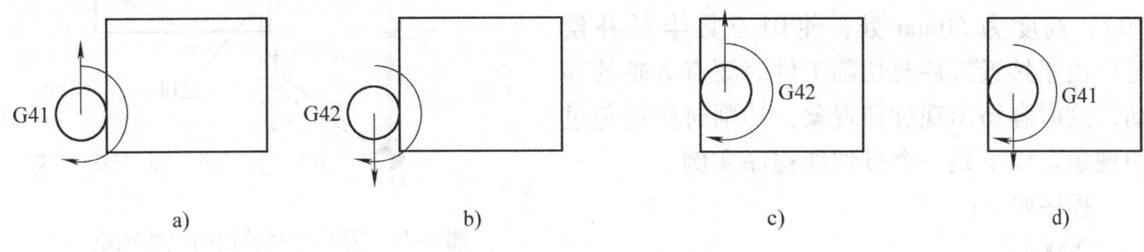

图 2-19　G41、G42 的判定

当主轴顺时针转时，G41 为顺铣，G42 为逆铣。在数控铣床上常采用顺铣。

例　在 G17 平面（XY 平面）内使用刀具半径补偿完成轮廓加工（刀具长度补偿未加），如图 2-20 所示。

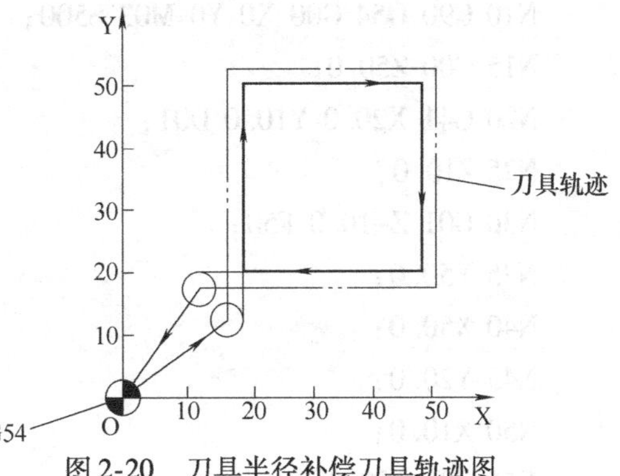

图 2-20　刀具半径补偿刀具轨迹图

程序如下：

```
O0003;
N5 T1 M06;                      调用 T1 号刀（立铣刀）
N10 G90 G54 G00 X0 Y0 M03 S500 F50;
N15 G00 Z50.0;                  起始高度（仅用一把刀具可不加刀长补偿）
N20 Z10.0;                      安全高度
N25 G41 X20.0 Y10.0 D01;        刀具半径补偿，D01 为刀具半径补偿号
N30 G01 Z-10.0;                 落刀，切深 10mm
N35 Y50.0;
N40 X50.0;
N45 Y20.0;
N50 X10.0;
N55 G00 Z50.0;                  抬刀到起始高度
N60 G40 X0 Y0 M05;              取消补偿
N65 M30;
```

3. 刀具半径补偿过程描述

在上例中，当 G41 被指定时，包含 G41 句子的下边两句被预读（N30、N35）。N25 指令执行完成后，机床的坐标位置由以下方法确定：将含有 G41 句子的坐标点与下边两句子

中最近的，在选定平面内有坐标移动语句的坐标点相连，其连线垂直方向为偏置方向，G41左偏，G42右偏，偏置大小为指定的偏置号（D01）地址中的数值。在这里N25坐标点与N35坐标点运动方向垂直于X轴，所以刀具中心的位置应在（X20.0，Y10.0）左边刀具半径处。

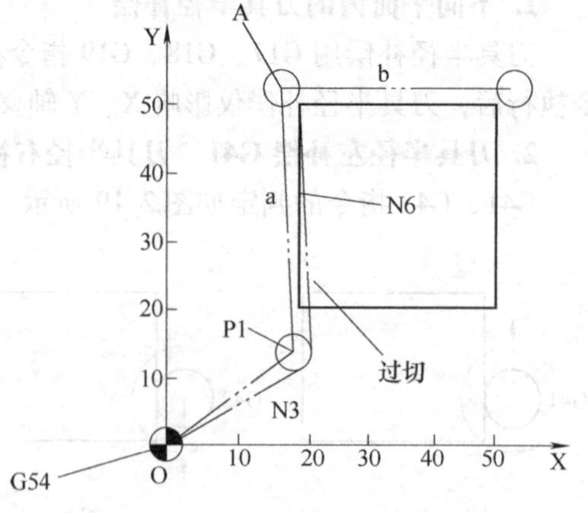

图2-21　刀具半径补偿的过切现象

例　如图2-21所示，起始点在（X0，Y0），高度为50mm处，使用刀具半径补偿时，由于接近工件及切削工件时要有Z轴的移动，这时容易出现过切现象，切削时应避免过切现象。以下是一个过切削程序实例。

程序如下：

```
O0004;
N5 T1 M06;                          调用T1号刀（立铣刀）
N10 G90 G54 G00 X0 Y0 M03 S500;
N15 G00 Z50.0;                      起始高度（仅用一把刀具可不加刀长补偿）
N20 G41 X20.0 Y10.0 D01;            刀具半径补偿，D01刀具半径补偿号
N25 Z10.0;
N30 G01 Z-10.0 F50;                 连续两句Z轴移动（只能有一句与刀补无关的语句）
N35 Y50.0;
N40 X50.0;
N45 Y20.0;
N50 X10.0;
N55 G00 Z50.0;                      抬刀到起始高度
N60 G40 X0 Y0 M05;                  取消补偿
N65 M30;
```

当补偿从N20开始建立的时候，系统只能预读两句，而N25、N30都为Z轴的移动，没有XY轴移动，系统无法判断下一步补偿的矢量方向，这时系统不会报警，补偿照常进行，只是N20目的点发生变化。刀具中心将会运动到P1点，其位置是N20的目的点，由目标点看原点，目标点与原点连线垂直方向左偏D01值，于是发生过切。

4. 使用刀具半径补偿的注意事项

1）使用刀具半径补偿时应避免过切现象

① 使用刀具半径补偿和除去刀具半径补偿时，刀具必须在所补偿平面内移动，且移动距离应大于刀补值。

② 加工半径小于刀具半径的内圆弧时，进行半径补偿将产生过切（图2-22），只有“过渡圆角R≥刀具半径r+精加工余量”情况下才能正常切削。

③ 被铣削槽底宽小于刀具直径时将产生过切，如图2-23所示。

2）G41、G42、G40须在G00或G01模式下使用，当然现在一些系统也可以在G02、G03模式下使用。

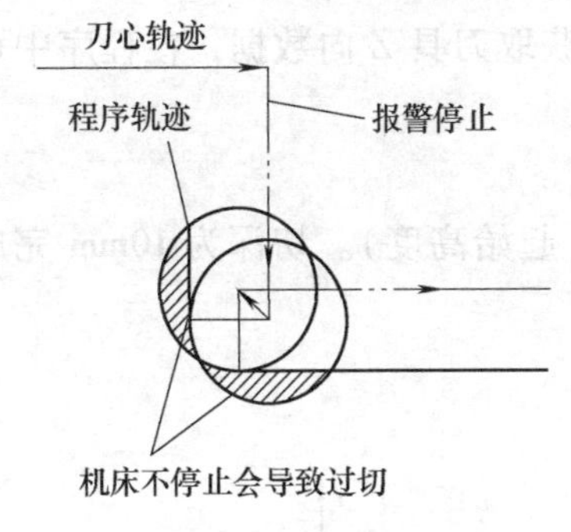

图 2-22　过切现象（一）

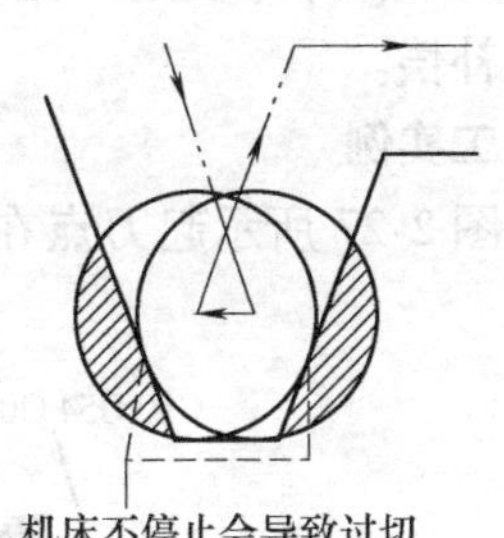

图 2-23　过切现象（二）

3）D00 ~ D99 为刀具补偿号，D00 意味着取消刀补。刀具补偿值在加工或试运行之前须设定在补偿存储器中。

5. 刀具半径补偿的作用

刀具半径补偿除了方便编程外，还可以通过改变刀补大小的方法实现同一程序进行粗、精加工。刀具半径补偿如图 2-24 所示。

粗加工刀补 = 刀具半径 + 精加工余量

精加工刀补 = 刀具半径 + 修正量

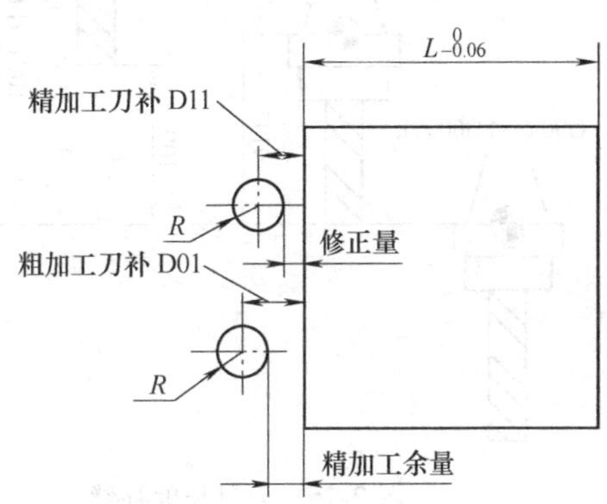

图 2-24　刀具半径补偿

例　如图 2-24 所示，刀具为 ϕ20mm 立铣刀，现零件粗加工后给精加工留余量 1.0mm，则粗加工刀补 D01 的值为：$R_{补} = R_{刀} + 1.0\text{mm} = 10.0\text{mm} + 1.0\text{mm} = 11.0\text{mm}$；粗加工后实测 L 尺寸为 $L + 1.98\text{mm}$，则精加工刀补 D11 值应为 $R_{补} = 11.0\text{mm} - (1.98 + 0.03)\text{mm}/2 = 9.995\text{mm}$，则加工后工件实际 L 值为 $L - 0.03\text{mm}$。

二、刀具长度补偿

刀具长度补偿原理如图 2-25 所示。设定工件坐标系时，让主轴锥孔基准面与工件上理论表面重合，在使用每一把刀具时可以让机床按刀具长度升高一段距离，使刀尖正好在工件表面上，这段高度就是刀具长度补偿值，其值可在刀具预调仪或自动测长装置上测出。实现这种功能的 G 代码是 G43、G44、G49。G43 用于把刀具向上抬起，G44 用于把刀具向下补偿。图 2-25 中钻头用 G43 命令正向补偿了 H01 值，铣刀用 G43 命令向上正向补偿了 H02 值。

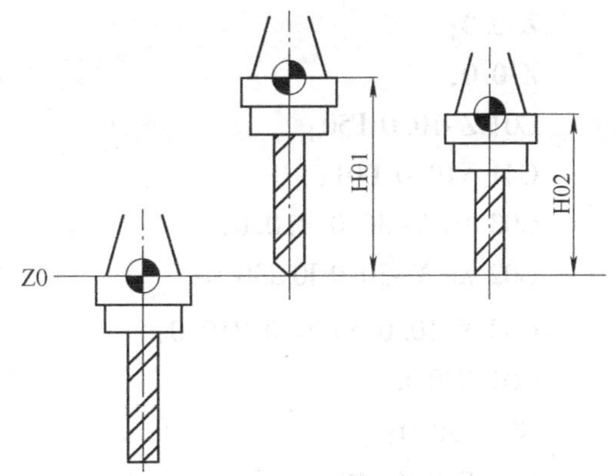

图 2-25　刀具长度补偿原理

刀具长度补偿使用格式如下（图 2-26）。

G43 G00/G01 Z __ H __；	刀具长度正向补偿，H __值用于指定存放刀具长度补偿值的偏置存储器号
G44 G00/G01 Z __ H __；	刀具长度负向补偿
G49；或 H00	取消刀具长度补偿

注意：加工程序中使用一把刀具时，可直接对刀获取刀具Z向数据，在程序中可不采用刀具长度补偿。

三、加工实例

实例　图2-27所示起刀点在工件上方50mm处（起始高度）。切深为10mm完成外形铣削。

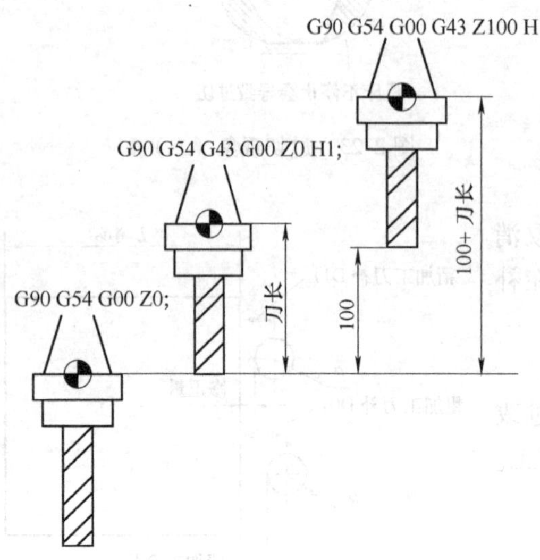

图2-26　刀具长度补偿

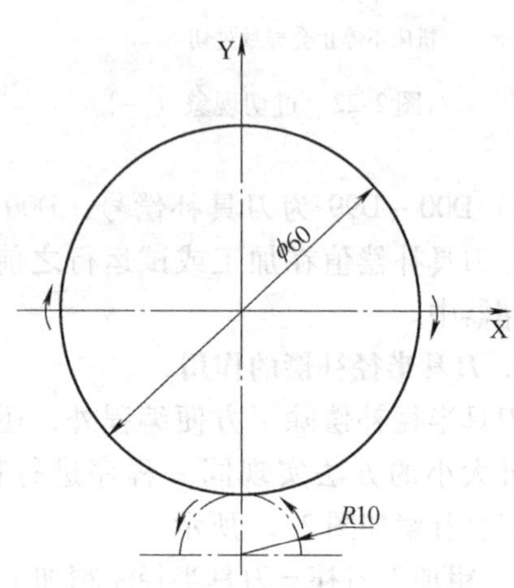

图2-27　起刀点

程序如下：

```
O0001;
T1 M06;                              ϕ16mm立铣刀
G90 G54 G00 X0 Y-40.0 S500 M03;
Z50.0;
Z10.0;
G01 Z-10.0 F50;
G41 X10.0 D01;                       加刀补
G03 X0 Y-30.0 R10.0;                 圆弧切入
G02 X0 Y-30.0 I0 J30.0;
G03 X-10.0 Y-40.0 R10.0;             圆弧切出
G01 G40 X0;                          去刀补
G00 Z50.0;
G91 G28 Z0 M05;
M30;
```

实例　根据图2-28所示加工路线，完成程序编制（无Z轴移动）。

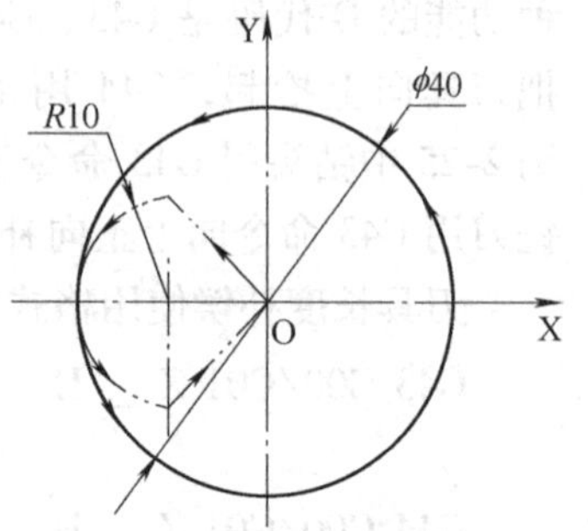

图2-28　加工路线

```
O1;
G90 G54 G00 X0 Y0 M03 S500;
```

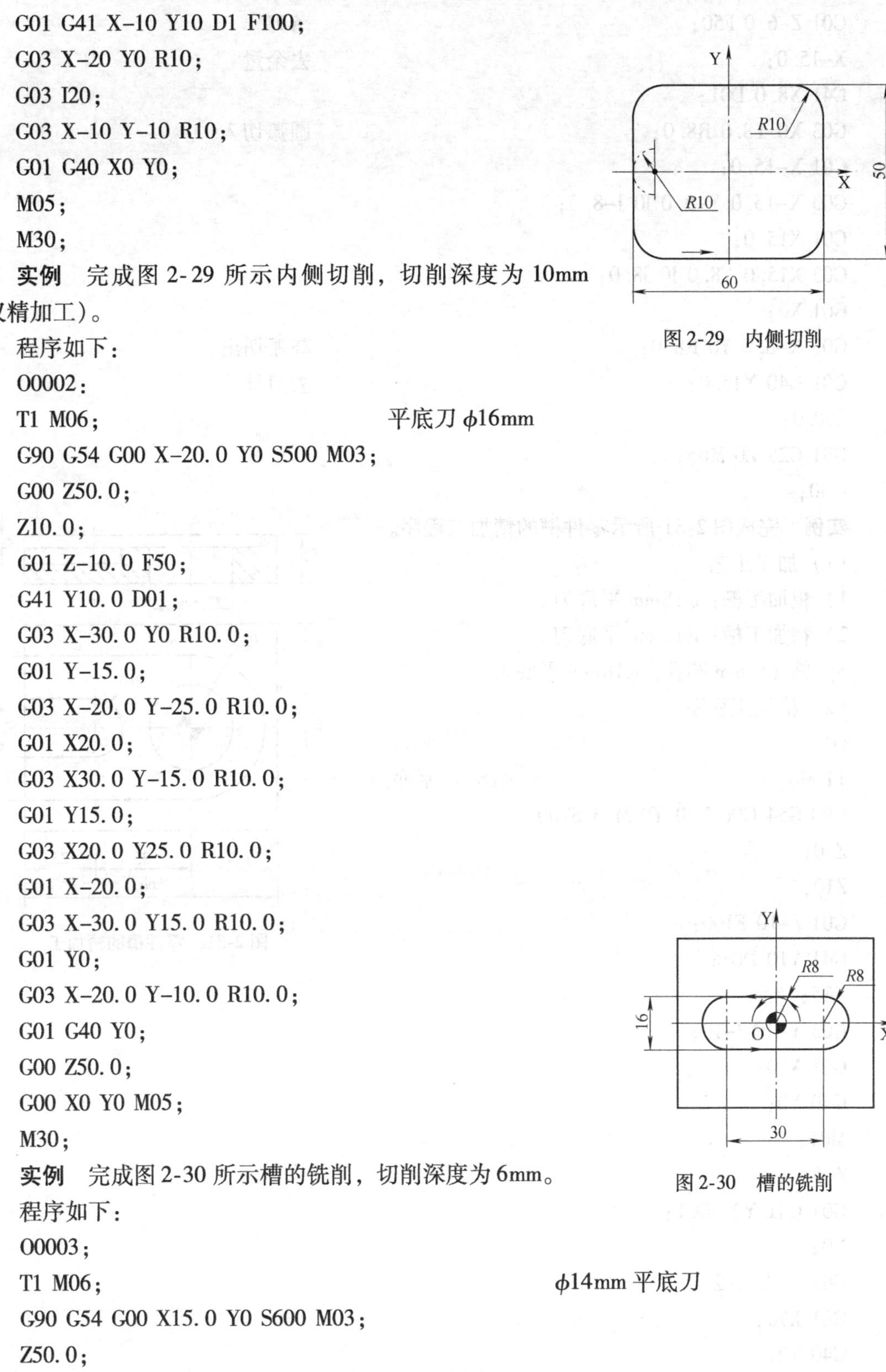

```
G01 G41 X-10 Y10 D1 F100;
G03 X-20 Y0 R10;
G03 I20;
G03 X-10 Y-10 R10;
G01 G40 X0 Y0;
M05;
M30;
```

实例 完成图 2-29 所示内侧切削，切削深度为 10mm（仅精加工）。

图 2-29 内侧切削

程序如下：

```
O0002;
T1 M06;                              平底刀 φ16mm
G90 G54 G00 X-20.0 Y0 S500 M03;
G00 Z50.0;
Z10.0;
G01 Z-10.0 F50;
G41 Y10.0 D01;
G03 X-30.0 Y0 R10.0;
G01 Y-15.0;
G03 X-20.0 Y-25.0 R10.0;
G01 X20.0;
G03 X30.0 Y-15.0 R10.0;
G01 Y15.0;
G03 X20.0 Y25.0 R10.0;
G01 X-20.0;
G03 X-30.0 Y15.0 R10.0;
G01 Y0;
G03 X-20.0 Y-10.0 R10.0;
G01 G40 Y0;
G00 Z50.0;
G00 X0 Y0 M05;
M30;
```

实例 完成图 2-30 所示槽的铣削，切削深度为 6mm。

图 2-30 槽的铣削

程序如下：

```
O0003;
T1 M06;                              φ14mm 平底刀
G90 G54 G00 X15.0 Y0 S600 M03;
Z50.0;
Z10.0;
```

```
G01 Z-6.0 F50;                      落刀
X-15.0;                             去余量
G41 X8.0 D01;
G03 X0 Y8.0 R8.0;                   圆弧切入
G01 X-15.0;
G03 X-15.0 Y-8.0 I0 J-8.0;
G01 X15.0;
G03 X15.0 Y8.0 I0 J8.0;
G01 X0;
G03 X-8.0 Y0 R8.0;                  圆弧切出
G01 G40 X15.0;                      去刀补
Z50.0;
G91 G28 Z0 M05;
M30;
```

实例 完成图2-31所示零件槽的精加工程序。

(1) 加工工艺

1) 粗加工槽：ϕ18mm平底刀。

2) 精加工槽：ϕ18mm平底刀。

3) 铣ϕ30mm圆孔：ϕ18mm平底刀。

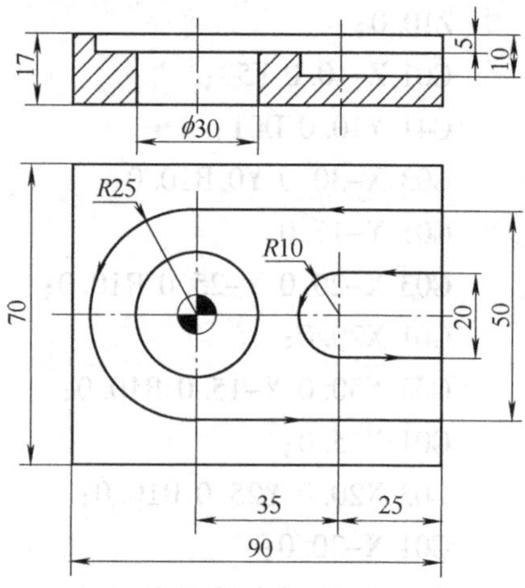

图2-31 零件槽的精加工

(2) 槽加工程序

```
O1;
T1 M6;                      φ18mm平底刀
G90 G54 G00 X70 Y0 M03 S700;
Z50;
Z10;
G01 Z-10 F100;
G41 Y10 D01;
X35;
G03 Y-10 J-10;
G01 X70;
G40 Y0;
M01;
Z-5;
G01 G41 Y25 D01;
X0;
G03 Y-25 J-25;
G01 X70;
G40 Y0;
G00 Z50;
```

```
G91 G28 Z0 M05;
M30;
```

实例 完成图 2-32 所示零件的凸台、槽的精加工程序。

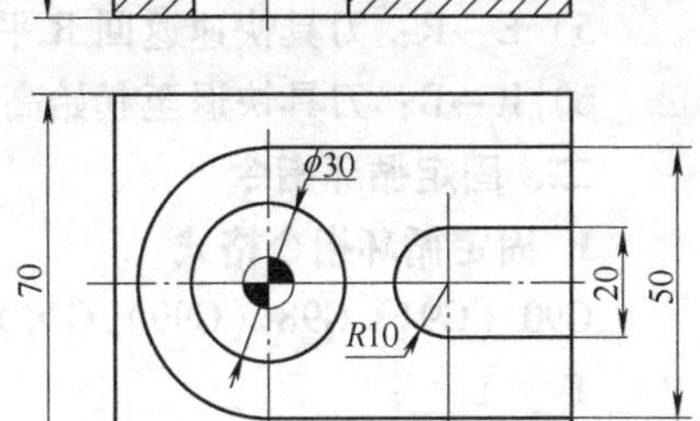

图 2-32 凸台、槽的精加工

（1）加工工艺

1）粗、精加工凸台：ϕ18mm 平底刀，变换刀补。

2）粗、精加工槽：ϕ18mm 平底刀。

3）铣 ϕ30mm 圆孔：ϕ18mm 平底刀。

（2）加工程序

```
O1;
T1 M6;
G90 G54 G00 X70 Y-35 M03 S700;
Z50;
Z10;
G01 Z-8 F100;
G41 Y-25 D01;
X0;
G02 Y25 J25;
G01 X70;
G40 Y0;
M01;
G01 Z-6;
/G01 X35;                    /为跳步指令
/X70 F200;
G41 Y10 D01;
X35;
G03 Y-10 J-10;
G01 X70;
G40 Y0;
G00 Z50;
G91 G28 Z0 M05;
M30;
```

第三节 固定循环

孔加工是最常用的加工工序，现代 CNC 系统一般都配有钻孔、镗孔和螺纹加工循环编程功能。

一、孔加工循环的六个动作（图 2-33）

1）A→B：刀具快速定位到孔位坐标（X、Y），即循环起点 B，Z 值进至起始高度。

2）B→R：刀具Z向快进至安全平面（即R平面）。

3）R→E：孔加工过程（如钻孔、镗孔、攻螺纹等），此时进给为工作进给速度。

4）E点孔底动作（如进给暂停、刀具偏移、主轴准停和主轴反转等）。

5）E→R：刀具快速返回R平面。

6）R→B：刀具快退至起始高度（B点高度）。

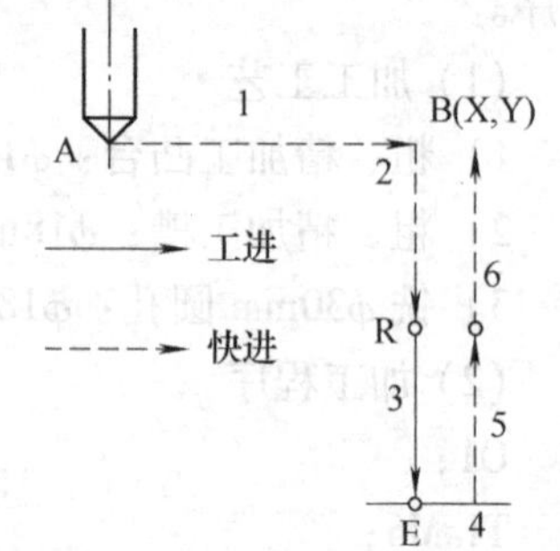

图2-33　孔加工循环的6个动作

二、固定循环指令

1. 固定循环指令格式

G90（G91）G98（G99）G×× X__ Y__ Z__ R__ Q__ P__ F__ L__;

（1）G90、G91为绝对值指令和增量值指令。

（2）G98、G99两个模态指令控制孔加工循环结束后，刀具返回平面，如图2-34所示。

1）G98：刀具返回平面为初始平面（B点）为默认方式。

2）G99：刀具返回平面为安全平面（R平面）。

（3）G××　孔加方式，对应于固定循环指令。

（4）X、Y值　为孔位数据，刀具以快进的方式到达（X、Y）点。

（5）Z值　为孔深，如图2-35所示。

对于G90方式，Z值为孔底的绝对值（图2-35a）；对于G91方式，Z值是R平面到孔底的距离（图2-35b）。

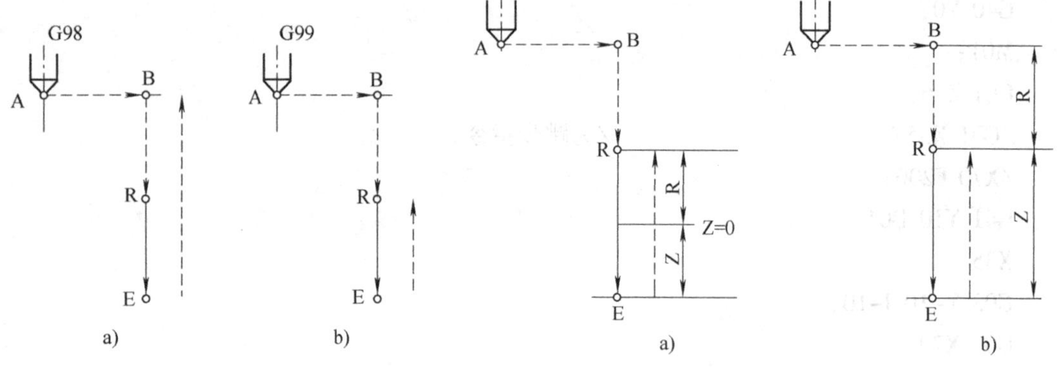

图2-34　返回平面选择
a）返回初始平面　b）返回R点平面

图2-35　孔加工数据
a）G90方式　b）G91方式

（6）R值　用来确定安全平面（R平面），如图2-35所示。对于G91方式，R值为从起始平面（B点平面）到R平面的增量。

（7）Q值　在G73或G83方式下，规定分步切削深度，在G76或G87方式中规定刀具退让值。

（8）P值　规定在孔底的暂停时间，单位为ms，用整数表示。

（9）F值　进给速度，单位为mm/min。

（10）L值　L值为循环次数，执行一次可不写L1；如果是L0，则系统存储加工数据，但不执行加工。

固定循环指令是模态指令，可用 G80 取消循环。此外 G00、G01、G02、G03 也起取消固定循环指令的作用。

2. 固定循环指令的区别

（1）G73　高速深孔钻削循环，如图 2-36 所示。

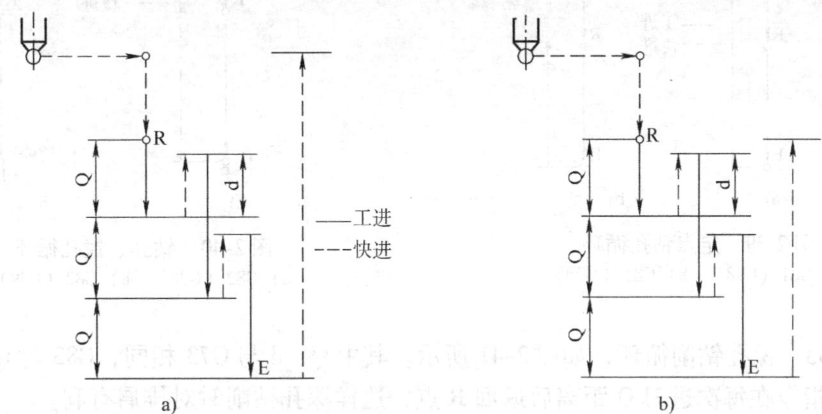

图 2-36　G73 高速深孔钻削

a）G73（G98）　b）G73（G99）

G73 指令是在钻孔时断续进给，有利于断屑、排屑，适用于深孔加工。其中 Q 值为分步切削深度，最后一次进给深度≤Q，退刀距离为 d（由系统内部设定）。

（2）G74　左旋攻螺纹循环，如图 2-37 所示。主轴在 R 点反切至 E 点，正转退刀。

（3）G76　精镗孔循环，如图 2-38 所示。G76 精镗至孔底后，有三个孔底动作：进给暂停（P）、主轴准停即定向停止（OSS）、刀具偏移 Q 距离，然后刀具退出，这样可使刀尖不划伤精镗表面。

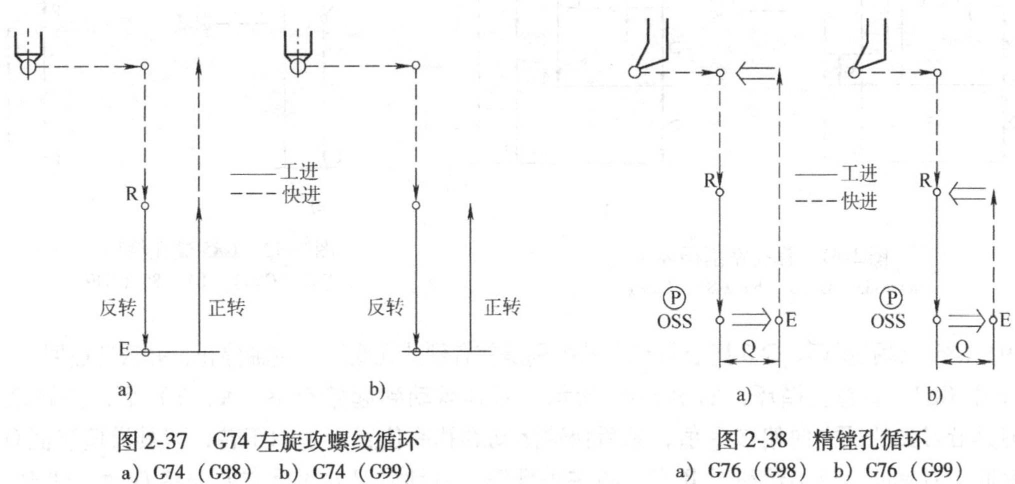

图 2-37　G74 左旋攻螺纹循环

a）G74（G98）　b）G74（G99）

图 2-38　精镗孔循环

a）G76（G98）　b）G76（G99）

（4）G81　定点钻孔循环，用于一般孔钻削，如图 2-39 所示。

（5）G82　钻孔、镗孔循环，如图 2-40 所示。G82 与 G81 的区别在于 G82 指令使刀具在孔底暂停，暂停时间用 P 来指定。

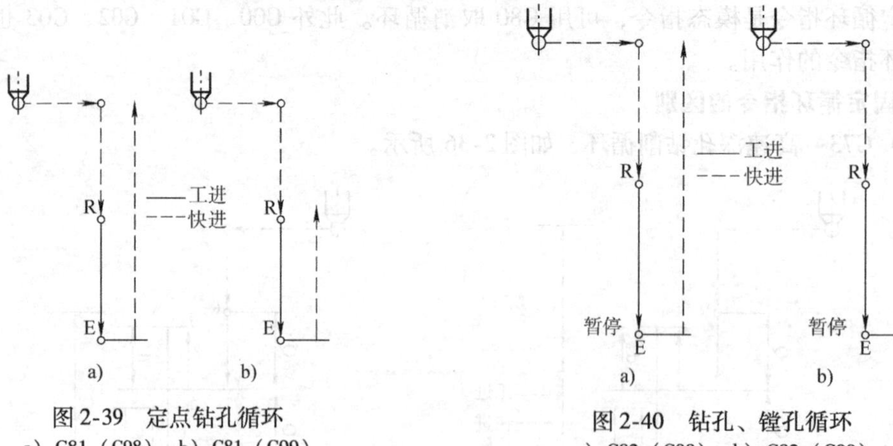

图2-39　定点钻孔循环
a) G81 (G98)　b) G81 (G99)

图2-40　钻孔、镗孔循环
a) G82 (G98)　b) G82 (G99)

(6) G83　深孔钻削循环，如图2-41所示。其中Q、d与G73相同，G83与G73的区别在于，G83指令在每次进刀Q距离后返回R点，这样深孔钻削时对排屑有利。

(7) G84　(右旋)攻螺纹循环。G84指令和G74指令中的主轴旋向相反，其他与G74指令相同。

(8) G85　镗孔循环，如图2-42所示，主轴正转，刀具以进给速度镗孔至孔底后以进给速度退出(无孔底动作)。

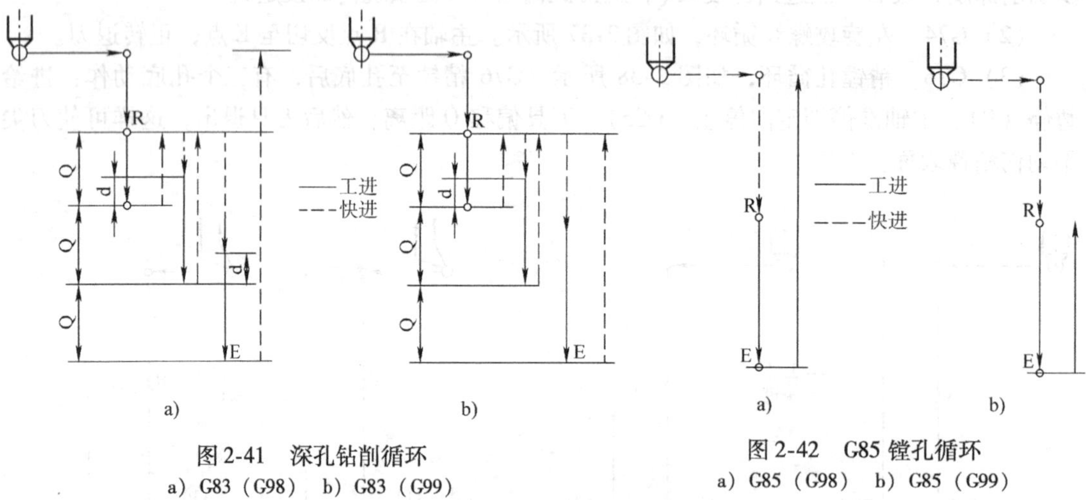

图2-41　深孔钻削循环
a) G83 (G98)　b) G83 (G99)

图2-42　G85镗孔循环
a) G85 (G98)　b) G85 (G99)

(9) G86　镗孔循环。G86指令与G85的区别是前者到达孔底后，主轴停止，并快速退回。

(10) G87　背镗孔循环，如图2-43所示。刀具运动到起始点B(X, Y)后，主轴准停，刀具沿刀尖的反方向偏移Q值，然后快速运动到孔底位置，主轴正转，刀具沿偏移值Q正向返回，刀具向上进给运动至R点，再主轴准停，刀具沿刀尖的反方向偏移Q值，快退，接着沿刀尖正方向偏移到B点，主轴正转，本加工循环结束，继续执行下一段程序。

三、固定循环加工实例

(1) 常用指令及格式

1) 钻孔：

G73 X＿ Y＿ Z＿ R＿ Q＿ F＿ L＿;

G81 X＿ Y＿ Z＿ R＿ F＿ L＿;

G83 X＿ Y＿ Z＿ R＿ Q＿ P＿ F＿ L＿;

2）精镗孔：

G76 X＿ Y＿ Z＿ R＿ Q＿ P＿ F＿ L＿;

3）攻螺纹：

G84 X＿ Y＿ Z＿ R＿ P＿ F＿ L＿;

（2）加工实例

实例　完成零件孔的加工，如图 2-44 所示。

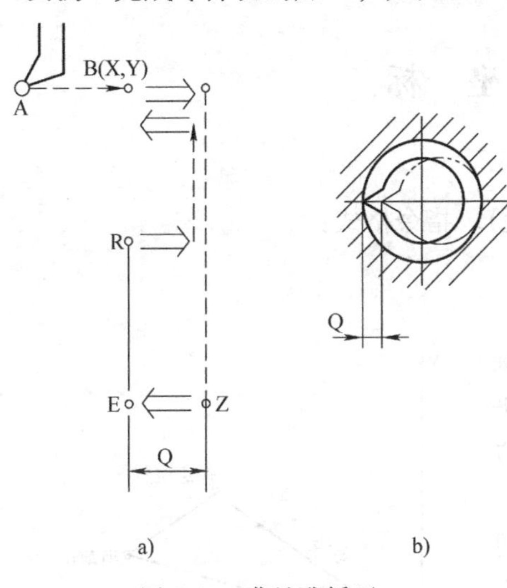

图 2-43　背镗孔循环
a）G87（G98）　b）G87（G99）

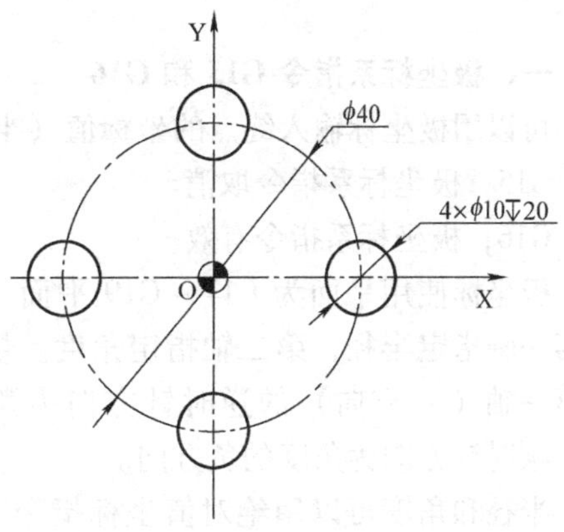

图 2-44　孔的加工（一）

程序如下：

```
O0001;                        (使用 G81)
T1 M06;
G90 G54 G00 X0 Y0 S500 M03;
Z50.0;
G99 G81 X20.0 Z-20.0 R2.0 F50;
X0 Y20.0;
X-20.0 Y0;
G98 X0 Y-20.0;
G80 X0 Y0 M05;
M30;
```

实例　使用 G73（高速深孔钻削循环），完成图 2-45 所示孔的加工。

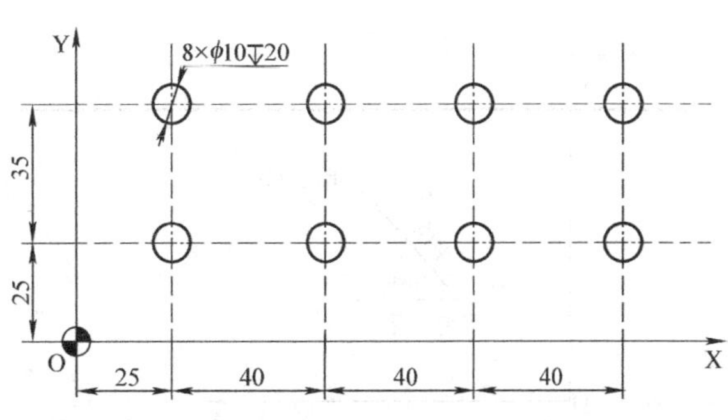

图 2-45　孔的加工（二）

程序如下：

O0002;

```
T1 M06;
G90 G54 G00 X0 Y0 S600 M03;
G99 G73 X25.0 Y25.0 Z-30.0 R3.0 Q6.0 F50;
G91 X40.0 L3;
Y35.0;
X-40.0 L3;
G80 X0 Y0 M05;
G00 Z50.0;
M30;
```

第四节 极坐标

一、极坐标系指令 G15 和 G16

可以用极坐标输入终点的坐标值（半径和角度）。指令格式：

G15；极坐标系指令取消。

G16；极坐标系指令有效。

极坐标使用平面为 G17 ~ G19 平面。用所在轴的第一轴指定半径，第二轴指定角度。规定所选平面第一轴（+方向）的逆时针方向为角度的正方向，顺时针方向为角度的负方向。

半径和角度可以用绝对值坐标指令 G90，也可用增量坐标指令 G91。当半径用绝对值坐标指令 G90 时，局部坐标系原点为极坐标系中心，如图 2-46所示。当半径用增量值坐标指令 G91 时，当前点为极坐标系中心，如图 2-47 所示。

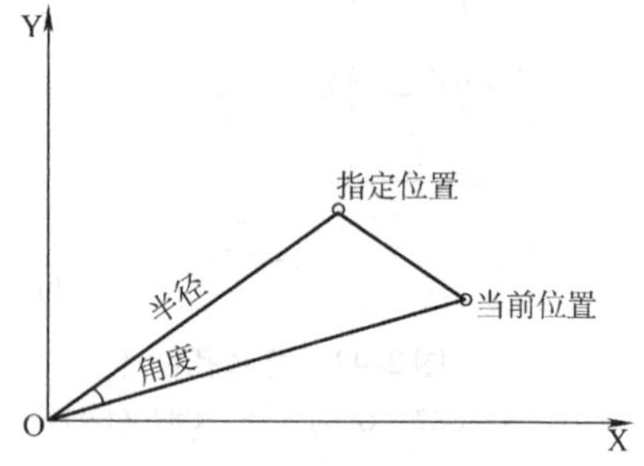

图 2-46 半径用绝对值、角度为增量值

二、加工实例

完成图 2-48 所示零件孔的加工。

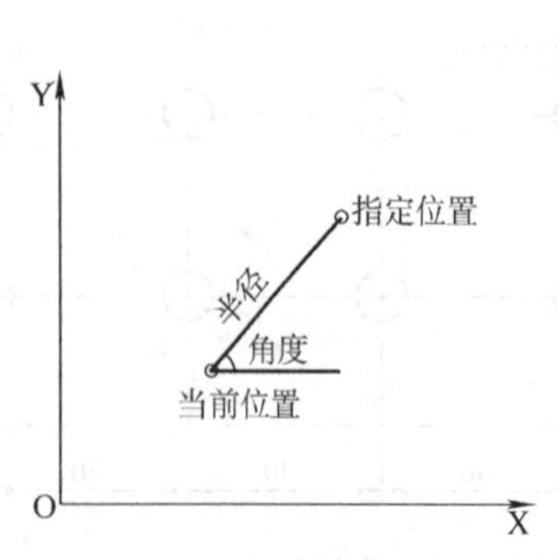

图 2-47 半径用增量值、角度为绝对值

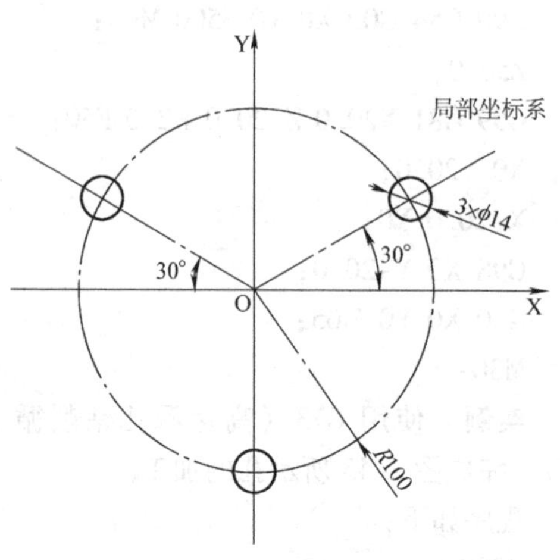

图 2-48 极坐标系编程

（1）半径和角度均为绝对值指令时

G90 G17 G16；	极坐标系指令有效，XY 平面
G99 G81 X100. Y30. Z-20. R5. F100；	第 1 孔，30°
Y150.；	第 2 孔，150°
Y270.；	第 3 孔，270°
G15 G80；	极坐标系指令、固定循环取消

（2）半径为绝对值指令、角度为增量值指令时

G90 G17 G16；	极坐标系指令有效，XY 平面
G99 G81 X100. Y30. Z-20. R5. F100；	第 1 孔，30°
G91 Y120.；	第 2 孔，距第 1 孔 120°
Y120.；	第 3 孔，距第 2 孔 120°
G15 G80；	极坐标系指令、固定循环取消

应注意，当下列指令即使使用轴地址代码，也不视作极坐标指令。

G04（暂停）、G92（工件坐标系设定指令）、G68（坐标系旋转）、G51（比例缩放）。

当选择极坐标系指令时，指定圆弧插补或螺旋线切削（G02，G03）时用半径指定。

第五节　子　程　序

一次装夹加工多个相同零件或一个零件有重复加工部分的情况下，可使用子程序。

一、子程序的格式及调用

1. 子程序的格式

O __；

…

M99；　　　　子程序结束

2. 子程序的调用

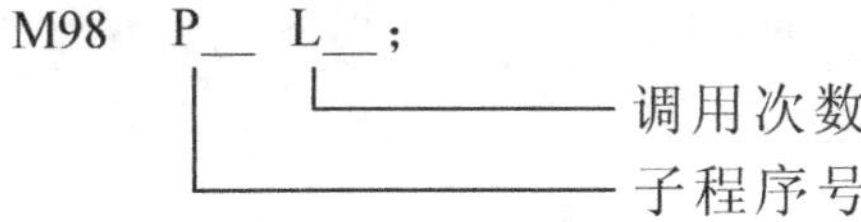

二、子程序应用实例

实例 1　如图 2-49 所示，Z 起始高度为 100mm，切削深度为 20mm，轮廓外侧切削，试编制加工程序。

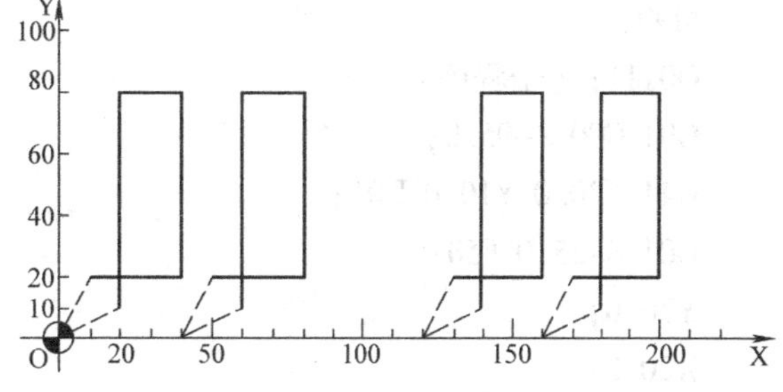

图 2-49　实例 1 图

程序一：

O0001；

N1；（主程序）

M6 T1；

G90 G54 G00 X0 Y0 S500 M03；

G00 Z100.0；

M98 P100 L2；　　　　调用 O0100 子程序 2 次

```
G90 X120.0;
M98 P100 L2;
G90 G00 X0 Y0 M05;
M30;
O0100;(子程序)
G91 G00 Z-95.0;
G41 X20.0 Y10.0 D01;
G01 Z-25.0 F50;
Y70.0;
X20.0;
Y-60.0;
X-30.0;
Z120.0;
G00 G40 X-10.0 Y-20.0;
X40.0;
M99;
```

程序二:

```
O0001;(主程序)
N1;
M6 T1;
G90 G54 G00 X0 Y0 S500 M03;
G00 Z100.0;
M98 P110 L2;
G90 G00 X0 Y0 M05;
M30;
O0110;(子程序)
M98 P111 L2;
G91 X40.0;
M99;
O0111;(子程序)
G91 G00 Z-95.0;
G41 X20.0 Y10.0 D01;
G01 Z-25.0 F50;
Y70.0;
X20.0;
Y-60.0;
X-30.0;
Z120.0;
G00 G40 X-10.0 Y-20.0;
```

```
X40.0;
M99;
```

实例 2 如图 2-50 所示，Z 起始高度为 100mm，切削深度为 50mm，每层切削深度为 5mm，共切 10 层结束。试编制加工程序。

程序如下：

```
O0002;（主程序）
M6 T1;
G90 G54 G00 X0 Y0 S500 M03;
G00 Z100.0;
Z5.0;
G01 Z0.2 F50;                底部留 0.2mm 精加工余量
D01 M98 P200 L10;            D01（粗加工刀补）
G90 Z-45.0;
D02 M98 P200;                D02（精加工刀补）
G90 G00 Z100.0 M05;
M30;
O0200;（子程序）
G91 Z-5.0;
G01 G41 X10.0 Y5.0;
Y25.0;
X10.0;
G03 X10.0 Y-10.0 R10.0;
G01 Y-10.0;
X-25.0;
G40 X-5.0 Y-10.0;
M99;
```

图 2-50 实例 2 图

实例 3 如图 2-51 所示，加工凸台（深 10mm）时采用不同刀补，调用子程序，完成同一位置加工。试编制加工程序。

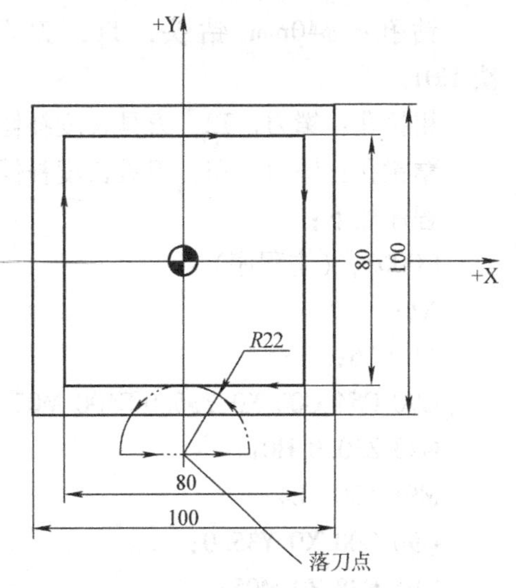

图 2-51 实例 3 图

根据加工图，采用 ϕ20mm 立铣刀加工，刀长为 177.10mm。

刀补：D01 值为 R10.50，H01 值为 177.6，用于粗加工。
D11 值为 R10.0，H11 值为 177.1，用于精加工。

程序如下：

```
O0004;（主程序）
T1 M06;
```

```
G90 G54 G00 X0 Y-62.0 S500 M03;
G43 Z50.0 H01;
D01 M98 P400;
G43 Z50.0 H11;
D11 M98 P400;
G00 Z50.0;
G91 G28 Z0 M05;
M30;
O0400;(子程序)
G00 Z10.0;
G01 Z-10.0 F60;
G41 X22.0;
G03 X0 Y-40.0 R22.0;
G01 X-40.0;
Y40.0;
X40.0;
Y-40.0;
X0;
G03 X-22.0 Y-62.0 R22.0;
G01 G40 X0;
Z20.0;
M99;
```

实例4　如图2-52所示，完成孔系加工，试编制加工程序。

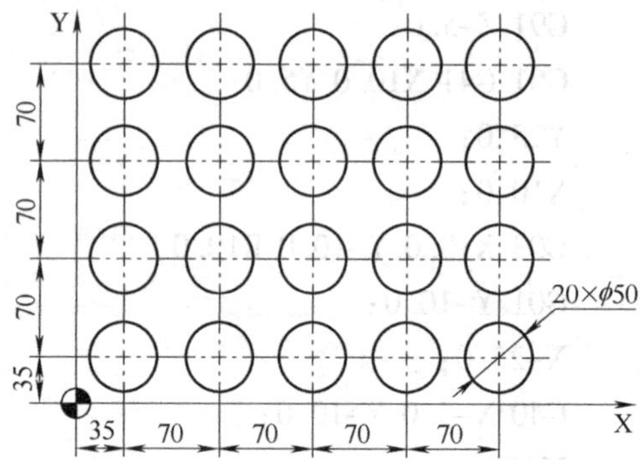

图2-52　实例4图

加工步骤：

钻孔：ϕ40mm 钻头，T1，刀具长度补偿 H01。

粗镗孔：镗刀，T2，刀具长度补偿 H02。

精镗孔：镗刀，T3，刀具长度补偿 H03。

程序如下：

```
O0003;(主程序)
N1;
T1 M06;
G90 G54 G00 X0 Y35.0 S400 M03 F50;
G43 Z50.0 H01;
M98 P300 L4;
G90 G00 X0 Y35.0;
G91 G28 Z0 M05;
N2;
```

```
T2 M06;
S500 M03;
G90 G43 Z50.0 H02;
M98 P330 L4;
G90 G00 X0 Y35.0;
G91 G28 Z0 M05;
N3;
T3 M06;
S500 M03;
G90 G43 Z50.0 H03;
M98 P333 L4;
G90 X0 Y0;
G91 G28 Z0 M05;
G28 X0 Y0;
M30;
O0300;（子程序）
G91 G98 G81 X35.0 Y0 Z-100. R-45.0 F50;
X70.0 L4;
G00 G80 X-315.0 Y70.0;
M99;
O0330;（子程序）
G91 G98 G85 X35.0 Y0 Z-100. R-45.0 F50;          G85 镗孔循环
X70.0 L4;
G00 G80 X-315.0 Y70.0;
M99;
O0333;（子程序）
G91 G98 G76 X35.0 Y0 Z-100. R-45.0 Q1.0 F40;     G76 精镗孔循环
X70.0 L4;
G00 G80 X-315.0 Y70.0;
M99;
```

实例 5　加工图 2-53 所示型腔，试编制加工程序。

程序如下：

```
O0005;
N1;                         去余量
T1 M06;                     φ20mm 平底刀
G90 G54 G00 X-45.0 Y-8.0 S500 M03;
G00 G43 Z50.0 H01;
Z10.0;
```

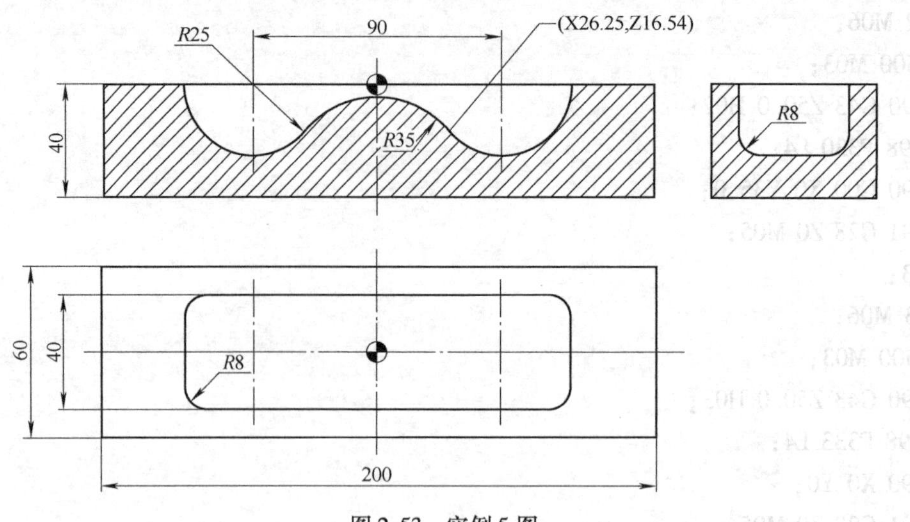

图2-53　实例5图

```
G01 Z-16.54 F50;
Y8.0;
Z-1.5;
X45.0;
Z-16.54;
Y-8.0;
Z-1.5;
X-45.0;
Y0;
X45.0;
Z50.0;
G91 G28 Z0 M05;
N2;
T2 M06;                        φ16mm 球头刀
G90 G54 G00 X0 Y-13.0 S600 M03;
G43 Z50.0 H02;
Z18.4;                         留 0.4mm 余量精铣
M98 P0100 L8;                  调用 O0100 号子程序循环 8 次
G90 G00 Z10.0;
Y-12.5;
M98 P0120 L49;
G90 G00 Z50.0;
G91 G28 Z0 M05;
M30;
```

```
O0100；（子程序）
G91 Z-1.0；
M98 P0110 L25；
Y-25.0；
M99；

O0110；（子程序）
G91 Y1.0；
G18 G00 G42 X-70.0 Z-10.0；
G02 X43.75 Z-16.54 R25.0；
G03 X52.5 Z0 R35.0；
G02 X43.75 Z16.54 R25.0；
G00 G40 X-70.0 Z10.0；
M99；

O0120；（子程序）
G91 Y0.5；
G18 G00 G42 X-70.0 Z-10.0；
G02 X43.75 Z-16.54 R25.0；
G03 X52.5 Z0 R35.0；
G02 X43.75 Z16.54 R25.0；
G00 G40 X-70.0 Z10.0；
M99；
```

注：1）此零件加工，亦可采用自动编程，本例子是采用子程序加工。

2）O0100 子程序用来加工圆弧轮廓线；O0110 子程序用来加工每次切削深度为 1mm 的圆弧轮廓，切削时，行距为 1.0mm；O0120 子程序用来精加工圆弧轮廓，切削时行距为 0.5mm。

第六节 坐标变换指令

一、比例缩放功能（G50 和 G51）

若要对加工程序指定的图形指令进行缩放，有以下两种指令格式。

1）各轴比例因子相同。

格式 G51 X __ Y __ Z __ P __；

其中：X、Y、Z 为比例缩放中心，以绝对值指定。

比例缩放方式由 G50 取消，指令格式为 G50；

P 为比例因子，指定范围为 0.001～999.999 或 0.0001～9.99999 倍。最大的比例缩放因子与最小的比例缩放因子有关，0.001 或 0.0001 为系统预先设置的最小比例缩放因子。对于大多数情况，0.001 的最小比例缩放因子就已经足够了。

若不指定P，可用MDI预先设定的比例因子（用参数设置），任何其他指令不能改变该值。若省略X、Y、Z，则用指令G51时刀具所在位置作为比例缩放中心。比例缩放功能不能缩放偏置量。

2）各轴比例因子单独指定。通过对各轴指定不同的比例，可以按各自的比例缩放各轴的指令。

格式：G51 X＿ Y＿ Z＿ I＿ J＿ K＿；

其中：X、Y、Z为比例缩放中心，以绝对值指定。

I、J、K为各轴比例因子，指定范围为：±0.0001～9.99999或±0.001～9.999。

若省略I、J、K，则按分别对应I、J、K的参数设定的比例因子缩放。这些参数必须设定非零值。

应注意，如果不指定I、J、K值，则预先设定的比例因子有效。

例　完成图2-54所示凸台零件一的加工，毛坯ϕ80mm×35mm已加工。

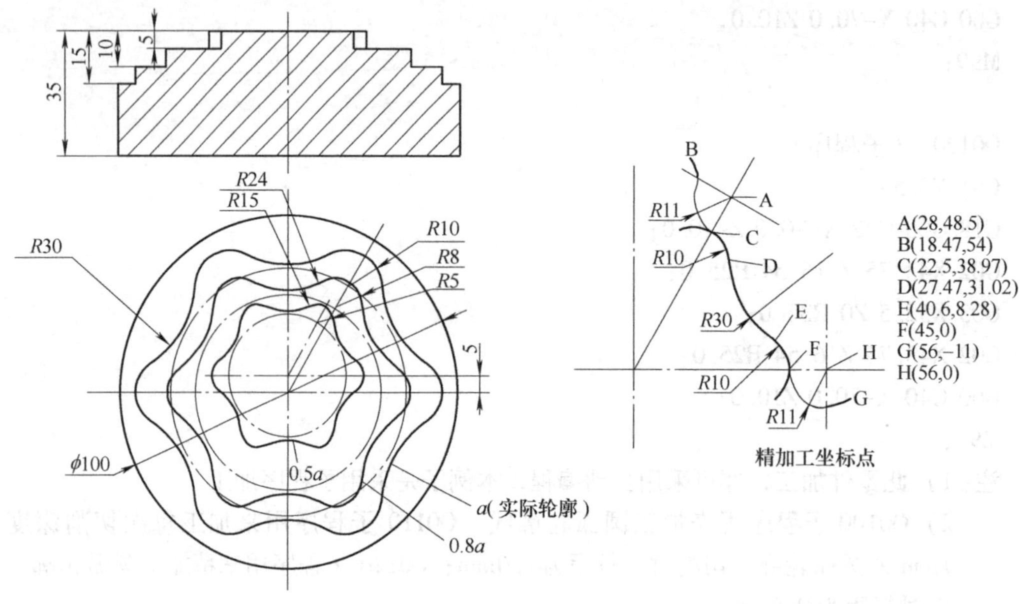

图2-54　凸台零件（一）

程序如下：

```
O1;
T1M6;                              调用1号刀具，φ20mm平底刀
G90 G54 G00 X28. Y48.5 M3 S600;
G00 Z50;
Z10.;
G01 Z5. F100;
M98 P1000 L6;
G01 Z10. F100;
G51 X0 Y0 I800 J800;
M98 P1000 L6;
```

```
G50;
G01 Z15. F100;
G51 X0 Y5. I500 J500;
M98 P1000 L6;
G50;
G69;
G00 Z50.;
M5;
M30;

O1000;（子程序）
G90 G01 X28. Y48.5 F400;          A 点
G91 Z-20 F100;
G90 G41 X18.47 Y54. D1;           B 点
G03 X22.5 Y38.97 R11.;            C 点
G02 X27.47 Y31.02 R10.;           D 点
G03 X40.6 Y8.28 R30.;             E 点
G02 X45. Y0 R10.;                 F 点
G03 X56. Y-11. R11.;              G 点
G01 G40 Y0;                       H 点
G68 X0 Y0 G91 R60.;               坐标轴旋转中心 X0Y0，镜像旋转 60°
Z20.
M99;
```

当各轴比例因子为负值时，则执行镜像加工，以比例缩放中心为镜像的对称中心。

镜像加工编程也称轴对称加工编程，是将数控加工刀具轨迹沿某坐标轴做镜像变换，而形成加工轴对称零件的刀具轨迹。对称轴（或镜像轴）可以是 X 轴、Y 轴或坐标原点。

当只对 X 轴或 Y 轴进行镜像加工时，刀具的实际切削顺序将与源程序相反，刀具矢量方向相反，圆弧插补转向相反。当同时对 X 轴和 Y 轴进行镜像加工时，切削顺序、刀补方向、圆弧时针方向均不变，如图 2-55 所示。

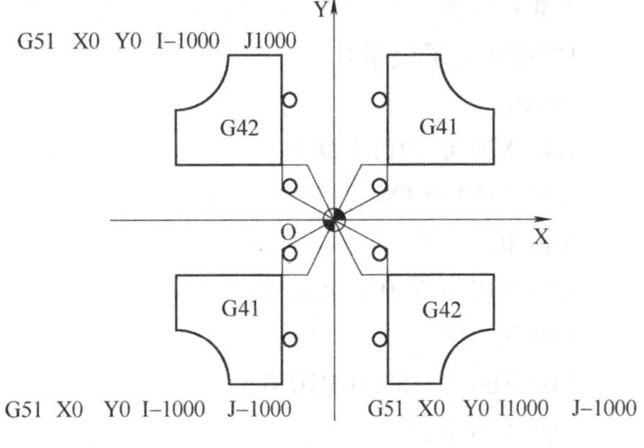

图 2-55　镜像时刀补变化

使用镜像后，应取消镜像。

使用坐标系旋转则旋转角度反向。

在使用中，对连续形状不应使用镜像功能，因为进给中有接刀痕会使轮廓不光滑。

二、可编程镜像（G50.1 和 G51.1）

用编程的镜像指令可实现坐标轴的对称加工。

（1）指令格式　G51.1 IP __；设置可编程镜像

G50.1 IP __；取消可编程镜像

IP __：用 G51.1 指定镜像的对称点（位置）和对称轴。

用 G50.1 指定镜像的对称轴，不指定对称点。

使用时应注意：第一，CNC 的数据处理顺序是从程序镜像到比例缩放和坐标系旋转，应该按顺序指定指令，取消时，按相反顺序。在比例缩放或坐标系旋转方式下，不能指定 G50.1 或 G51.1。

第二，在可编程镜像方式中，与返回参考点（G27，G28，G29，G30 等）和改变坐标系（G52 ~ G59，G92 等）有关的 G 代码不准指定。

由于 FANUC 系统的版本不同，也有用以下指令完成镜像加工的情况。

M21：X 轴镜像加工；M22：Y 轴镜像加工；M23：取消轴镜像加工。但在使用镜像指令后必须用 M23 进行取消，以免影响后面的程序。在 G90 模式下，使用镜像或取消指令，都要回到工件坐标系原点才能使用。否则，数控系统无法计算后面的运动轨迹，会出现乱进给现象。这时必须实行手动原点复位操作予以解决。另外，主轴转向不随着镜像指令变化而改变。

（2）加工实例

实例　完成图 2-56 所示零件轮廓的加工程序。

程序如下：

（1）采用比例缩放

```
O0005;（主程序）
G90 G54 G00 X0 Y0 S500 M03;
Z100.0;
M98 P0500;
G51 X0 Y0 I1000 J-1000;          Y 轴镜像
M98 P0500;
G50;                              取消镜像
M05;
M30;
O0500;（子程序）
Z5.0;
G41 X20.0 Y10.0 D01;
G01 Z-10.0 F50;
Y40.0;
G03 X40.0 Y60.0 R20.0;
G01 X50.0;
G02 X60.0 Y50.0 R10.0;
G01 Y30.0;
G02 X50.0 Y20.0 R10.0;
G01 X10.0;
G00 Z5.;
```

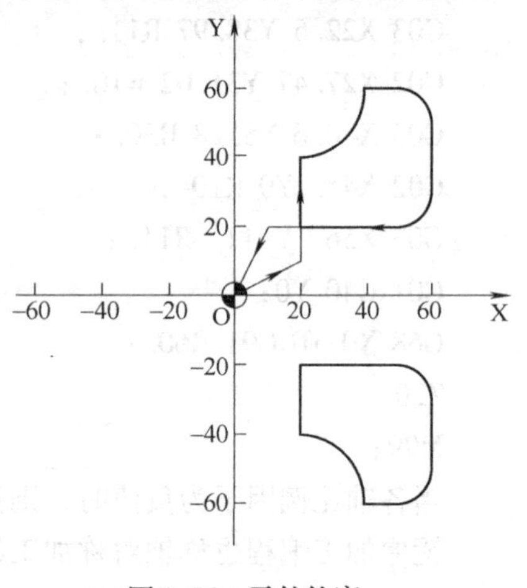

图 2-56　零件轮廓

```
G40 X0 Y0;
Z100.0 M05;
M30;
```

（2）采用可编程镜像

```
O0005;（主程序）
G90 G54 G00 X0 Y0 S500 M03;
Z100.0;
M98 P0500;
G51.1 Y0;                     Y 轴镜像
M98 P0500;
G50.1;                        取消镜像
M99;
```

实例　完成图 2-57 所示凸台零件二的加工，毛料 ϕ80mm × 25mm 已加工。

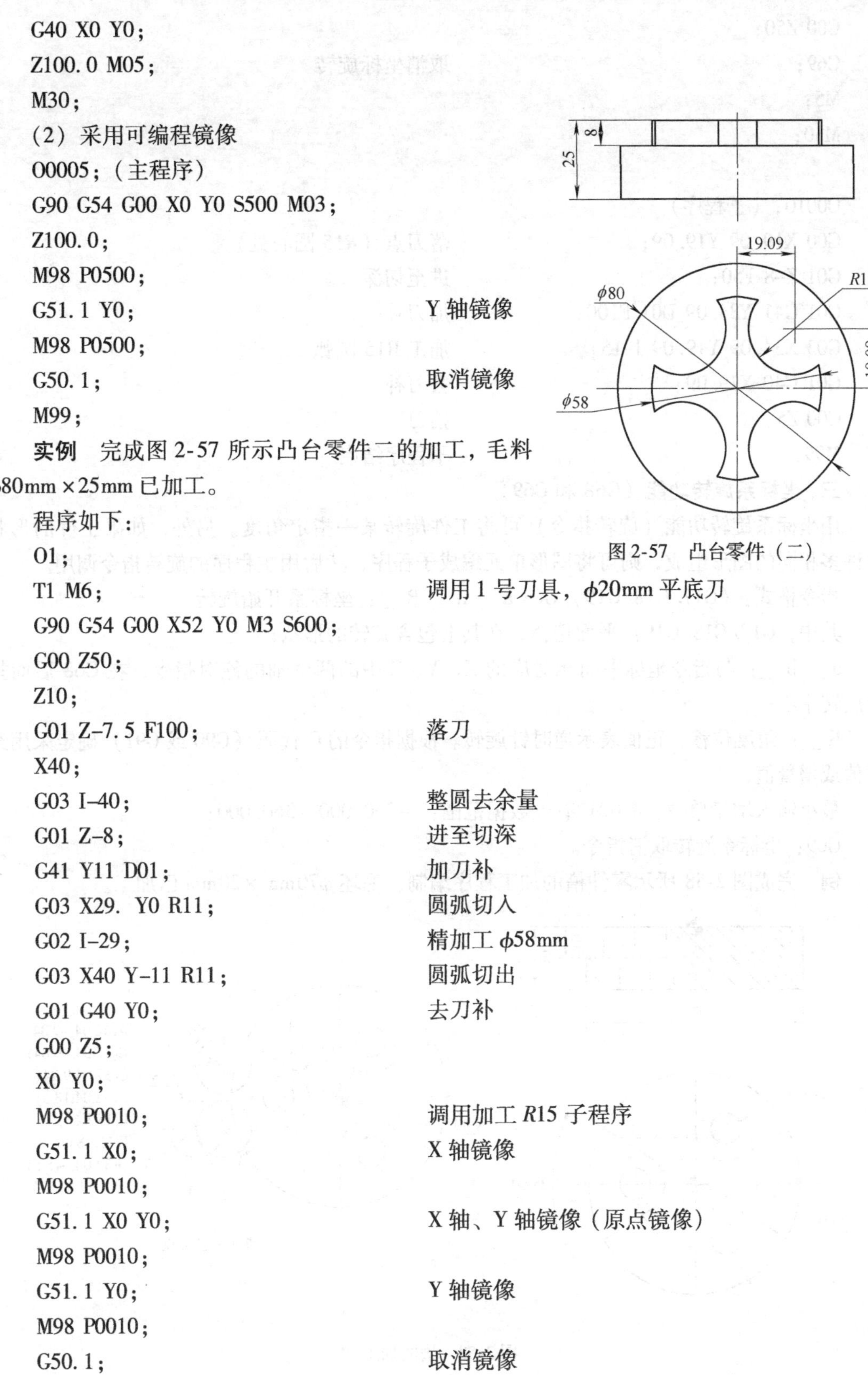

图 2-57　凸台零件（二）

程序如下：

```
O1;
T1 M6;                        调用 1 号刀具，φ20mm 平底刀
G90 G54 G00 X52 Y0 M3 S600;
G00 Z50;
Z10;
G01 Z-7.5 F100;               落刀
X40;
G03 I-40;                     整圆去余量
G01 Z-8;                      进至切深
G41 Y11 D01;                  加刀补
G03 X29. Y0 R11;              圆弧切入
G02 I-29;                     精加工 φ58mm
G03 X40 Y-11 R11;             圆弧切出
G01 G40 Y0;                   去刀补
G00 Z5;
X0 Y0;
M98 P0010;                    调用加工 R15 子程序
G51.1 X0;                     X 轴镜像
M98 P0010;
G51.1 X0 Y0;                  X 轴、Y 轴镜像（原点镜像）
M98 P0010;
G51.1 Y0;                     Y 轴镜像
M98 P0010;
G50.1;                        取消镜像
```

```
G00 Z50;
G69;                          取消坐标旋转
M5;
M30;

O0010;(子程序)
G00 X19.09 Y19.09;            落刀点(R15 圆心处)
G01 Z-8 F50;                  进至切深
G01 G41 Y34.09 D01 F100;      加刀补
G03 X34.09 Y19.09 J-15;       加工 R15 圆弧
G01 G40 X19.09;               去刀补
G00 Z5;                       抬刀
M99;                          子程序结束
```

三、坐标系旋转功能（G68 和 G69）

用坐标系旋转功能（旋转指令）可将工件旋转某一指定角度。另外，如果工件的形状由许多相同的图形组成，则可将图形单元编成子程序，然后用主程序的旋转指令调用。

指令格式：(G17/G18/G19) G68 a __ b __ R __：坐标系开始旋转

其中，G17/G18/G19：平面选择，在其上包含旋转的形状；

a __ b __：与指令坐标平面相对应的 X、Y、Z 中的两个轴的绝对指令，在 G68 后面指定旋转中心；

R __：角度位移，正值表示逆时针旋转。根据指令的 G 代码（G90 或 G91）确定采用绝对值或增量值；

最小输入增量单位：0.001°有效数据范围：－360.000～360.000；

G69：坐标系旋转取消指令。

例 完成图 2-58 所示零件槽的加工程序编制，毛坯 ϕ70mm×20mm 已加工。

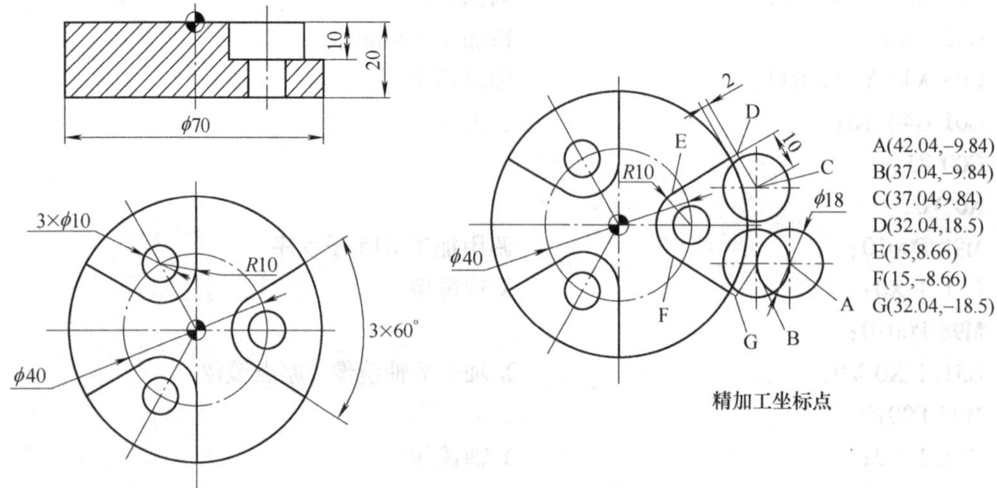

图 2-58 槽的加工

程序一：

```
O1;
T1 M6;                              φ18mm 平底刀
G90 G54 G00 X0 Y0 M3 S700;
G00 G43 Z50. H01;
Z10. ;
M98 P0100;                          调用 O0100 子程序
G68 X0 Y0 R120. ;                   坐标系绕 X0 Y0 旋转至 120°
M98 P0100;                          调用 O0100 子程序
G68 X0 Y0 R240. ;                   坐标系绕 X0 Y0 旋转至 240°
M98 P0100;                          调用 O0100 子程序
G69;                                取消坐标旋转
G90 G00 Z50. ;
M5;
M30;

O0100;                              铣槽程序
G90 G00 X42. 04 Y-9. 84;            A 点
G01 Z0;
/M98 P50110;                        调用 O0110 子程序 5 次。/为跳步指令，精加工时
                                    机床操作采用跳步
G01 Z-10. F100;
X37. 04 Y9. 84;                     C 点
G41 X32. 04 Y18. 5 D01;             D 点
G01 X15. Y8. 66;                    E 点
G03 X15. Y-8. 66 R10. ;             F 点
G01 X32. 04 Y-18. 5;                G 点
G40 X37. 04 Y-9. 84;                B 点
G00 Z10. ;
M99;

O0110;                              粗铣槽
G90 G01 X42. 04 Y-9. 84 F200;       A 点
G91 Z-2. F100;
G90 X37. 04;                        B 点
X20. Y0;
X37. 04 Y9. 84;                     C 点
M99;
```

程序二：

```
O1;
T1 M6;                              φ18mm 平底刀
G90 G54 G00 X0 Y0 M3 S700;
G00 G43 Z50. H01;
Z10.;
M98 P031000;                        调用 O1000 子程序 3 次
G69;                                取消坐标旋转
G90 G00 Z50.;
M5;
M30;

O1000;                              铣槽程序
G90 G00 X42.04 Y-9.84;
G01 Z0;
/M98 P50110;                        调用 O0110 子程序 5 次。/为跳步指令。精加工时
                                    机床操作采用跳步
G01 Z-10. F100;
X37.04 Y9.84;
G41 X32.04 Y18.5 D01;
G1 X15. Y8.66;
G3 X15. Y-8.66 R10.;
G1 X32.04 Y-18.5;
G40 X37.04 Y-9.84;
G00 Z10.;
G68 X0 Y0 G91 R120.;                坐标系绕 X0 Y0，增量旋转 120°
M99;

O0110;
G90 G01 X42.04 Y-9.84 F200;
G91 Z-2. F100;
G90 X37.04;
X20. Y0;
X37.04 Y9.84
M99;
```

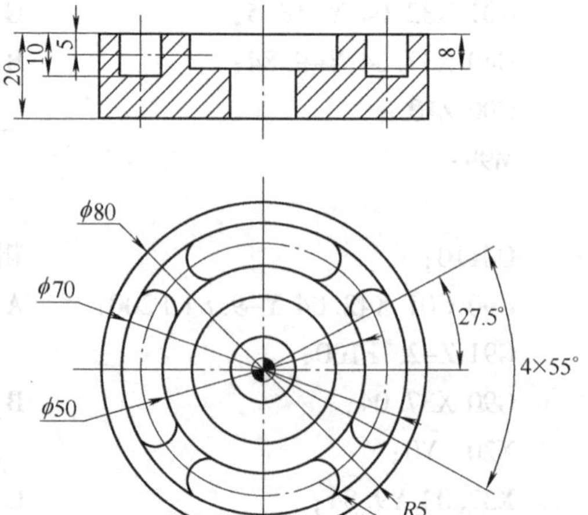

例　完成图 2-59 所示零件槽的加工程序编制，毛坯 φ80mm×20mm 已加工。

程序如下：

```
O1;
```

图 2-59　槽的加工

```
N1;                                  粗加工
T1 M6;                               φ8mm 平底刀
G90 G54 G00 X0 Y0 M3 S700;
G00 G43 Z50. H01;
Z10.;
G00 Z0 F100;
M98 P050100;                         粗铣整圆弧槽
G90 G00 Z10.;
M98 P040110;                         粗铣4等分圆弧槽
G00 Z50.;
M5;
N2;                                  精加工
T2 M6;                               φ8mm 平底刀
G90 G54 G00 X0 Y0 M3 S700;
G00 G43 Z50. H01;
Z10.;
D02 M98 P1000;                       D02半精加工刀补号（刀补值4.15）
D02 M98 P041100;
D12 M98 P1000;                       D12半精加工刀补号（刀补值4.0）
D12 M98 P041100;
G00 Z50.;
M5;
M30;

O0100;                               粗铣整圆弧槽
G90 G01 X30. Y0 F200;
G91 Z-1.;                            每次切削深度为1mm
G03 I-30.;
M99;

O0110;                               粗铣4等分圆弧槽
G90 G16 G01 X30. Y-27.5 F300;        极坐标
G01 Z-5. F200;
M98 P020120;                         子程序嵌套
G15;                                 取消极坐标
G00 Z5.;
G68 X0 Y0 G91 R90.;                  坐标旋转，增量旋转90°
M99;
```

```
O0120;
G91 Z-1.25 F200;
G90 G03 X30. Y27.5 R30.;
G91 Z-1.25;
G90 G02 X30. Y-27.5 R30.;
M99;

O1000;                          精铣整圆弧槽
G01 X30. Y0 F300;
G01 Z-5. F100;
G41 Y-5.;
G03 X35. Y0 R5.;                圆弧切入
G03 I-35.;                      铣整圆
G03 X25. Y0 I-5.;
G02 I-25.;
G03 X30. Y0 R5.;
G01 G40 Y0;
M99;

O1100;                          精铣4等分圆弧槽（精加工坐标点见图2-60）
G01 Z5. F200;
X30. Y0;
G01 Z-10. F100;
G41 Y-5.;
G03 X35. Y0 R5.;                圆弧切入
G03 X31.045 Y16.161 R35.;
G03 X22.175 Y11.544 I-4.435 J-2.309;
G02 X22.175 Y-11.544 R25.;
G03 X31.045 Y-16.161 I4.435 J-2.309;
G03 X35. Y0 R35.;
G03 X30. Y5. R5.;
G01 G40 Y0;
G00 Z10.;
G68 X0 Y0 G91 R90.;
M99;
```

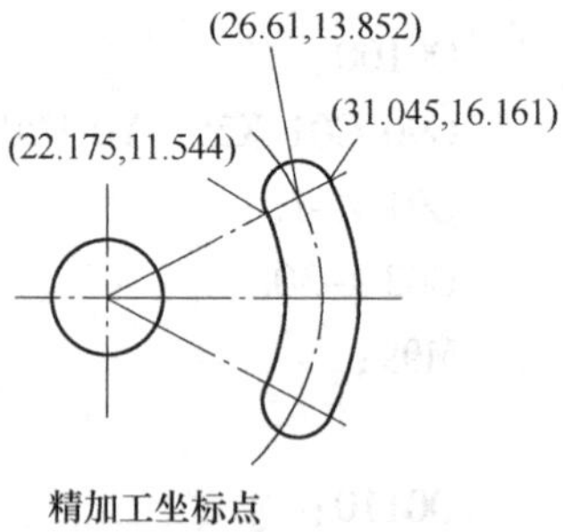

(26.61,13.852)
(31.045,16.161)
(22.175,11.544)
精加工坐标点

图2-60　精加工坐标点

第七节　宏程序的应用

在一般的程序中，程序字为常量，故只能描述固定的几何形状，缺乏灵活性和实用性。

为此，数控系统提供了用户宏程序功能，用户可以自己扩展数控系统的功能。

一、宏程序编制方法

在程序中使用变量，通过对变量进行赋值及处理，使程序具有特殊功能，这种有变量的程序称为宏程序。FANUC 系统提供两种用户宏功能，即用户宏程序功能 A 和用户宏程序功能 B。这里我们介绍用户宏程序功能 B 的程序编制。

1. 变量

（1）变量的表示　一个变量由变量符号（#）和变量号组成，如：#i（i =1，2，3，…），也可用表达式来表示变量，如：#[<表达式>]。

（2）变量的使用　在地址号后可使用变量，如：若#8 =80，则 F#8 表示 F80；若#26 =20，则 X- #26 表示 X -20.；若#13 =2，则 G#13 表示 G2。

（3）变量的赋值

1）直接赋值。变量可在操作面板 MACRO 内容处直接输入，也可用 MDI 方式赋值，也可在程序内直接赋值，如：#10 =100（或表达式），但等号左边不能用表达式。

2）自变量赋值。宏程序体以子程序方式出现，所用的变量可在调用宏程序时在主程序中赋值。自变量赋值有两种类型：

① 变量的赋值方法 I 的文字变量与数字序号变量之间的关系见表 2-2。

表 2-2　文字变量与数字变量之间的关系（变量赋值方法 I）

A	#1	I	#4	T	#20
B	#2	J	#5	U	#21
C	#3	K	#6	V	#22
D	#7	M	#13	W	#23
E	#8	Q	#17	X	#24
F	#9	R	#18	Y	#25
H	#11	S	#19	Z	#26

表 2-2 中，文字变量为除 G、L、N、O、P 以外的英文字母，一般可不按字母顺序排列，但 I、J、K 例外；#1 ~ #26 为数字序号变量。

例　G65 P9120 A200. 0 X100. 0 F100. 0

其含义为：调用宏程序号为 9120 的宏程序运行一次，并为宏程序中的变量赋值，其中：#1 为 200. 0，#24 为 100. 0，#9 为 100. 0。

② 变量的赋值方法 Ⅱ 的文字变量与数字变量之间的关系见表 2-3。

表 2-3　文字变量与数字变量之间的关系（变量赋值方法 Ⅱ）

A	#1	K_2	#9	J_5	#17
B	#2	I_3	#10	K_5	#18
C	#3	J_3	#11	I_6	#19
I_1	#4	K_3	#12	J_6	#20
J_1	#5	I_4	#13	K_6	#21
K_1	#6	J_4	#14	I_7	#22
I_2	#7	K_4	#15	J_7	#23
J_2	#8	I_5	#16	K_7	#24

（续）

I_8	#25	I_9	#28	I_{10}	#31
J_8	#26	J_9	#29	J_{10}	#32
K_8	#27	K_9	#30	K_{10}	#33

例　G65 P9100 A20.0 I10.0 J0 K0 I8.0 J10.0 K9.0

其含义为：调用宏程序号为9100的宏程序运行一次，并为宏程序中的变量赋值，其中：#1为20.0，#4为10.0，#5为0，#6为0，#7为8.0，#8为10.0，#9为9.0。

说明：①变量的赋值方法Ⅰ和方法Ⅱ可以共存，此时后者有效。

例　G65 P1000 A1. B2 I-3. I4. D5.；可以看出，I4. 和D5都对#7赋值，后面的D5.有效，所以，#7 =5.0。

② I、J、K的顺序不能颠倒，不赋值可以省略。

例　G65 P1000 J5. I4.；则#5 =5.0 #7 =4.0

（4）变量的种类　变量有局部变量、公用变量（全局变量）和系统变量三种。

1）局部变量#1 ~ #33。作用于宏程序某一级中的变量称为局部变量，即这一变量在同一程序级中调用时含义相同，若在另一级程序（如子程序）中使用，则意义不同。局部变量主要用于变量间的相互传递，初始状态下未赋值的局部变量即为空白变量。

2）公用变量#100 ~ #199，#500 ~ #999。可在各级宏程序中被共同使用的变量称为公用变量，即这一变量在不同程序级中调用时含义相同。因此，一个宏程序中经计算得到的一个公用变量的数值，可以被另一个宏程序应用。当断电时，变量#100 ~ #199初始化为空；变量#500 ~ #999的数据保存，即使断电也不丢失。

3）系统变量。系统变量用于读和写CNC运行时各种数据的变化，例如，刀具的当前位置和补偿值。但是某些系统只能读。系统变量是自动控制和通用加工程序开发的基础。

① 接口信号：是机床可编程程控制器（PLC）和用户宏程序之间交换的信号。

② 刀具补偿#2000 ~ #2200：用系统变量可以读和写刀具补偿值。

③ 程序报警的系统变量#3000：#3000中储存报警信息地址，如：#3000 = n，则显示n号警告。

④ 时间信息#3001、#3002

⑤ 自动运行控制#3003、#3004

⑥ 模态信息#4001 ~ #4130：例如，#4001为G00 ~ G03，若当前为G01状态，则#4001中值为01。#4002为G17 ~ G19，若当前为G17平面，则#4002中值为17。#4003为G90、G91。

⑦ 位置信息#5001 ~ #5104：保存各种坐标值，包括绝对坐标、距下一点距离等。

系统变量还有多种，为编制宏程序提供了丰富的信息来源。

（5）未定义变量的性质　当变量值未定义时，这样的变量成为“空变量”。变量#0总是空变量。

1）空变量引用（表2-4）。当引用一个未定义的变量时，地址本身也被忽略。

表2-4　空变量引用

#1 = <空>	#1 =0
G90 X100. Y#1；相当于G90 X100.；	G90 X100. Y#1；相当于G90 X100. Y0；

2）空变量运算（表 2-5）。除了用 <空> 赋值以外，其余情况下 <空> 与 0 相同

表 2-5　空变量运算

#1 = <空>	#1 = 0
#2 = #1，则#2 = <空>	#2 = #1，则#2 = 0
#2 = #1 * 5，则#2 = 0	#2 = #1 * 5，则#2 = 0
#2 = #1 + #1，则#2 = 0	#2 = #1 + #1，则#2 = 0

3）条件表达式（表 2-6）

表 2-6　条件表达式

#1 = <空>	#1 = 0
#1 = #0　成立	#1 = #0　不成立
#1 ≠ 0　成立	#1 ≠ 0　不成立
#1 ≥ #0　成立	#1 ≥ 0　成立
#1 > #0　不成立	#1 > 0　不成立

2. 宏程序的使用方法

(1) 宏程序的使用格式　宏程序的编写格式与子程序相同。其格式为：

O0001 ~ O8999（0001 ~ 8999 为宏程序号）

N10 指令

…

N_M99

上述宏程序内容中，除通常使用的编程指令外，还可使用变量、算术运算指令及其他控制指令。变量值在宏程序调用指令中赋值。

(2) 选择程序号　程序在存储器中的位置决定了该程序的一些权限，根据程序的重要程度和使用频率；用户可选择合适的程序号，具体见表 2-7。

表 2-7　程序编号的使用规则

O0001 ~ O7999	程序能自由储存、删除和编辑
O8000 ~ O8999	不经设定该程序就不能进行储存、删除和编辑
O9000 ~ O9019	用于特殊调用的宏程序
O9020 ~ O9899	如果不设定参数就不能进行储存、删除和编辑
O9900 ~ O9999	用于机器人操作程序

(3) 用户宏程序的调用指令　用户宏指令是调用用户宏程序本体的指令。

1）非模态调用（单纯调用）指令格式：G65 P × × × ×（宏程序号）L（重复次数）（自变量赋值）其中：G65 为宏程序调用指令；P 后为被调用的宏程序代号；L 后为宏程序重复运行的次数，重复次数为 1 时，可省略不写；自变量赋值为宏程序中使用的变量赋值。

在书写时，G65 必须写在（自变量赋值）之前。

2）模态调用。模态调用功能近似固定循环的续效作用，在调用宏程序的语句以后，每执行一次移动指令就调用一次宏程序。

指令格式：G66 P××××（宏程序号）L（重复次数）（自变量赋值）；
G67；取消宏程序模态调用方式

在书写时，G66 必须写在（自变量赋值）之前。例如。

```
O0001;
…
G00 G90 X100. Y50.;
G66 P9110 Z-20. R5. F100;         O9110 宏程序钻孔（该宏程序略）
G90 X20. Y20.;                    孔位
X50.;                             孔位
Y50.;                             孔位
X0 Y80.;                          孔位
G67;
M30;
```

3）多重非模态调用。宏程序与子程序相同的一点是，一个宏程序可被另一个宏程序调用，最多可调用4重。

3. 算术运算指令

宏程序具有赋值、算术运算、逻辑运算、函数运算等功能。变量之间进行运算的通常表达形式是：#i =（表达式）

（1）变量的定义和替换 #i = #j。

（2）加减运算

1）#i = #j + #k　　加

2）#i = #j - #k　　减

（3）乘除运算

1）#i = #j * #k　　乘

2）#i = #j/#k　　除

（4）逻辑运算

1）#i = #j OR#k　　或

2）#i = #jXOR#k　　异或

3）#i = #jAND#k　　与

（5）函数运算

1）#i = SIN［#j］　　正弦函数（单位为度）

2）#i = ASIN［#j］　　反正弦函数

3）#i = COS［#j］　　余弦函数（单位为度）

4）#i = ACOS［#j］　　反余弦函数

5）#i = TAN［#j］　　正切函数（单位为度）

6）#i = ATAN［#j］　　反正切函数（单位为度）

7）#i = SQRT［#j］　　平方根

8）#i = ABS［#j］　　取绝对值

9）#i = ROUND［#j］　　四舍五入整数化

10）#i = FIX ［#j］　　小数点以下舍去

11）#i = FUP ［#j］　　小数点以下进位

12）#i = LN ［#j］　　自然对数

13）#i = EXP ［#j］　　e^x

（6）运算的组合　以上算术运算和函数运算可以结合在一起使用，运算的先后顺序是：函数运算、乘除运算、加减运算。

（7）括号的应用　表达式中括号的运算将优先进行。连同函数中使用的括号在内，括号在表达式中最多可用5层。

4. 控制指令

控制指令起到控制程序流向的作用。

（1）条件转移

1）程序格式：IF ［条件表达式］ GOTO n

2）以上程序段含义为：

① 如果条件表达式的条件得以满足，则转而执行程序中程序号为 n 的程序段，程序段号 n 可以由变量或表达式替代。

② 如果表达式中条件未满足，则顺序执行下一段程序。

③ 如果程序作无条件转移，则条件部分可以被省略。

④ 条件表达式可按如下方式书写：

#j　EQ　#k	表示 =
#j　NE　#k	表示≠
#j　GT　#k	表示 >
#j　LT　#k	表示 <
#j　GE　#k	表示≥
#j LE #k	表示≤

例如，下面的程序可计算数值 1 ~ 10 的总和。

```
O9200;
#1 =0;                          储存和数变量的初值
#2 =1;                          被加数变量的初值
N1 IF[#2 GT 10]GOTO 2;          当被加数大于 10 时转移到 N2
#1 =#1 +#2;                     计算和数
#2 =#2 +1;                      下一个被加数
GOTO 1;                         转到 N1
N2 M30;                         程序结束
```

（2）循环指令

1）程序格式：WHILE［条件表达式］DO m（m =1，2，3）；

…

END m；

2）上述“WHILE…END m”程序含意为

① 条件表达式满足时，程序段 DO m 至 END m 即重复执行。

② 条件表达式不满足时，程序转到 END m 后处执行。

③ 如果 WHILE[条件表达式]部份被省略，则程序段 DO m 至 END m 之间的部分将一直重复执行。

3）说明

① WHILE DO m 和 END m 必须成对使用；

② DO 语句允许有 3 层嵌套，即：

```
DO  1
DO  2
DO  3
END  3
END  2
END  1
```

③ DO 语句范围不允许交叉，即如下语句是错误的：

```
DO  1
DO  2
END  1
END  2
```

例如下面的程序可计算数值 1 ~10 的总和。

```
O1000;
#1 =0;
#2 =1;
WHILE[#2 LE 10]DO 1;
#1 =#1 +#2;
#2 =#2 +1;
END 1;
M30;
```

二、宏程序编制实例

实例 1　加工矩形区域平面，如图 2-61 所示。

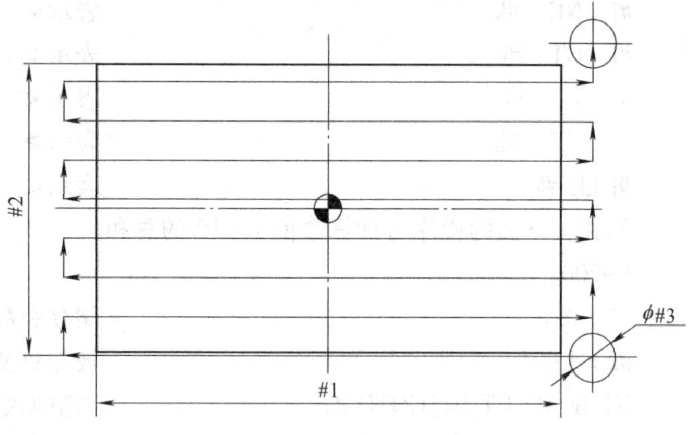

图 2-61　矩形区域平面

程序如下：

```
O1;
#1 =__;                          矩形 X 向边长
#2 =__;                          矩形 Y 向边长
#3 =__;                          刀具直径（平底刀）
#4 = -#2/2;                      Y 坐标设为自变量
#14 =0.8 * #3;                   变量#4 每次的递增量，即步距（经验值）
#5 =[#1 +#3]/2 +2.;              开始点的 X 坐标
G90 G54 G00 X0 Y0 M3 S1000;
Z50.;
```

```
X#5 Y#4;                               快速进至起始点位置
Z10.;
G01 Z0 F200;                           快速进至 Z0 平面（假设此平面为加工平面）
WHILE [#4 LT [#2/2 +0.3 * #3]] DO 1;   如果刀具没有加工到上边缘，继续以下循环
G01 X-#5 F500;                         G01 加工至左边
#4 = #4 + #14;                         Y 坐标变量#4 递增#14
Y#4;                                   Y 坐标正向移动#14
X#5;                                   G01 加工至右边
#4 = #4 + #14;                         Y 坐标变量#4 递增#14
Y#4;                                   Y 坐标正向移动#14
END 1;                                 循环 1 结束
G00 Z50.;
M5;
M30;
```

条件表达式（第 n 次循环结束时刀具的 Y 坐标值）的推导参考图 2-62。

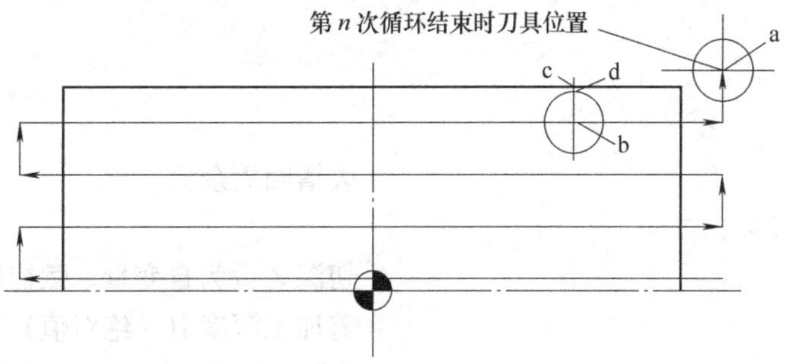

图 2-62　条件表达式的推导图

解：点 a：Ya = #4

点 b：Yb = #4 − #14 = #4 − 0.8 * #3

点 c：Yc = #2/2

点 d：Yd = Yb + #3/2

当 Yd < Yc 时循环应继续，即推导出#4 LT [#2/2 +0.3 * #3]。

实例 2　四角圆角过渡矩形零件的内腔粗加工，如图 2-63 所示。

程序如下：

```
O2;
T1 M6;                                 φ10mm 平刀
G90 G54 G00 X0 Y0 M3 S1000;
G00 Z50.;
Z10.;
M98 P1000;
M98 P1001;
G00 Z50.;
```

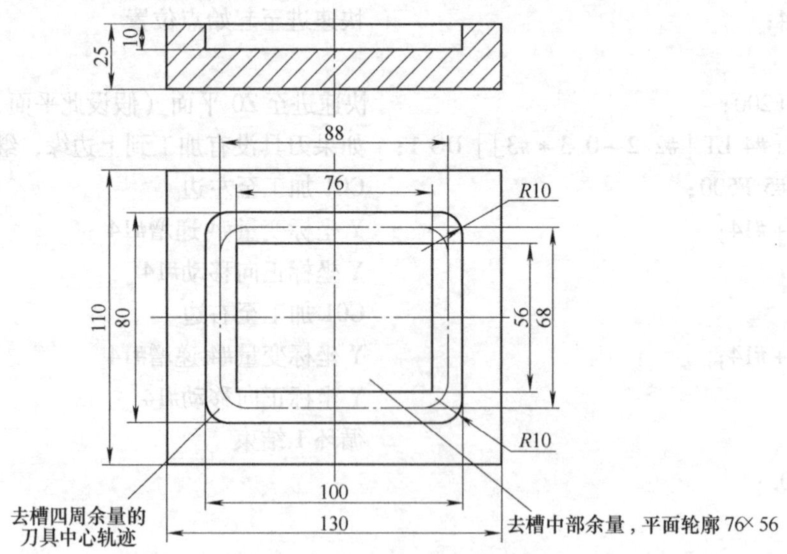

图 2-63　四角圆角过渡矩形零件

```
M5;
M30;

O1000;                        去槽四周余量
G00 X44. Y-24.;
#6 =0;                        切深 Z 设为自变量，赋初值 0
#7 =10.;                      需加工深度 H（绝对值）
#17 =1.;                      Z 坐标每次递增量 1mm（每层切削深度即层
                              间距），要求#17 必须能被#7 整除
WHILE [#6 LT #7] DO 1;        如果刀具没有达到预定深度，继续循环 1
Z[ -#6 +1.];                  快速进至当前加工平面 Z-#6 上方 1mm 处
G01 Z-[#6 +#17] F100;         G01 进至加工平面
G02 X34. Y-34. R10. F500;
G01 X-34.;
G02 X-44. Y-24. R10.;
G01 Y24.;
G02 X-34. Y34. R10.;
G01 X34.;
G02 X44. Y24. R10.;
G01 Y-24.;
#6 =#6 +#17;                  Z 坐标（绝对值）依次递增#17（层间距）
END 1;
G00 Z10.;
M99;
```

```
O1001;                                  去槽中部余量，平面 76×56
#1 =76.;                                矩形 X 向边长
#2 =56.;                                矩形 Y 向边长
#3 =10.;                                刀具直径（平底刀）
#4 = -#2/2;                             Y 坐标设为自变量
#14 =0.8*#3;                            变量#4 每次的递增量，即步距（经验值）
#5 =[#1 +#3]/2 +2.;                     开始点的 X 坐标
#6 =0;                                  切深 Z 设为自变量，赋初值 0
#7 =10.;                                需加工深度 H（绝对值）
#17 =1.;                                Z 坐标每次的递增量 1mm（每层切削深度即
                                        层间距），要求#17 必须能被#7 整除
WHILE [#6 LT #7] DO 1;                  如果刀具没有达到预定深度，继续循环 1
#4 =-#2/2;                              （每层平面加工完毕后）重置#4 为初始值
X#5 Y#4;                                快速进至开始点位置
Z[ -#6 +1.];                            快速进至当前加工平面 Z-#6 上方 1mm 处
G01 Z-[#6 +#17]F100;                    G01 进至加工平面
WHILE [#4 LT[#2/2 +0.3*#3]] DO 2;       如果刀具没有加工到上边缘，继续以下循环
G01 X-#5 F500;                          G01 加工至左边
#4 =#4 +#14;                            Y 坐标变量#4 递增#14
Y#4;                                    Y 坐标正向移动#14
X#5;                                    G01 加工至右边
#4 =#4 +#14;                            Y 坐标变量#4 递增#14
Y#4;                                    Y 坐标正向移动#14
END 2;                                  循环 2 结束
G00 Z10.;                               G00 抬至安全高度
#6 =#6 +#17;                            Z 坐标（绝对值）依次递增#17（层间距）
END 1;                                  循环 1 结束
M99;
```

实例 3　圆孔零件的内腔加工（中心垂直下刀），如图 2-64 所示。

程序如下：

```
O3;
G90 G54 G00 X0 Y0 ;
G00 Z50.;
#1 =__;                                 圆孔直径
#2 =__;                                 圆孔深度
#3 =__;                                 刀具直径（平底刀）
#4 =0;                                  Z 坐标（绝对值）设为自变量
#17 =__;                                Z 坐标（绝对值）每次递增量（每层切削
                                        深度即层间距 q）
```

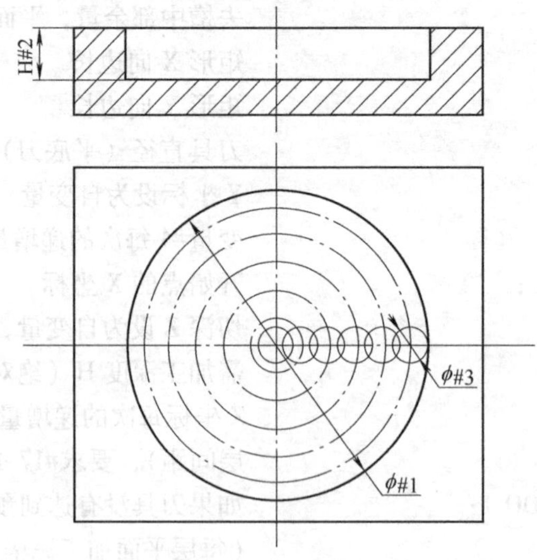

图 2-64　圆孔零件

#5 =0.8 * #3;	步距设为刀具直径的 80% (经验值)
#6 = #1-#3;	刀具 (中心) 在内腔中的最大回转直径
WHILE [#4 LT #2] DO 1;	如果加工深度#4 小于圆孔深度#2, 循环 1 继续
Z[-#4 +1.];	快速进至当前加工平面 Z-#4 上方 1mm 处
G01 Z-[#4 + #17] F100;	G01 进至当前加工深度 (Z-#4 处下降#17)
#7 = FIX [#6/#5];	刀具 (中心) 在内腔中最大回转直径除以步距并上取整
#8 = FIX [#7/2];	#7 是奇数或偶数都可上取整, 重置#8 为初始值
WHILE [#8 GE0] DO 2;	如果#8 ≥0 (即还没走到最外一圈), 循环 2 继续
#9 = #6/2-#8 * #5;	每圈在 X 方向上移动的距离目标值 (绝对值)
G01 X#9 F500;	以 G01 移动
G03 I-#9 ;	逆时针走整圆
#8 = #8-1;	#8 依次递减直至为 0
END 2;	循环 2 结束 (最外一圈已走完)
G00 Z10. ;	抬刀至安全点
X0 Y0;	G00 快速回原点, 准备加工下一层
#4 = #4 + #17;	Z 坐标 (绝对值) 依次递增#17 (层间距 q)
END 1;	循环 1 结束 (此时#4 = #2)
G00 Z50. ;	
M5;	
M30;	

实例 4　完成图 2-65 所示圆环槽的粗加工, 毛坯 ϕ100mm ×25mm 已加工。

程序如下:

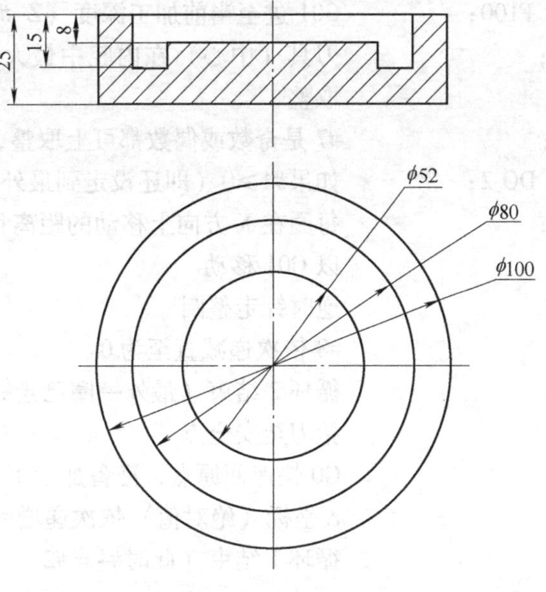

图 2-65　圆环槽

```
O4;
N1;                                  粗加工
T1 M6;                               ϕ12mm 平底刀
G90 G54 G00 X0 Y0 M3 S1000;
G00 Z50. ;
Z10. ;
M98 P1000;                           粗加工 ϕ79. 6mm ×8mm 圆槽
M98 P1001;                           粗加工环形槽，刀具中心在 ϕ66mm 圆上，深 15mm
G00 Z50. ;
M5;
M30;

O1000;                               粗加工 ϕ79. 6mm ×8mm 圆槽
#1 =79. 6;                           圆孔直径（已留 0. 4mm 余量）
#2 =8. ;                             圆孔深度
#3 =12. ;                            刀具直径（平底刀）
#4 =0;                               Z 坐标（绝对值）设为自变量
#17 =1. ;                            Z 坐标（绝对值）的每次递增量（每层切削深度即
                                     层间距 q）
#5 =0. 8 * #3;                       步距设为刀具直径的 80%（经验值）
#6 =#1-#3;                           刀具（中心）在内腔中最大回转直径
WHILE [#4 LT #2] DO 1;               如果加工深度#4 小于圆孔深度#2，循环 1 继续
Z[-#4 +1. ];                         快速进至当前加工平面 Z-#4 上方 1mm 处
```

```
G01 Z-[#4+#17] F100;           G01 进至当前加工深度（Z-#4 处下降#17）
#7=FIX [#6/#5];                刀具（中心）在内腔中最大回转直径除以步距并上
                               取整
#8= FIX [#7/2];                #7 是奇数或偶数都可上取整，重置#8 为初始值
WHILE [#8 GE0] DO 2;           如果#4≥0（即还没走到最外一圈），循环 2 继续
#9=#6/2-#8*#5;                 每圈在 X 方向上移动的距离目标值（绝对值）
G01 X#9 F500;                  以 G01 移动
G03 I-#9 ;                     逆时针走整圆
#8=#8-1;                       #8 依次递减直至为 0
END 2;                         循环 2 结束（最外一圈已走完）
G00 Z10. ;                     抬刀至安全点
X0 Y0;                         G0 快速回原点，准备加工下一层
#4=#4+#17;                     Z 坐标（绝对值）依次递增#17（层间距 q）
END 1;                         循环 1 结束（此时#4=#2）
G00 Z10. ;
M99;

O1001;                         粗加工环形槽，刀具中心在 φ66mm 圆上，深 15mm
G00 X33. Y0;
Z10. ;
#11=8. ;                       切深 Z 设为自变量，赋初值 8
#12= 15. ;                     需加工深度 H（绝对值）
#13=1. ;                       Z 坐标每次递增量 1mm（每层切削深度即层间距），
                               要求#13 必须能被#15 整除
G01 Z-#11 F100;                G01 进至加工平面
WHILE [#11 LT #12] DO 1;       如果刀具没有达到预定深度，继续循环 1
G03 I-33. Z-[#11+#13] F500;    螺旋下刀
#11=#11+#13;                   Z 坐标（绝对值）依次递增#13（层间距）
END 1;
G00 Z10. ;
M99;
```

实例 5 球面加工

1. 外球面加工

（1）平底刀粗加工（自上而下），如图 2-66 所示。

1）自变量赋值说明：

A：#1　　（外）球面圆弧半径

B：#2　　平底刀半径

C：#3　　（外）球面起始角度，#3≤90°

I：#4　　（外）球面终止角度，#4≥0°

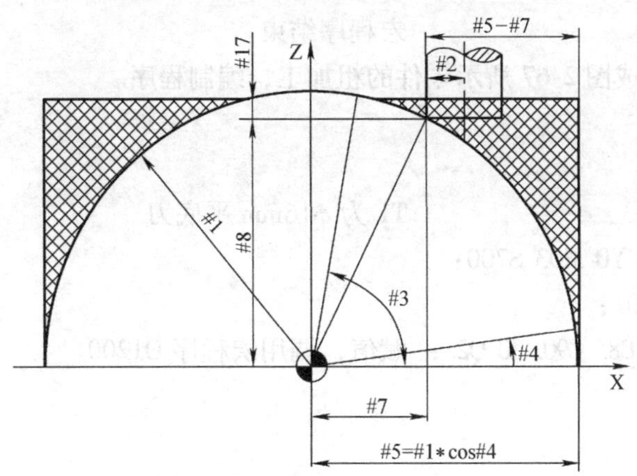

图 2-66　平底刀粗加工（自上而下）

Q：#17　　　　Z 坐标每次递减量（每层切深 q）

2）宏程序如下：

```
O1200;
G00 X0 Y0;                      快速定位至零点（球面中心）上方
Z[#1 +30.];                     快速进至安全高度
#5 =#1 * COS[#4];               终止高度上接触点的 X 坐标值
#6 =1.6 * #2;                   步距设为刀具直径的 80%（经验值）
#8 =#1 * SIN[#3];               任意高度上刀尖的 Z 坐标值设为自变量，赋初始值
#9 =#1 * SIN[#4];               终止高度上刀尖的 Z 坐标值
WHILE [#8 GT #9] DO 1;          如果#8 >#9，循环 1 继续
X[#5 +#2 +1.] Y0;               (每层）快速移动至毛坯外侧
Z[#8 +1.];                      下降至#8 以上 1mm 处
#18 =#8-#17;                    当前加工深度（切削到材料时）对应的 Z 坐标
G01 Z#18 F100;                  以工进速度下降至当前加工深度
#7 =SQRT[#1 * #1-#18 * #18];    任意高度上刀具与球面接触点的 X 坐标值
#10 =#5-#7;                     任意高度上被除去部分的宽度（绝对值）
#11 =FIX[#10/#6];               每层被除去宽度除以步距并上取整，重置为初始值
WHILE [#11 GE 0] DO 2;          如#11≥0，循环 2 继续
#12 =#7 +#11 * #6 +#2;          每层（刀具中心）在 X 方向上移动的 X 坐标目标值
G01 X#12 Y0 F500;               以工进速度移动至第一目标点
G02 I-#12;                      顺时针加工整圆
#11 =#11-1;                     自变量#11（每层进给圈数）依次递减至 0
END 2;                          循环 2 结束
G00 Z[#1 +30.];                 快速退刀至安全高度
#8 =#8-#17;                     Z 坐标自变量#8 递减#17
END 1;                          循环 1 结束
G00 Z[#1 +30.];                 快速退刀至安全高度
```

```
M99;                                  宏程序结束
```

例 用平底刀完成图2-67所示零件的粗加工，编制程序。

粗加工程序：

```
O0200;
T1 M06;                               T1为φ16mm平底刀
G90 G54 G00 X0 Y0 M03 S700;
G00 G43 Z50. H01;
G65 P1200 A25.5 B8. C90. I0 Q2.;      赋值，调用宏程序O1200
G00 Z50.;
M05;
M30;
```

（2）球头刀精加工（自下而上）（图2-68）。

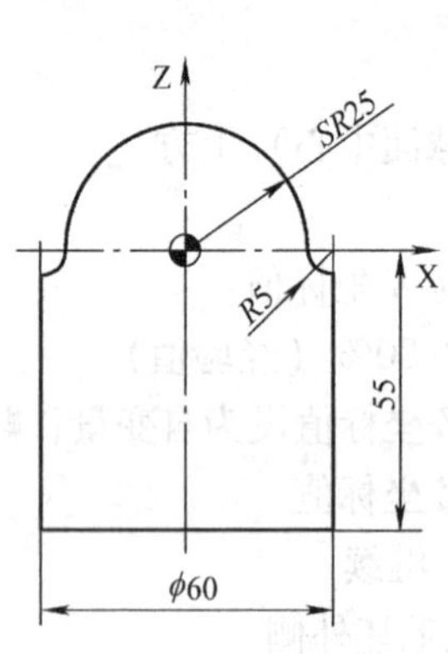

图2-67 外球面的加工

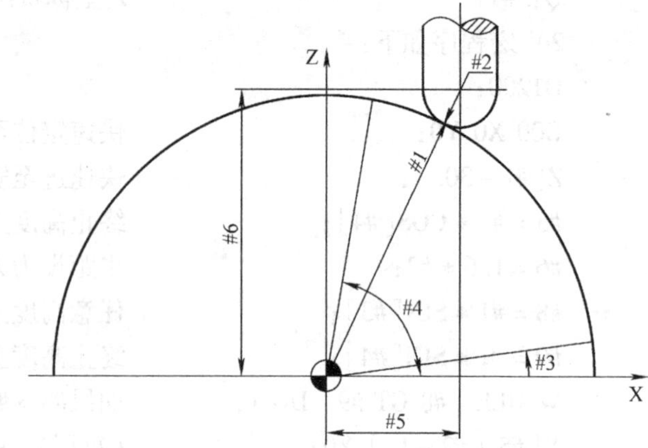

图2-68 球头刀精加工（自下而上）

1）自变量赋值说明：

A：#1 （外）球面圆弧半径

B：#2 球头铣刀半径

C：#3 （ZX平面）角度设为自变量，赋初始值

I：#4 （外）球面终止角度，#4≤90°

Q：#17 角度每次递减量（绝对值）

2）宏程序如下：

```
O1210;
G00 X0 Y0;                            快速定位至零点（球面中心）上方
Z[#1+30.];                            快速进至安全高度
#12=#1+#2;                            球心与刀心连线距离
WHILE [#3LT#4] DO 1;                  如果#3<#4，循环1继续
#5=#12*COS[#3];                       任意角度时铣刀球心的X坐标值（绝对值）
#6=#12*SIN[#3];                       任意角度时铣刀球心的Z坐标值（绝对值）
```

```
#7 = #6-#2;                      任意角度时刀尖的 Z 坐标值（绝对值）
X[#5 + #2] Y#2;                  快速定位至进刀点
Z#7;                             快速移至 Z 坐标处
G03 X#5 Y0 R#2 F100;             逆时针方向圆弧进刀
G02 I-#5;                        顺时针方向加工整圆
G03 X[#5 + #2] Y-#2 R#2;         逆时针方向圆弧退刀
G00 Z[#7 + 1.];                  在当前高度上快速提刀 1mm
Y#2;                             Y 方向快速移至进刀点
#3 = #3 + #17;                   角度#3 每次递增#17
END 1;                           循环 1 结束
G00 Z[#1 + 30.];                 快速退刀至安全高度
M99;                             宏程序结束
```

例 用球头刀完成图 2-67 所示零件的加工，编制程序。

精加工程序：

```
O0210;
T2 M06;                              T2—φ10mm 球头刀（R5 限制了球头刀直径）
G90 G54 G00 X0 Y0 M03 S700;
G00 G43 Z50. H02;
G65 P1210 A25. B5. C0 I90. Q1.;      赋值，调用宏程序 O1210
G00 Z50.;
M5;
M30;
```

2. 内球面加工

（1）平底刀粗加工（自上而下）如图 2-69a 所示。

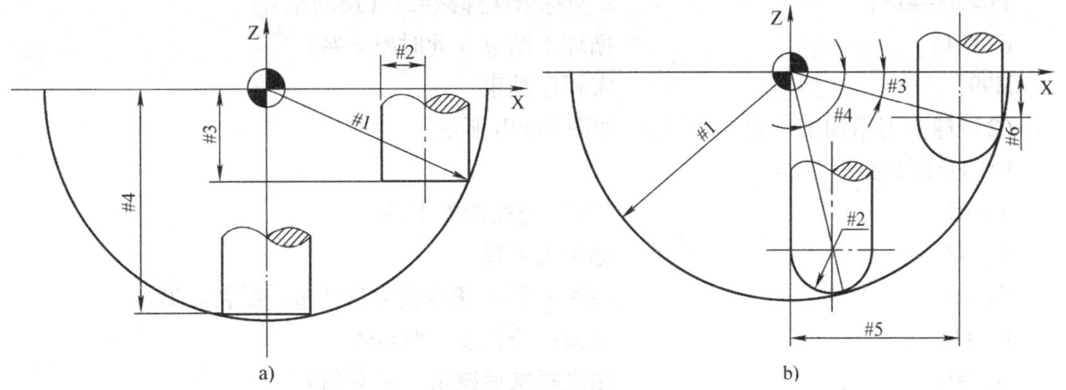

图 2-69 内球面加工
a）平底刀粗加工 b）球头刀精加工

自变量赋值说明：

A：#1　　（内）球面圆弧半径

B：#2　　平底刀半径

C：#3　　Z坐标值设为自变量，赋初始值
I：#4　　平底刀到达内球面底部时的Z坐标，如果是标准的半球，则：#4 = -SQRT[#1 * #1-#2 * #2]
Q：#17　　Z坐标每次递减量（每层切削深度q）

宏程序如下：

```
O1220;
G00 X0 Y0;                     快速定位至零点（球面中心）上方
Z30.;                          快速进至安全高度
#5 = 1.6 * #2;                 步距设为刀具直径的80%（经验值）
#3 = #3-#17;                   自变量#3，赋第一刀初始值
WHILE [#3GT#4] DO 1;           如果Z坐标#3 > #4，循环1继续
Z[#3 + 1.];                    快速进至Z#3平面以上1mm处
G01 Z#3 F100;                  以工进速度进至Z#3处
#7 = SQRT[#1 * #1-#3 * #3]-#2; 任意深度时刀具中心对应的X坐标值
#8 = FIX[#7/#5];               任意深度时刀具中心在内腔的最大回转半径除以步距并上取整，重置#8为初始值
WHILE [#8GE0] DO 2;            如果#8≥0（即还没有走到最外一圈），循环2继续
#9 = #7-#8 * #5;               每圈在X方向上移动的距离（绝对值）
G01 X#9 F150;                  以工进速度进至X#9处
G03 I-#9 F300;                 逆时针加工整圆
#8 = #8-1.;                    #8依次递减至0
END 2;                         循环2结束（最外一圈已加工完）
G00 Z1.;                       快速提刀至1mm处
X0 Y0;                         快速进至球面中心处
#3 = #3-#17;                   Z坐标依次递减#17（层间距q）
END 1;                         循环1结束（此时#3 = #4）
M99;                           宏程序结束
```

（2）球头刀精加工（自上而下） 如图2-69b所示。

1）自变量赋值说明：

A：#1　　（内）球面圆弧半径
B：#2　　球头刀半径
C：#3　　（ZX平面）角度设为自变量，赋初始值
I：#4　　球面终止角度，#4≤90°
Q：#17　　角度每次递减量（绝对值）

2）宏程序如下：

```
O1230;
X0 Y0;                         快速定位至零点（球面中心）上方
Z30.;                          快速进至安全高度
#12 = #1 -#2;                  球心与刀心连线距离
```

```
#5 = #12 * COS[#3];                初始点刀心（刀尖）的 X 坐标值
#6 = -#12 * SIN[#3];               初始点刀心的 Z 坐标值
X[#5 -2.];                         X 方向快速移至距初始点 2mm 处
Z[#6 -#2];                         快速降至初始点刀尖的 Z 坐标值
G01 X#5 F150;                      X 方向以工进速度进给至初始点
WHILE [#3LT#4] DO 1;               如果#3 < #4，循环 1 继续
#5 = #12 * COS[#3];                任意角度时当前层刀心（刀尖）的 X 坐标值
#7 = #12 * COS[#3 + #17];          下一层刀心（刀尖）的 X 坐标值
#8 = -#12 * SIN[#3 + #17]-#2;      下一层刀心（刀尖）的 Z 坐标值
G17 G03 I -#5 F300;                XY 平面内（当前层）沿球面逆时针加工整圆
G18 G03 X#7 Z#8 R#12;              ZX 平面内当前层以逆时针加工过渡至下一层
#3 = #3 + #17;                     角度#3 每次递增#17
END 1;                             循环 1 结束
G00 Z30.;                          快速提刀至安全高度
M99;                               宏程序结束
```

实例 6 椭圆加工

1. 加工椭圆外形（图 2-70）

1）自变量赋值说明：

A：#1 椭圆长半轴长（对应 X 轴）

B：#2 椭圆短半轴长（对应 Y 轴）

C：#3 刀具半径（平底刀）

I：#4 椭圆长半轴的轴线与 X 轴的夹角

F：#9 进给速度

H：#11 切削深度设为自变量，赋初始值

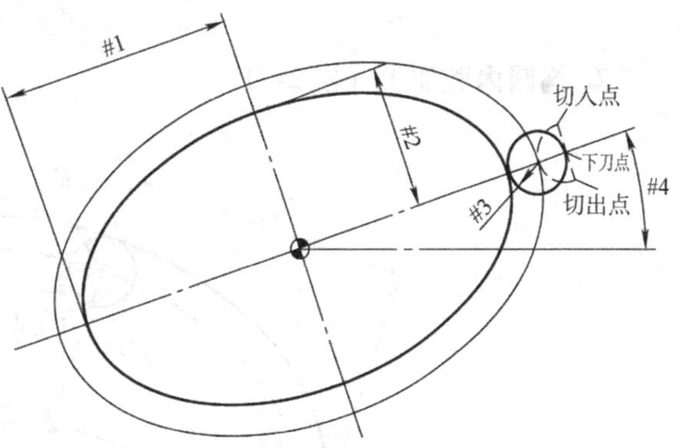

图 2-70 椭圆外形加工

Q：#17 自变量#11 每次递增量（等高）

R：#18 角度设为自变量，赋初值为 0°

S：#19 角度递增量

Z：#26 椭圆外形高度（绝对值）

2）宏程序如下：

```
O1100;
G00 X0 Y0;                         快速定位至零点（椭圆圆心）上方
G68 X0 Y0 R#4;                     以零点为旋转中心，坐标系旋转角度为#4
#5 = #1 + #3;                      刀具中心所对应的“长半轴”
#6 = #2 + #3;                      刀具中心所对应的“短半轴”
WHILE [#11 LE #26] DO 1;           如果加工高度#11≤#26，循环 1 继续
G01 X[#5 + #3] F[#9 * 2];          刀具进至下刀点
Z -#11 F[#9 * 0.15];               Z 轴进至当前加工深度
```

```
Y#3;                                  Y轴进至切入点
G03 X#5 Y0 R#3 F#9;                   以刀具半径为旋转半径，圆弧切入工件
#18 =0;                               重置#18 =0
WHILE[#18 LE 360]DO 2;                如果#18≤360，循环2继续
#7 =#5 * COS[#18];                    椭圆上任一点的X坐标值
#8 =#6 * SIN[#18];                    椭圆上任一点的Y坐标值
G01 X#7 Y-#8;                         以直线G01逼近加工出椭圆
#18 =#18 +#19;                        #18以#19为增量递增
END 2;                                循环2结束（完成一圈椭圆加工，此时#18 >360）
G03 X[#5 +#3] Y-#3 R#3;               圆弧切出退刀
#11 =#11 +#17;                        Z坐标（绝对值）依次递增#17（层间距）
END 1;                                循环1结束（此时#17 >#26）
G00 Z30.;                             抬刀至安全高度
G69;                                  取消坐标旋转
M99;                                  子程序结束
```

2. 椭圆内腔加工（图2-71）

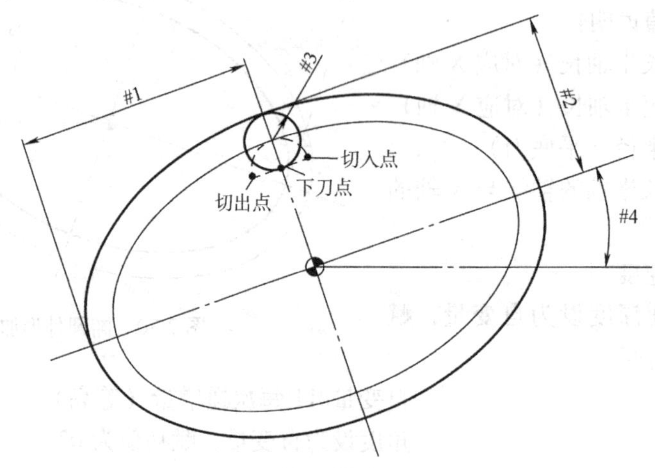

图2-71　椭圆内腔加工

1）变量赋值说明：

A：#1	椭圆长半轴长（对应X轴）
B：#2	椭圆短半轴长（对应Y轴）
C：#3	刀具半径（平底刀）
I：#4	椭圆长半轴的轴线与X轴的夹角
F：#9	进给速度
H：#11	切削深度设为自变量，赋初始值
Q：#17	自变量#11每次递增量（等高）
R：#18	角度设为自变量，赋初值为90°

S：#19　　角度递增量

Z：#26　　椭圆内腔深度（绝对值）

2）宏程序如下：

```
O1110;
G00 X0 Y0;                    快速定位至零点（椭圆圆心）上方
G68 X0 Y0 R#4;                以零点为旋转中心，坐标系旋转角度为#4
#5 =#1 -#3;                   刀具中心所对应的“长半轴”
#6 =#2 -#3;                   刀具中心所对应的“短半轴”
WHILE [#11 LE #26] DO 1;      如果加工高度#11≤#26，循环 1 继续
G01 Y[#6 -#3] F[#9 * 2];      刀具进至下刀点
Z -#11 F[#9 * 0. 15];         Z 轴进至当前加工深度
X#3;                          Y 轴进至切入点
G03 X0 Y#6 R#3 F#9;           以刀具半径为旋转半径，圆弧切入工件
#18 =90;                      重置#18 =90
WHILE [#18 LE 450]DO 2;       如果#18≤450（90 +360 =450），循环 2 继续
#7 =#5 * COS[#18];            椭圆上任一点的 X 坐标值
#8 =#6 * SIN[#18];            椭圆上任一点的 Y 坐标值
G01 X#7 Y#8;                  以直线 G01 逼近加工出椭圆
#18 =#18 +#19;                #18 以#19 为增量递增
END 2;                        循环 2 结束（完成一圈椭圆加工，此时#18 >450）
G03 X -#3 Y[#6 -#3] R#3;      圆弧切出退刀
#11 =#11 +#17;                Z 坐标（绝对值）依次递增#17（层间距）
END 1;                        循环 1 结束（此时#17 >#26）
 G00 Z30. ;                   抬刀至安全高度
G69;                          取消坐标旋转
M99;                          子程序结束
```

实例 7　沿圆周均布孔系加工

1. 采用直角坐标编程（图 2-72）

1）自变量赋值说明：

A：#1　　孔加工起始角（第一孔）

B：#2　　各孔间角度间隔（即增量角）

H：#11　　孔数

I：#4　　均布圆的圆周半径

F：#9　　进给速度

R：#18　　固定循环中安全高度 R 点的坐标值

X：#24　　圆心 X 坐标值

Y：#25　　圆心 Y 坐标值

图 2-72　沿圆周均布孔（直角坐标）

```
Z：#26                              孔深
```

2）宏程序如下：

```
O1300;
N20 #5 = #24 + #4 * COS[#1];
#6 = #25 + #4 * SIN[#1];
G99 G81 X#5 Y#6 Z#26 R#18 F#9;
#1 = #1 + #2;
#11 = #11 -1;
IF [#11GT0] GOTO 20;
G80;
M99;
```

例　加工一圆周均布孔，圆心坐标为（100，50），半径为70，孔加工起始角为30°，各孔间间隔角度为45°，孔数为6（未布满圆周），孔径为ϕ8mm，孔深为30mm。

程序如下：

```
O0300;
T1 M06;
M03 S800;
G90 G54 G00 X0 Y0;
Z50. ;
G65 P1300 X100. Y50. Z-30. R2. F60 A30. B45. H6 I70. ;
G00 Z50. ;
M5;
M30;
```

2. 采用极坐标编程

程序如下：

```
O0310;
T1 M06;
M03 S800;
G90 G54 G00 X0 Y0;
Z50. ;
G65 P1310 X100. Y50. Z-30. R2. F60 A30. B45. H6 I70. ;
G0 Z50. ;
M5;
M30;
```

宏程序如下：

```
O1310;
G52 X#24 #25;                       在均布圆的圆心（X，Y）处建立局部坐标系
G16;
N20 G99 G81 X#4 Y#1 Z#26 R#18 F#9;
```

```
#1 = #1 + #2;
#11 = #11 -1;
IF [#11GT0] GOTO 20;
G80;
G15;
G52 X0 Y0;                          取消局部坐标系，恢复 G54 原点
M99;
```

实例 8　圆柱面加工

1. 轴线垂直于坐标平面的外圆柱面加工（图 2-73）

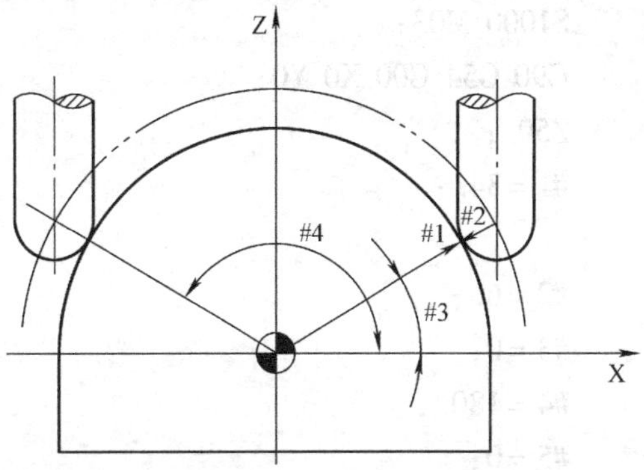

图 2-73　轴线垂直于坐标平面的外圆柱面加工

程序如下：

```
O0500;
T1 M06;
S1000 M03;
G90 G54 G00 X0 Y0;
Z50. ;
#1 = 34. ;                          圆柱面的圆弧半径
#2 = 6. ;                           球头铣刀半径
#3 = 30. ;                          圆柱面起始角度
#4 = 150. ;                         圆柱面终止角度
#5 = -20. ;                         Y 坐标设为自变量，赋初始值
#6 = 20. ;                          Y 坐标终止值
#7 = 0. 1;                          Y 坐标每次递增量
#12 = #1 + #2;                      球头铣刀中心与圆弧中心连线的距离
#13 = #12 * COS[#3];                起始点对应的 X 坐标值
#14 = #12 * SIN[#3];                起始点对应的 Z 坐标值
#15 = #12 * COS[#4];                终止点对应的 X 坐标值
#16 = #12 * SIN[#4];                终止点对应的 Z 坐标值
G00 X#13;                           定位至起始点的上方
Z[#1 + 1. ];                        快速移至圆柱面最上方 1mm 处
G01 Z[#14 -#2]F100;                 工进至起始点（X Z 坐标）
N10 G01 Y#5 F400;                   工进至起始点（Y 坐标）
G18 G02 X#15 Z[#16 -#2] R#12 F100;  从起始点以 G02 切至终止点（刀心轨迹）
#5 = #5 + #7;                       Y 坐标变量#5 递增#7
G01 Y#5;                            Y 坐标移动至#5 处
G18 G03 X#13 Z[#14 -#2] R#12;       从终止点以逆时针方向切至起始点（刀心轨迹）
#5 = #5 + #7;                       Y 坐标变量#5 递增#7
IF [#5LE#6] GOTO 10;                如果#5≤#6，执行 N10
G00 Z50. ;
```

```
M05;
M30;
```

2. 轴线垂直于坐标平面的内圆柱面加工（图 2-74）

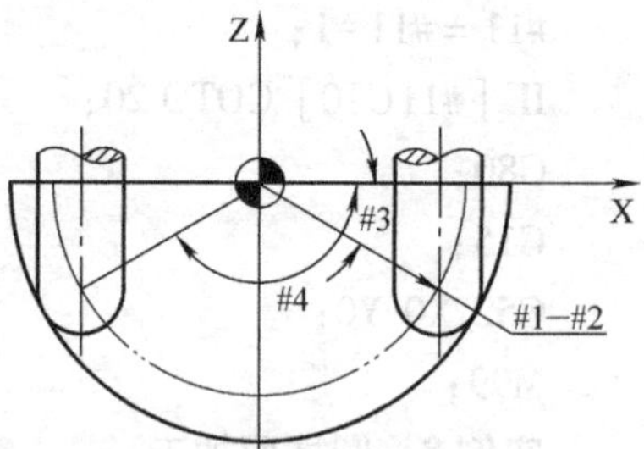

图 2-74　轴线垂直于坐标平面的内圆柱面加工

程序如下：

```
O0510;
T1 M06;
S1000 M03;
G90 G54 G00 X0 Y0;
Z50.;
#1 = 34.;                                  圆柱面的圆弧半径
#2 = 6.;                                   球头铣刀半径
#3 = 0;                                    圆柱面起始角度
#4 = 180.;                                 圆柱面终止角度
#5 = 0;                                    Y 坐标设为自变量，赋初始值
#6 = 40.;                                  Y 坐标终止值
#7 = 0.1;                                  Y 坐标每次递增量
#12 = #1 - #2;                             球头铣刀中心与圆弧中心连线的距离
#13 = #12 * COS[#3];                       起始点对应的 X 坐标值
#14 = #12 * SIN[#3];                       起始点对应的 Z 坐标值（绝对值）
#15 = #12 * COS[#4];                       终止点对应的 X 坐标值
#16 = #12 * SIN[#4];                       终止点对应的 Z 坐标值（绝对值）
G00 X#13;                                  定位至起始点的上方
Z1.;                                       快速移至 Z1mm 处
G01 Z[#14 - #2] F100;                      工进至起始点（X Z 坐标）
N10 G01 Y#5 F400;                          工进至起始点（Y 坐标）
G18 G03 X#15 Z[-#16 - #2] R#12 F100;       从起始点以顺时针方向切至终止点（刀心轨迹）
#5 = #5 + #7;                              Y 坐标变量#5 递增#7
G01 Y#5;                                   Y 坐标移动至#5 处
G18 G02 X#13 Z[-#14 - #2] R#12;            从终止点以逆时针方向切至起始点（刀心轨迹）
#5 = #5 + #7;                              Y 坐标变量#5 递增#7
IF [#5LE#6] GOTO 10;                       如果#5≤#6，执行 N10
G00 Z50.;
M05;
M30;
```

3. 完成图 2-75 所示圆弧面的加工

程序如下：

```
O0520
T1 M06;                                    φ12mm 平底刀
```

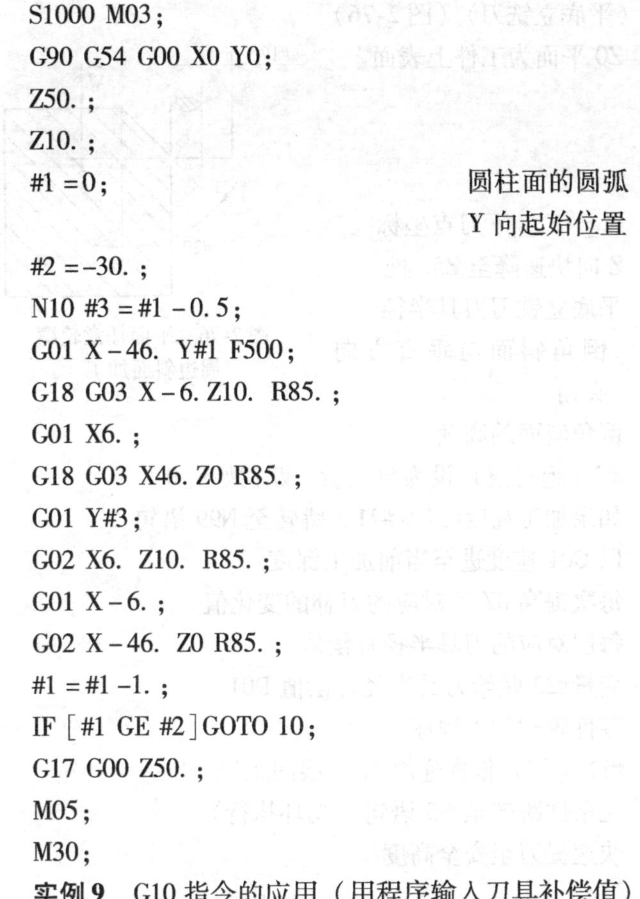

```
S1000 M03;
G90 G54 G00 X0 Y0;
Z50.;
Z10.;
#1 =0;                      圆柱面的圆弧
                            Y 向起始位置
#2 =-30.;
N10 #3 =#1 -0.5;
G01 X-46. Y#1 F500;
G18 G03 X-6. Z10. R85.;
G01 X6.;
G18 G03 X46. Z0 R85.;
G01 Y#3;
G02 X6. Z10. R85.;
G01 X-6.;
G02 X-46. Z0 R85.;
#1 =#1 -1.;
IF [#1 GE #2] GOTO 10;
G17 G00 Z50.;
M05;
M30;
```

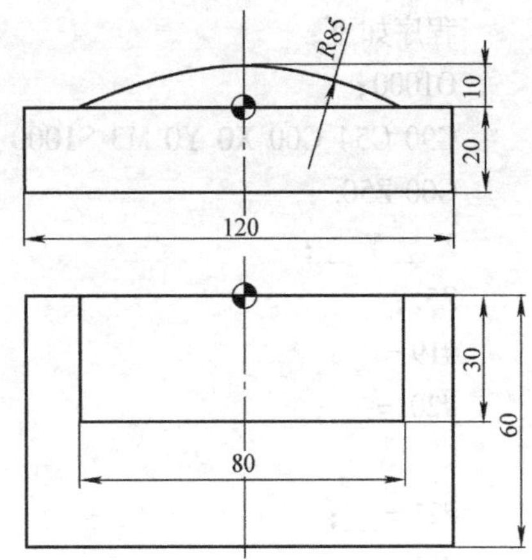

图 2-75　圆弧面的加工

实例 9　G10 指令的应用（用程序输入刀具补偿值）

在 FANUC 0i 数控系统中，可以使用 G10 指令通过程序输入刀具补偿值到 CNC 存储器中。G10 指令的格式取决于需要使用的刀具补偿存储器，见表 2-8。

表 2-8　FANUC 0i 系统中刀具补偿存储器和刀具补偿值的设置范围

刀具补偿存储器的种类	指令格式
H 代码（长度补偿）的几何补偿值	G10 L10 P_ R_
H 代码（长度补偿）的磨损补偿值	G10 L11 P_ R_
D 代码（半径补偿）的几何补偿值	G10 L12 P_ R_
D 代码（半径补偿）的磨损补偿值	G10 L13 P_ R_

表 2-8 中，P 表示刀具补偿号。R 表示绝对值指令（G90）方式下的刀具补偿值；如果在增量值指令（G91）方式下，该值与指定的刀具补偿号的值相加之和为刀具补偿值。一般情况下 D 代码（半径补偿）的几何补偿值使用较多。在以上四种指令格式中，R 后面的刀具补偿值可以是变量，如 G10 L12 P05 R#5，表示变量#5 代表的值等于“D05”所代表的刀具半径补偿值，即在程序中输入刀具的半径补偿值。

1. 平面任意轮廓周边斜面加工（平底立铣刀）（图2-76）

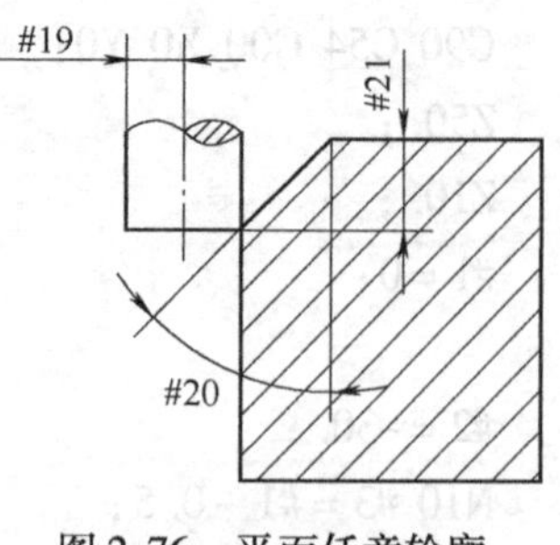

图2-76 平面任意轮廓周边斜面加工

程序如下：	Z0平面为工件上表面
O1000；	
G90 G54 G00 X0 Y0 M3 S1000；	
G00 Z50.；	
X __ Y __；	X __ Y __下刀点坐标
Z5.；	Z向快速降至Z5.处
#19 = __；	平底立铣刀刀具半径
#20 = __；	倒角斜面与垂直方向夹角
#21 = __；	倒角斜面的高度
#11 = 0；	dZ（绝对值）设为自变量，赋初始值0
N5 IF [#11 GT #21] GOTO 99；	如果加工高度#11 > #21，跳转至N99语句
G01 Z [-#21 + #11] F100；	以G01速度进至当前加工深度
#22 = #11 * TAN [#20]；	每次提高dZ所对应的刀补的变化值
#23 = #19-#22；	每层对应的刀具半径补偿值
G10 L12 P01 R#23；	变量#23赋给刀具半径补偿值D01
M98 P __；	零件轮廓加工程序
#11 = #11 + 1.；	#11（dZ）依次递增1.（层间距）
GOTO 5；	无条件跳转至N5语句（循环执行）
N99 G00 Z50.；	快速提刀至安全高度
M30；	

2. 平面任意轮廓周边顶部倒R面加工（平底立铣刀）（图2-77）

图2-77 平面任意轮廓周边顶部倒R面

程序如下：	Z0平面为工件上表面
O1001；	
G90 G54 G00 X0 Y0 M3 S1000；	
G00 Z50.；	
X __ Y __；	X __ Y __下刀点坐标
Z5.；	Z向快速降至Z5.处
#19 = __；	平底立铣刀刀具半径
#20 = __；	周边倒R面圆角半径
#11 = 0；	角度设为自变量，赋初始值0
N5 IF [#11 GT90] GOTO 99；	如果加工角度#11 > 90，跳转至N99语句
#22 = #20 * COS[#11] + #19；	任意角度时刀的轴线到倒R面圆心的水平距离
#23 = #20 * [SIN[#11] -1]；	任意角度时刀底部中心的Z坐标值（非绝对值）
#24 = #22-#20；	任意角度时对应的刀具半径补偿值
G01 Z#23 F100；	以G01速度进至当前加工深度
G10 L12 P01 R#24；	变量#24赋给刀具半径补偿值D01

```
M98 P __;                        零件轮廓加工程序（主程序、子程序均可）
#11 = #11 + 1. ;                 角度#11 依次递增 1.
GOTO 5;                          无条件跳转至 N5 语句（循环执行）
N99 G00 Z50. ;                   快速提刀至安全高度
M30;
```

3. 平面任意轮廓周边顶部倒 R 面加工（球头铣刀）（图 2-78）

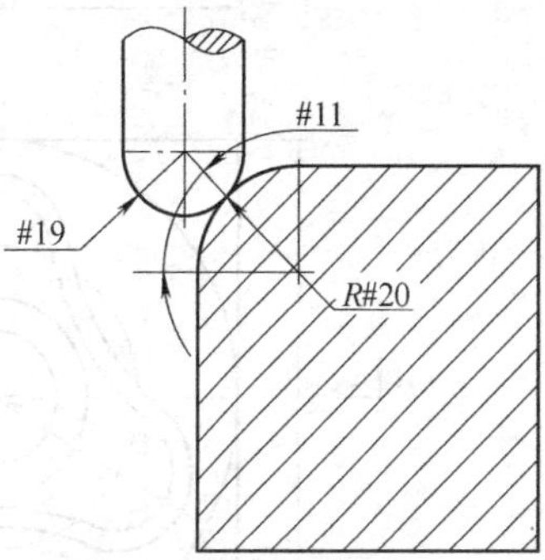

```
程序如下：                        Z0 平面为工件上表面
O1002;
G90 G54 G00 X0 Y0 M3 S1000;
G00 Z50. ;
X __ Y __;                       X __ Y __下刀点坐标
Z5. ;                            Z 向快速降至 Z5. 处
#19 = __;                        球头铣刀刀具半径
#20 = __;                        周边倒 R 面圆角半径
#11 = 0;                         角度设为自变量，赋初始值 0
#21 = #19 + #20;                 倒 R 面圆心与刀心连线距离（常量）
N5 IF [#11 GT90] GOTO 99;        如果加工角度#11 >90，跳转至 N99 语句
#22 = #21 * COS[#11];            任意角度时刀的轴线到倒 R 面圆心的水平距离
#23 = #21 * [SIN[#11] -1];       任意角度时刀尖的 Z 坐标值（非绝对值）
#24 = #22-#20;                   任意角度时对应的刀具半径补偿值
G01 Z#23 F100;                   以 G01 速度进至当前加工深度
G10 L12 P01 R#24;                变量#24 赋给刀具半径补偿值 D01
M98 P __;                        零件轮廓加工程序（主程序、子程序均可）
#11 = #11 + 1. ;                 角度#11 依次递增 1.
GOTO 5;                          无条件跳转至 N5 语句（循环执行）
N99 G00 Z50. ;                   快速提刀至安全高度
M30;
```


图 2-78 平面任意轮廓周边顶部倒 R 面加工（球头铣刀）

4. 完成图 2-79 所示零件凸台及孔的精加工程序

程序如下：

（1）精加工程序

```
O0001;                           精加工程序
T1 M6;                           φ18mm 平底刀
N1;                              加工 φ80mm 整圆
G90 G54 G00 X0 Y50. M3 S800;
Z50. ;
Z10. ;
G01 Z-12. F100;
```

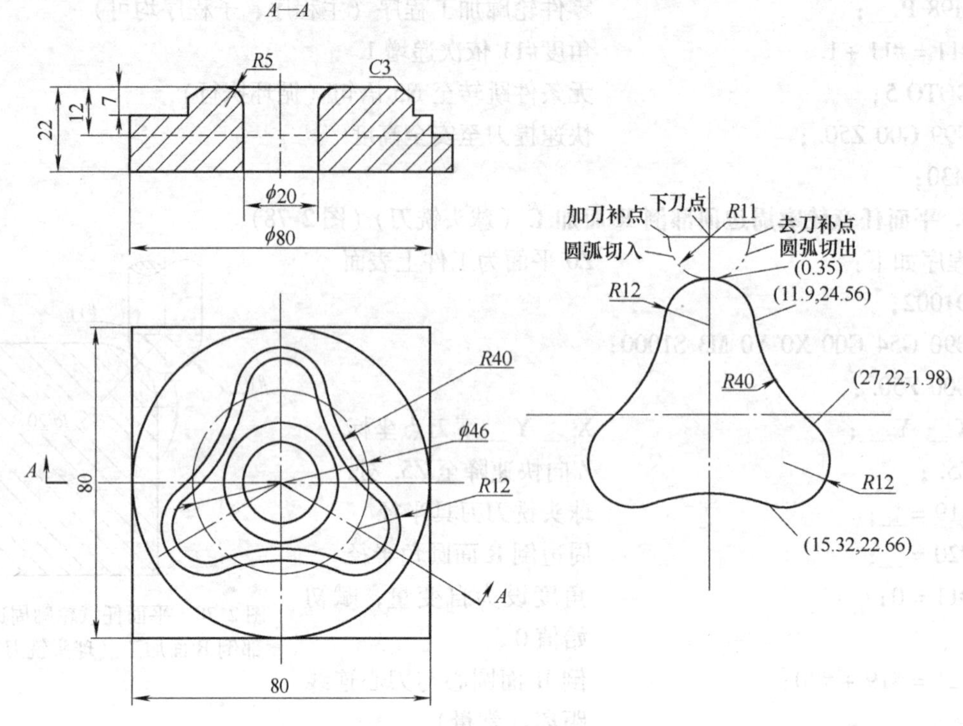

图2-79　加工凸台及孔

```
G01 G41 X-10. D01;            加刀补
G03 X0 Y40. R10.;             圆弧切入
G02 J-40.;                    铣ϕ80mm整圆
G03 X10. Y50. R10.;           圆弧切出
G01 G40 X0 ;                  去刀补
N2;                           铣三角形外轮廓
Z-7. F200;
X0 Y46.;                      铣三角形外轮廓下刀点
M98 P2000;                    调用铣三角形外轮廓子程序O2000
G00 Z50;
N3;                           铣ϕ20mm内孔
X0 Y0;                        下刀点
Z10.;
G01 Z-23. F200;
M98 P2001;                    调用铣ϕ20mm内孔子程序O2001
G01 Z50. F500;
M5;
M30;

O2000;                        铣三角形外轮廓子程序
```

```
G01 X0 Y46. F300;               下刀点
G01 G41 X-11. D01;              加刀补
G03 X0 Y35. R11. F100;          圆弧切入
G02 X11.9 Y24.56 R12.;          顺圆铣 R12 圆弧
G03 X27.22 Y-1.98 R40.;         逆圆铣 R40 圆弧
G02 X15.32 Y-22.36 R12.;        顺圆铣 R12 圆弧
G03 X-15.32 Y-22.36 R40.;       逆圆铣 R40 圆弧
G02 X-27.22 Y-1.98 R12.;        顺圆铣 R12 圆弧
G03 X-11.9 Y24.56 R40.;         逆圆铣 R40 圆弧
G02 X0 Y35. R12.;               顺圆铣 R12 圆弧
G03 X11. Y46. R11.;             圆弧切出
G01 G40 X0 ;                    去刀补
M99;                            子程序结束

O2001;                          铣 φ20mm 内孔子程序
G01 X0 Y0 F300 ;                下刀点
G01 G41 X0.5 Y-9.5 D11;         加刀补
G03 X10. Y0 R9.5 F100;          圆弧切入
G03 I-10.;                      顺圆铣 φ20mm 内孔
G03 X0.5 Y9.5 R9.5;             圆弧切出
G01 G40 X0 Y0;                  去刀补
M99;                            子程序结束
```

（2）铣三角形外轮廓倒角程序

```
O0002;                          铣三角形外轮廓倒角程序
T1 M6;                          φ18mm 平底刀
G90 G54 G00 X0 Y0 M3 S1000;
G00 Z50.;
X0 Y46. ;                       下刀点坐标
Z5.;                            Z 向快速降至 Z5. 处
#19 =9.;                        平底立铣刀刀具半径
#20 =45.;                       倒角斜面与垂直方向夹角
#21 =3.;                        倒角斜面的高度
#11 =0;                         dZ（绝对值）设为自变量，赋初始值 0
N5 IF [#11 GT #21] GOTO 99;     如果加工高度#11 > #21，跳转至 N99 语句
G01 Z[-#21 + #11] F100;         以 G01 速度进至当前加工深度
#22 = #11 * TAN[#20];           每次提高 dZ 所对应的刀补的变化值
#23 = #19-#22;                  每层对应的刀具半径补偿值
G10 L12 P01 R#23;               变量#23 赋给刀具半径补偿值 D01
```

```
M98 P2000 ;                    调用铣三角形外轮廓子程序 O2000
#11 = #11 + 1. ;               #11（dZ）依次递增 1.（层间距）
GOTO 5;                        无条件跳转至 N5 语句（循环执行）
N99 G00 Z50. ;                 快速提刀至安全高度
M30;
```

（3）铣 ϕ20mm 内孔孔口倒圆

程序一：

```
O0003;                         Z0 平面为工件上表面
T1 M6;                         φ18mm 平底刀
G90 G54 G00 X0 Y0 M3 S1000;
G00 Z50. ;
X0 Y0;                         下刀点坐标
Z5. ;                          Z 向快速降至 Z5. 处
#19 = 9. ;                     平底立铣刀刀具半径
#20 = 5. ;                     周边倒 R 面圆角半径
#11 = 0;                       角度设为自变量，赋初始值 0
N5 IF [#11 GT90] GOTO 99;      如果加工角度#11 > 90，跳转至 N99 语句
#22 = #20 * COS[#11] + #19;    任意角度时刀的轴线到倒 R 面圆心的水平距离
#23 = #20 * [SIN[#11] -1];     任意角度时刀底部中心的 Z 坐标值（非绝对值）
#24 = #22-#20;                 任意角度时对应的刀具半径补偿值
G01 Z#23 F100;                 以 G01 速度进至当前加工深度
G10 L12 P11 R#24;              变量#24 赋给刀具半径补偿值 D11
M98 P2001;                     调用铣 φ20mm 内孔子程序 O2001
#11 = #11 + 1. ;               角度#11 依次递增 1.
GOTO 5;                        无条件跳转至 N5 语句（循环执行）
N99 G00 Z50. ;                 快速提刀至安全高度
M30;
```

程序二：

```
O1002;                         Z0 平面为工件上表面
T2 M6;                         φ18mm 球头刀（刀位点为球头刀顶点）
G90 G54 G00 X0 Y0 M3 S1000;
G00 Z50. ;
X0 Y0;                         下刀点坐标
Z5. ;                          Z 向快速降至 Z5. 处
#19 = 9. ;                     球头铣刀刀具半径
#20 = 5. ;                     周边倒 R 面圆角半径
#11 = 0;                       角度设为自变量，赋初始值 0
#21 = #19 + #20;               倒 R 面圆心与刀心连线距离（常量）
N5 IF [#11 GT90] GOTO 99;      如果加工角度#11 > 90，跳转至 N99 语句
```

```
#22 = #21 * COS[#11];           任意角度时刀的轴线到倒 R 面圆心的水平距离
#23 = #21 * [SIN[#11] -1];      任意角度时刀尖的 Z 坐标值（非绝对值）
#24 = #22-#20;                  任意角度时对应的刀具半径补偿值
G01 Z#23 F100;                  以 G01 速度进至当前加工深度
G10 L12 P01 R#24;               变量#24 赋给刀具半径补偿值 D01
M98 P2001;                      调用铣 φ20mm 内孔子程序 O2001
#11 = #11 + 1.;                 角度#11 依次递增 1.
GOTO 5;                         无条件跳转至 N5 语句（循环执行）
N99 G00 Z50.;                   快速提刀至安全高度
M30;
```

第八节 常用指令的综合应用

课题一 完成图 2-80 所示零件凸台及槽的加工。

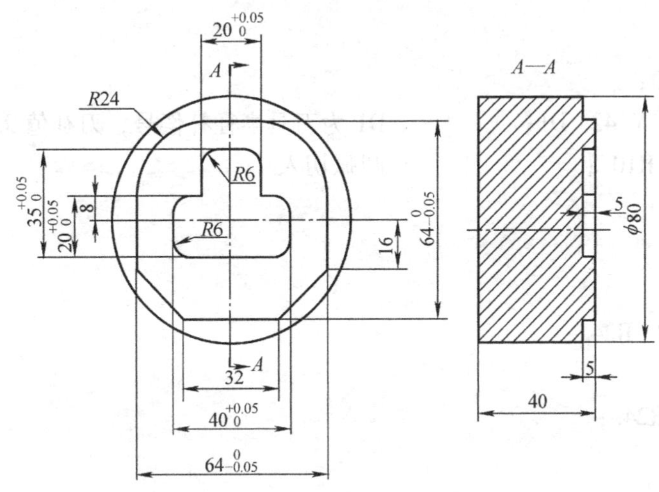

图 2-80 课题一图

1. 工艺分析

此零件加工内容为凸台和槽。凸台加工余量较小，采用 φ18mm 平底刀一次性完成加工。对于槽加工，由于槽宽为 20mm，故可先用 φ18mm 平底刀去余量，再用 φ10mm 平底刀（由 R6mm 圆弧决定刀具）完成精加工。零点设在零件上表面与其轴线的交点处。

2. 加工步骤

（1）槽粗加工 T1 为 φ18mm 平底刀。

（2）凸台加工 T2 为 φ18mm 平底刀。

（3）槽精加工 T3 为 φ10mm 平底刀。

说明：这样安排加工可减少一次换刀。

3. 程序

```
O0001;
N1;                                  槽粗加工
T1 M6;                               φ18mm 平底刀
G90 G54 G00 X-10. Y-2. S600 M03;
G00 G43 Z50. H1;                     起始点，H1 为刀长补偿号
Z10.;                                安全点
G01 Z-5. F100;
X10.;
X0;
Y13.;
G00 Z50. M5;
N2;                                  凸台加工
T2 M6;                               φ18mm 平底刀
G90 G54 G00 X0 Y-50. S600 M03;       下刀点 X0 Y-50. 应在零件实体以外
G43 Z50. H1;
Z10.;
G01 Z-5. F50;
G01 G41 X10. Y-42. D1;               D1 为刀具半径补偿号，刀补值 9.2
G03 X0 Y-32. R10.;                   圆弧切入
G01 X-16.;
X-32. Y-16.;
Y8.;
G02 X-8. Y32. R24.;
G01 X8.;
G02 X32. Y8. R24.;
G01 Y-16.;
X16. Y-32.;
X0.;
G03 X-10. Y-42. R10.;
G01 G40 X0 Y-50.;
G00 Z50. M5;
M1;                                  计划停止，测量并调整 D1 值（9.0），调 N2 开始
                                     加工保证凸台至尺寸
N3;                                  槽精加工
T3 M6;                               φ10mm 平底刀
G90 G54 G00 X0 Y17. S600M03;
G43 Z50. H2;
Z10.;
/D2 M98 P1001;                       D2 粗刀补为 5.2
```

```
D22 M98 P1001;                    D22 精刀补为 5.0，实测调整
G00 Z50.;
G91 G28 Z0 M05;
M30;

O1001;                            槽精加工子程序
G01 X0 Y17. F100;
G01 Z-5. F50;
G01 G41 X6.;
G03 X0 Y23. R6.;
G01 X-4.;
G03 X-10. Y17. R6.;
G01 Y8.;
X-14.;
G03 X-20. Y2. R6.;
G01 Y-6.;
G03 X-14. Y-12. R6.;
G01 X14.;
G03 X20. Y-6. R6.;
G01 Y2.;
G03 X14. Y8. R6.;
G01 X10.;
Y17.;
G03 X4. Y23. R6.;
G01 X0.;
G03 X-6. Y17. R6.;
G01 G40 X0;
M99;
```

课题二　完成图 2-81 所示凸台及槽零件的加工。

1. 工艺分析

此零件加工内容为凸台和槽。应先加工凸台再加工槽。零点设在零件上表面与其轴线的交点处。

2. 加工步骤

（1）铣凸台　T1，ϕ18mm 平底刀。

（2）铣方槽　T2，ϕ10mm 平底刀。

（3）铣圆槽　T3，ϕ16mm 平底刀。

3. 程序编制

```
O0002;
N1;                               铣凸台
```

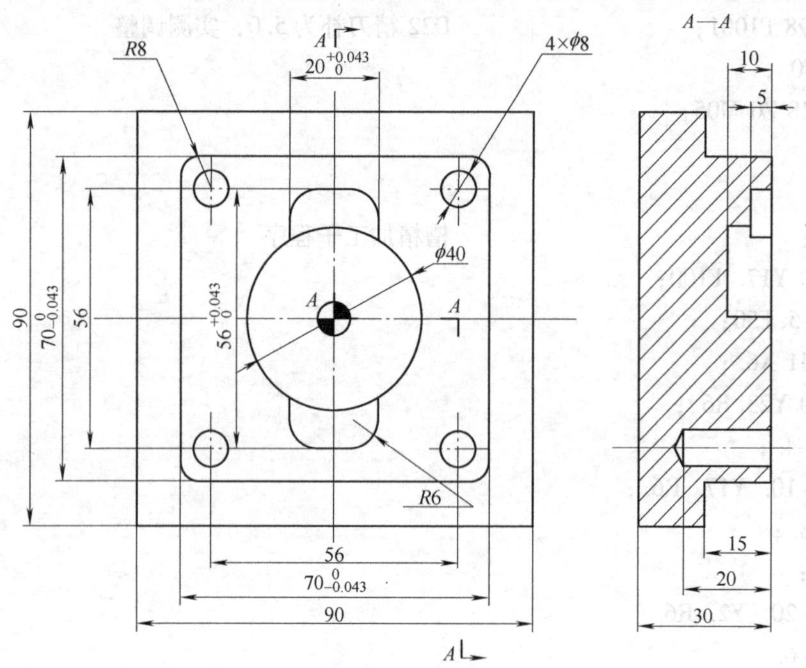

图2-81　凸台及槽的加工

```
T1 M6;                              ϕ18mm平底刀
G90 G54 G00 X0 Y-18. S500 M3;
G43 H1 Z50.;
Z10.;
/G01 Z-5. F100;                     去方槽余量
/Y18.;
G00 Z10.;
X0 Y-67.;
G01 Z-14.5 F100;                    深度留0.5余量
D1 M98 P1002;                       D1粗刀补为9.2
Z-15.;
D11 M98 P1002;                      D11精刀补为9.0，实测调整
G00 Z50. M5;
M1;
N2;                                 铣方槽
T2 M6;                              ϕ10mm平底刀
G90 G54 G00 X0 Y0 S700 M3;
G43 H2 Z50.;
Z10.;
G01 Z-5 F80;
D2 M98 P1012;                       D2粗刀补为5.2
```

```
D22 M98 P1012;                      D22 精刀补为5.0，实测调整
G00 Z50. M5;
M1;
N3; 铣圆槽
T3 M6;                              φ16mm 平底刀
G90 G54 G00 X0 Y0 S500 M3;
G43 H3 Z50.;
Z10.;
G01 Z-10. F100;
/X10.;
/G03 I-10.;
D3 M98 P1013;                       D3 粗刀补为8.2
D33 M98 P1013;                      D33 精刀补为8.0，实测调整
G00 Z50.;
G91 G28 Z0 M5;
M30;

子程序铣凸台
O1002;
G41 X16. Y-51.;
G03 X0 Y-35. R16.;
G01 X-27.;
G02 X-35. Y-27. R8.;
G01 Y27.;
G02 X-27. Y35. R8.;
G01 X27.;
G02 X35. Y27. R8.;
G01 Y-27.;
G02 X27. Y-35. R8.;
G01 X0;
G03 X-16. Y-51. R16.;
G01 G40 X0 Y-67.;
M99;

子程序铣方槽
O1012;
G41 Y-10.;
G03 X10. Y0 R10.;
G01 Y22.;
```

```
G03 X4. Y28. R6. ;
G01 X-4. ;
G03 X-10. Y22. R6. ;
G01 Y-22. ;
G03 X-4. Y-28. R6. ;
G01 X4. ;
G03 X10. Y-22. R6. ;
G01 Y0;
G03 X0 Y10. R10. ;
G01 G40 Y0;
M99;
```

子程序铣圆槽

```
O1013;
G01 G41 Y-10. ;
G03 X20. Y0 R10. ;
G03 I-20. ;
G03 X10. Y10. R10. ;
G01 G40 X0 Y0;
M99;
```

课题三　编制如图2-82所示的凸台、槽及孔零件的加工程序。

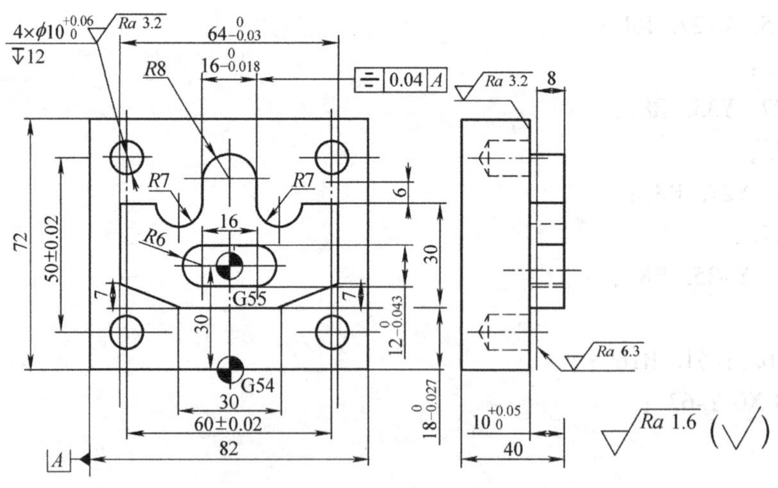

图2-82　凸台、槽及孔的加工

1. 工艺分析

此零件铣削内容是凸台、封闭槽及孔的加工。凸台加工时要选择合适的刀具，合理地除去余量。孔加工时采用A3中心钻钻中心孔、ϕ9.8mm钻头钻孔、ϕ10mm铰刀铰孔。

2. 加工步骤

（1）粗铣外形 T1 为 ϕ20mm 平底刀。

（2）精铣外形 T2 为 ϕ12mm 平底刀（精铣）。

（3）铣封闭槽 T3 为 ϕ10mm 平底刀。

（4）钻中心孔 T4 为 A3 中心钻。

（5）钻 ϕ9.8mm 孔 T5 为 ϕ9.8mm 钻头。

（6）铰孔 T6 为 ϕ10mm 铰刀。

3. 程序编制

```
O0006;
N1;                                 粗铣外形
T1 M6;                              φ20mm 平底刀
G90 G54 G00 X52. Y7. M3 S600;
G43 Z50. H01;
Z10. ;
G01 Z-10.02 F100;
X-43. ;
Y60. ;
X-19. ;
Y73. ;
X-41. ;
X19. ;
Y60. ;
X38. ;
Y72. ;
X43. ;
Y0;
G00 Z50. ;
M5;
N2;                                 精铣外形
T2 M6;                              φ12mm 平底刀
G90 G54 G00 X-50. Y55. M3 S700;
G43 Z50. H02;
Z10. ;
G01 Z-10.02 F100;
X-15. ;
Y48. ;
Y54. ;
G02 X15. Y54. I15. J0;
G01 Y48. ;
```

```
Y55. ;
G01 G41 X32. D02;
Y25. ;
X15. Y18. ;
X-15. ;
X-32. Y25. ;
Y48. ;
X-22. ;
G03 X-8. I7. J0;
G01 Y54. ;
G02 X8. I8. J0;
G01 Y48. ;
G03 X22. I7. J0;
G01 X33. ;
G40 Y55. ;
G00 Z50. ;
M5;
N3;                              铣封闭槽
T3 M6;                           φ10mm 平底刀
G90 G55 G00 X8. Y0 M3 S700;
G43 Z50. H03;
Z10. ;
G01 Z-8. F100;
X-8. ;
G41 X6. D3;
G03 X0 Y6. R6. ;
G01 X-8. ;
G03 Y-6. I0 J-6. ;
G01 X8. ;
G03 Y6. I0 J6. ;
G01 X0;
G03 X-6. Y0 R6. ;
G01 G40 X0;
G00 Z50. ;
M5;
N4;                              钻中心孔
T4 M6;                           A3 中心钻
G90 G56 X30. Y25. M3 S800;       G56 在工件对称中心处
G43 Z50. H04;
```

```
Z10. ;
G98 G81 Z-15. R-7. F60;
M98 P1000;
G00 Z50. ;
M5;
N5;                                   钻 φ9.8mm 孔
T5 M6;                                φ9.8mm 钻头
G90 G56 G00 X30. Y25.0 M3 S600;
G43 Z50. H05;
Z10. ;
G98 G83 Z-27. R-7. Q5. F100;
M98 P1000;
G00 Z50. ;
M5;
N6;                                   铰孔
T6 M6;                                φ10mm 铰刀
G90 G56 G00 X30. Y25. M3 S200;
G43 Z50. H6;
Z10. ;
G98 G86 Z-21. R-7. F40;
M98 P1000;
G00 Z50. ;
M5;
M30;

O1000;
X-30. ;
Y-25. ;
X30. ;
M99;
```

课题四　完成图 2-83 所示零件凸台和槽的加工。

1. 工艺分析

此零件加工内容是凸台和槽。凸台由 ϕ66mm 外圆及均布的 R16 凹弧组成。6 个半封闭槽也沿 ϕ66mm 圆周均布。半封闭槽加工时要考虑合理的除去余量。此例编程时采用子程序、坐标旋转的方法以简化编程。孔加工略。

2. 加工步骤

（1）铣外形　T1，ϕ20mm 平底刀（粗铣）。

（2）粗铣半封闭槽　T2，ϕ6mm 平底刀（精铣）。

（3）精铣半封闭槽　T3，ϕ6mm 平底刀。

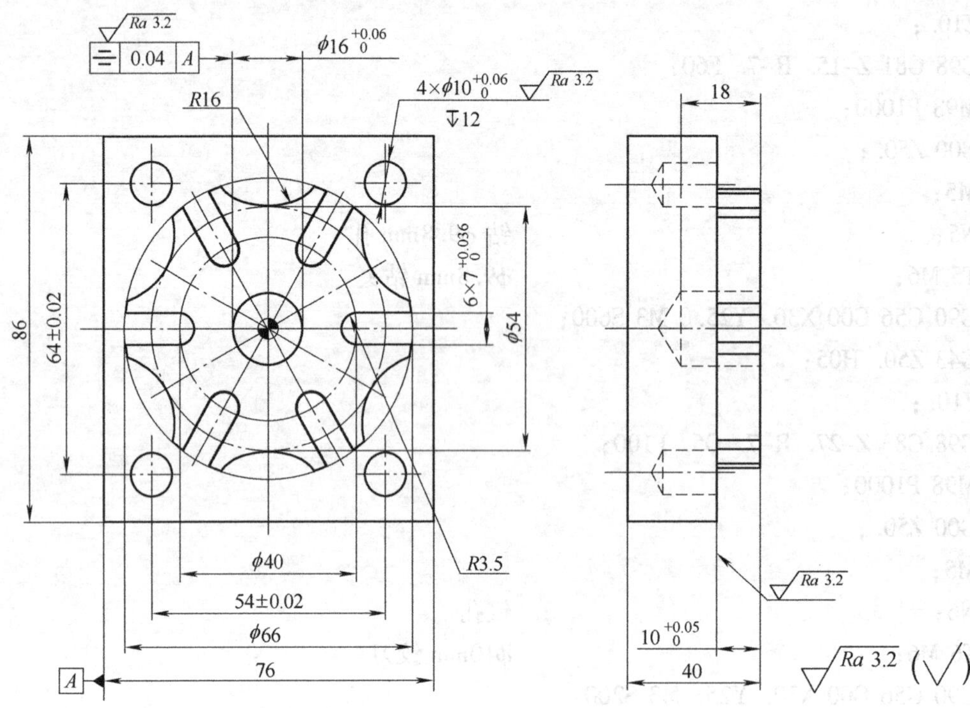

图 2-83　零件凸台和槽的加工

3. 程序编制

```
O0007;
N1;                                铣外形
T1 M6;                             ϕ20mm 平底刀
G90 G54 X0 Y-54. M3 S600;
G00 G43 Z50. H1;
Z10.;
G01 Z-10.02 F100;
Y-44.;
X-44.;
Y44.;
X44.;
Y-44.;
X0;
Y-43.;
G02 J43.;
M98 P1001;                         铣凹弧 R16
G90 Z5. F200;
M98P051000;                        坐标旋转
G69;
```

```
G00 Z50. M5;
N2;                                  粗铣半封闭槽
T2 M6;                               φ6mm 平底刀
G90 G54 G00 X38. Y0 M3 S600;
G00 G43 Z50. H2;
Z10.;
Z0.5;
M98 P051005;
G90 Z5. F200;
M98 P051002;
G69;
G00 Z50. M5;
M01;
N3;                                  精铣半封闭槽
T3 M6;                               φ6mm 平底刀
G90 G54 G00 X33. Y0 M3 S700 ;
G00 G43 Z50. H3;
Z10.;
M98 P1006;
G90 Z5. F200;
M98 P051003;
G00 Z50. M5;
G91 G28 Z0;
M30;

O1000;
G68 X0 Y0 G91 R60.;
G90 M98 P1001;
M99;

O1001;                               铣凹弧子程序
G01 Y-50.;
Z-10.02F100;
Y-38.;
G41 X12.179 Y-32.624 D1;
G03 X-12.179 R16.;
G01 G40 X0 Y-38.;
Z5. F200;
Y-50.;
```

```
M99;

O1002;                        坐标旋转
G68 X0 Y0 G91 R60.;
G90 Z0.5;
M98 P051005;
G90 Z5.;
M99;

O1003;
G68 X0 Y0 G91 R60.;
G90 M98 P1006;
M99;

O1005;                        去余量
G90 X38. Y0;
G91 G01 Z-2.1 F20;
X-18.;
X18.;
M99;

O1006;                        精铣槽
X33. Y0;
G0Z5.;
G01 Z-10. F80;
G41 Y3.5D1;
X20.;
G03 Y-3.5 J-3.5;
G01 X33.;
G40 Y0;
Z5.;
M99;
```

课题五 完成图2-84所示凸台和槽零件的加工。

1. 工艺分析

此零件铣削内容是凸台、型槽及孔的加工。凸台粗加工时可采用镜像指令调用子程序除去余量；精加工时可采用坐标旋转指令调用子程序完成。型槽加工时应注意合理的除去余量与精加工路线。孔加工略。

2. 加工步骤

（1）粗铣外形 T1，ϕ20mm平底刀。

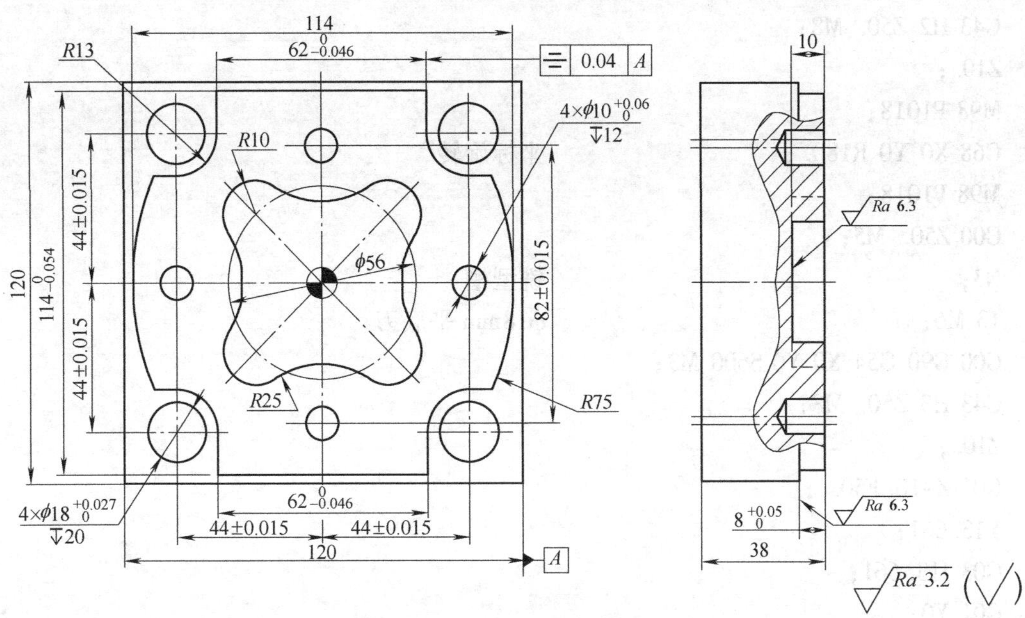

图 2-84　凸台和槽零件的加工

（2）精铣外形　T2，ϕ20mm 平底刀。

（3）铣型槽　T3，ϕ18mm 平底刀。

3. 程序编制

```
O0007;
N1;                              粗铣外形
T1 M6;                           φ20 平底刀
G90 G54 G00 X0 Y0 M3 S600;
G00 G43 H1 Z50. ;
Z10. ;
M98 P1008;
G51. 1 X0;                       X 轴镜像
M98 P1008;
G51. 1 X0 Y0 ;                   原点镜像
M98 P1008;
G50. 1;                          取消镜像
G51. 1 Y0;                       Y 轴镜像
M98 P1008;
G50. 1;
M5;
N2;                              精铣外形
T2 M6                            φ20mm 平刀
G00 G90 G54 X33. Y-67. S500 M3;
```

```
G43 H2 Z50. M8;
Z10. ;
M98 P1018;
G68 X0 Y0 R180. ;                    坐标旋转
M98 P1018;
G00 Z50. M5;
N3;                                  铣型槽
T3 M6;                               φ18mm 平底刀
G00 G90 G54 X0 Y0 S600 M3;
G43 H3 Z50. M8;
Z10. ;
G01 Z-10. F50. ;
Y13. 661;
G03 J13. 661;
G01 Y0;
X19. 8 Y19. 8;
X0 Y0;
X-19. 8 Y19. 8;
X0 Y0;
X-19. 8 Y-19. 8;
X0 Y0;
X19. 8 Y-19. 8;
X0 Y0;
G41 D3 X10. Y13. 661 F100;
G03 X0. Y23. 661 R10. ;
G02 X-14. 142 Y28. 045 R25. ;
G03 X-19. 799 Y29. 799 R10. ;
X-26. 87 Y26. 87 R10. ;
X-29. 799 Y19. 799 R10. ;
X-28. 045 Y14. 142 R10. ;
G02 X-23. 661 Y0. R25. ;
X-28. 045 Y-14. 142 R25. ;
G03 X-29. 799 Y-19. 799 R10. ;
X-26. 87 Y-26. 87 R10. ;
X-19. 799 Y-29. 799 R10. ;
X-14. 142 Y-28. 045 R10. ;
G02 X0. Y-23. 661 R25. ;
X14. 142 Y-28. 045 R25. ;
G03 X19. 799 Y-29. 799 R10. ;
```

```
X26. 87 Y-26. 87 R10. ;
X29. 799 Y-19. 799 R10. ;
X28. 045 Y-14. 142 R10. ;
G02 X23. 661 Y0.  R25. ;
X28. 045 Y14. 142 R25. ;
G03 X29. 799 Y19. 799 R10. ;
X26. 87 Y26. 87 R10. ;
X19. 799 Y29. 799 R10. ;
X14. 142 Y28. 045 R10. ;
G02 X0.  Y23. 661 R25. ;
G03 X-10.  Y13. 661 R10. ;
G01 G40 X0 Y0;
G00 Z50. ;
M5;
G91 G28 Z0.  M9;
G28 X0.  Y0. ;
M30;
O1008;                              子程序 去余量 φ20mm 平底刀
G00 X60.  Y72. ;
G01 Z-8. 02 F100;
Y44. ;
X44. ;
Y72. ;
Z5.  F200;
M99;

O1018;                              子程序 铣外形 φ20mm 平底刀
G01 Z-8. 02 F60. ;
G41 D2 Y-57.  F100. ;
G01 X-31. ;
Y-44. ;
G03 X-44.  Y-31.  R13. ;
G01 X-50. 293
G02 X-57.  Y0.  R75. ;
X-50. 293 Y31.  R75.
G01 X-44. ;
G03 X-31. Y44. R13. ;
G01 Y59. ;
G01 G40 X-42. ;
```

G00 Z10. ;

M99;

课题六　完成图 2-85 所示组合件的加工

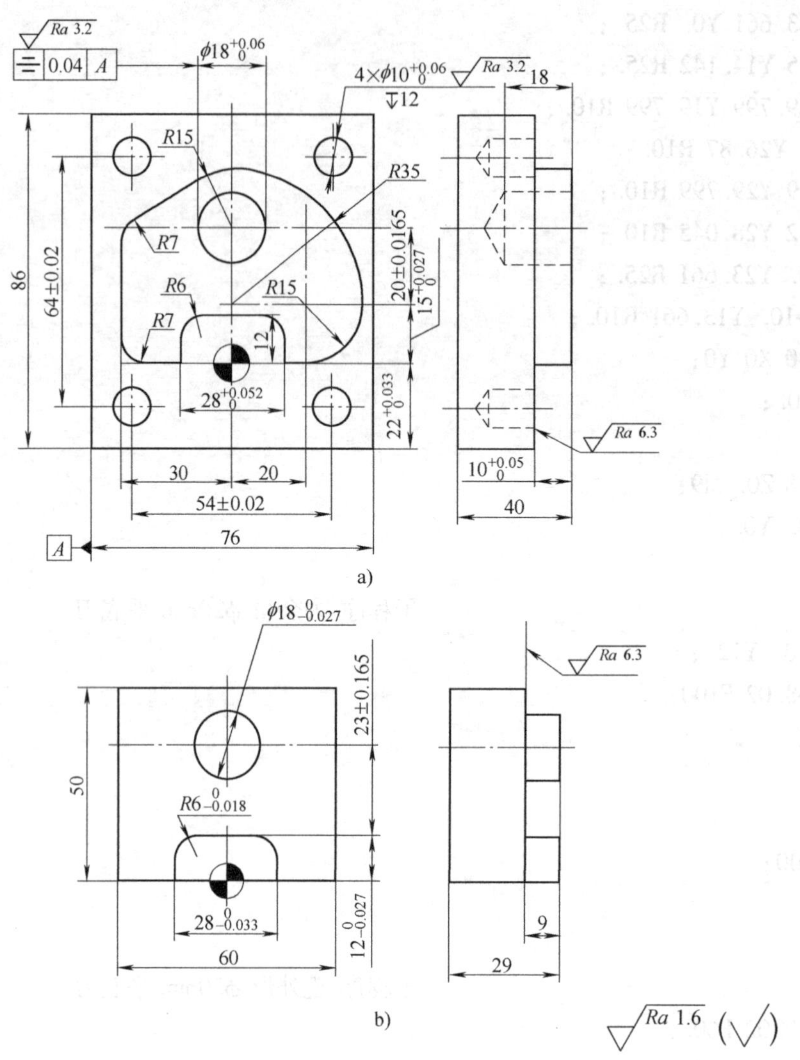

图 2-85　组合件的加工

a）件 1　b）件 2

1. 工艺分析

此课题的目的是练习组合件的加工。加工时为了保证配合尺寸，应考虑件 1、件 2 的编程零点问题。对配合尺寸要考虑内外件的不同来完成加工（如 *R*6、ϕ18mm 等）。孔加工时采用 A3 中心钻钻中心孔、钻头钻孔、铰刀铰孔。

2. 加工步骤

（1）件 1 加工

1）粗铣去余量：T1，ϕ20mm 平底刀（粗铣）。

2）精铣外形：T2，ϕ20mm 平底刀（精铣）。

3）精铣 28mm 宽半封闭槽：T3，ϕ10mm 平底刀。

4）加工 4 × ϕ10mm 孔：T4，A3 中心钻；T5，ϕ9.8mm 钻头钻孔；T6，ϕ10mm 铰刀铰孔。

5）加工 ϕ18mm：T4，A3 中心钻；T7，ϕ15mm 钻头钻孔；T8，ϕ17.7mm 钻头扩孔；T9，ϕ18mm 铰刀铰孔。

（2）件 2 加工

1）粗铣去余量：T10，ϕ12mm 平底刀（粗铣）。

2）精铣外形：T11，ϕ12mm 平底刀（精铣）。

3. 加工程序

件 1 程序：

```
O0009;
N1;                                  去余量
T1 M6;                               φ20mm 平底刀
G90 G54 G00 X-50. Y-16.  M3 S600;
G00 G43 Z50. H1;
Z10. ;
G01 Z-10.02 F100;
X38. ;
Y-11. ;
X3. ;
Y1. ;
X-3. ;
Y-11. ;
X-23. ;
G02 X-41.  Y7.  R18. ;
G01 Y46.  ;
X-33. ;
Y64. ;
X-30. ;
X-33.  Y46. ;
X-7.  Y61. ;
X38. ;
X0;
G02 X46.  Y15.  R46. ;
X20.  Y-11.  R26. ;
G01 X0;
G00 Z50.  M5;
N2;                                  精铣外形
T2 M6;                               φ20mm 平底刀
```

```
G90 G54 G00 X0 Y-11. M3 S700;
G00 G43 Z50. H2;
Z10. ;
G01 Z-10. 02 F100;
M98 P1009;
G00 50. M5;
N3;                                    精铣28mm宽半封闭槽
T3 M6;                                 φ10mm平底刀
G90 G54 G00 X0 Y-1. M3 S800;
G00 G43 Z50. H3;
Z10. ;
G01 Z-10. 02 F80;
G41 X14. D3;
Y6. 01;
G03 X8. 01 Y12. R5. 99;
G01 X-8. 01;
G03 X-14. Y6. 01 R5. 99;
G01 Y-1. ;
G40 X0;
G00 Z50. M5;
N4;                                    加工4×φ10mm孔
T4 M6;                                 A3中心钻
G90 G55 G00 X27. Y32. M3 S800;         G55为零件对称中心
G43 Z50. H04;
Z10. ;
G98 G81 Z-15. R-7. F60;
M98 P1019;
G00 Z50. ;
M5;
N5;                                    钻孔
T5 M6;                                 φ9. 8mm钻头
G90 G55 G00 X27. Y32. M3 S600;
G43 Z50. H05;
Z10. ;
G98 G83 Z-46. R-7. Q5. F100;
M98 P1019;
G00 Z50. ;
M5;
N6;                                    铰孔
```

```
T6 M6;                                  φ10mm 铰刀
G90 G55 G00 X27. Y-32. M3 S200;
G43 Z50. H6;
Z10. ;
M98 P1020;
G00 Y32. ;
M98 P1020;
G00 X-27. ;
M98 P1020;
G00 Y-32. ;
M98 P1020;
G00 Z50. ;
X0 Y0;
M5;
N7;                                     加工 φ18mm 孔
T4 M6;                                  A3 中心钻钻中心孔
G90 G54 G00 X0 Y35.015 M3 S800;
G43 Z50. H04;
Z10. ;
G98 G81 Z-5. R5. F60;
G00 Z50. ;
M5;
T7 M6;                                  φ15 钻头钻孔
G90 G54 G00 X0 Y35.015 M3 S500;
G43 Z50. H07;
Z10. ;
G98 G83 Z-23. R5. Q8000 F60;
G00 Z50. ;
M5;
T8 M6;                                  φ17.7mm 钻头钻孔
G90 G54 G00 X0 Y35.015 M3 S300;
G43 Z50. H08;
Z10. ;
G98 G83 Z-27. R5. Q8000 F60;
G00 Z50. ;
M5;
T9 M6;                                  φ18mm 铰刀铰孔
G90 G54 G00 X0 Y35.015 M3 S200;
G43 Z50. H09;
```

```
Z10. ;
Z5. ;
G01 Z-18. F40;
Z5. F100;
G00 Z50. ;
M5;
M30;

O1009;                              铣外形子程序
G00 X0 Y-11. ;
G41 Y0 D2;
X-23. ;
G02 X-30. Y7. R7. ;
G01Y30. 959;
G02 X-26. 5 Y37. 021 R7. ;
G01 X-7. 5 Y47. 99;
G02 X0. Y50. R15. ;
G02 X35. Y15. R35. ;
X20. Y0. R15. ;
G01 X0;
G01 G40 Y-11. ;
G00 Z10. ;
M99;

O1019;                              孔位子程序
X-27. ;
Y-32. ;
X27. ;
M99;
O1020;                              铰孔子程序
G00 Z-8. ;
G01 Z-46. F60;
Z-8. F120;
G00 Z1. ;
M99;
```

件2程序:

```
O0099;
N1;                                 去余量
```

```
T10 M6;                                   φ12mm 平底刀
G90 G56 G00 X-25. Y-7. M3 S800;
G00 G43 Z50. H10;
Z10. ;
G01 Z-10.02 F80;
Y51. ;
X25. ;
Y0;
X21. ;
Y19. ;
X0;
G02 J16. ;
G01 X-21. ;
Y-1. ;
G00 Z50. M5;
N2;                                       精铣
T11 M6;                                   φ12mm 平底刀
G90 G54 G00 X-21. Y-1. M3 S800;
G00 G43 Z50. H11;
Z10. ;
M98 P1234;
G00 Z50. M5;
M30;
O1234;                                    精铣子程序
G01 Z-10.02 F80;
G41 X-14. D11;
Y5.99;
G02 X-7.99 Y12. R6.01;
G01 X7.99;
G02 X14. Y5.99 R6.01;
G01 Y-1. ;
G00 Z5. ;
G40 X-21. ;
M99;
```

课题七 完成图 2-86 所示零件加工程序的编制，毛坯 ϕ86mm×25mm 已加工。

1. 工艺分析

此零件铣削内容是零件中心处的圆槽、三角形槽、圆孔及圆周均布的 6 处三角形槽。其中，6 处三角形槽采用坐标旋转指令调用子程序完成加工（子程序采用简化编程功能）。

2. 加工步骤

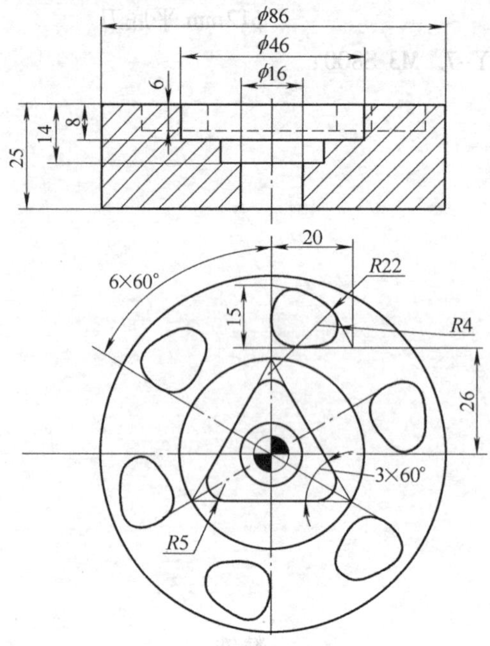

图 2-86　加工零件图

（1）粗铣各槽　T1，ϕ10mm 平底刀；T2，ϕ8mm 平底刀。

（2）精铣各槽　T3，ϕ14mm 平底刀；T4，ϕ8mm 平底刀；T5，ϕ6mm 平底刀。

3. 程序编制

```
O1;                              粗加工程序
N1;                              粗加工 φ16mm 孔
T1 M6;                           φ10mm 平底刀
G90 G54 G00 X0 Y0 M3 S700;
G00 G43 Z50. H01;
Z10.;
Z0.5;
M98 P130100;                     调用 O0100 子程序 13 次，每次切削深度 2mm
G90 G01 X0;
G00 Z10.;
N2;                              粗铣中部三角形槽
G00 Z0;
M98 P70110;                      调用 O0110 子程序 7 次，每次切削深度 2mm
G90 G00 Z50.;
M5;
N3;                              粗铣圆周 6 个均布三角形槽
T2 M6;                           φ8mm 平底刀
G90 G54 G00 X4.5 Y30.5 M3 S900;
G00 G43 Z50. H02;
```

Z10.；	
M98 P60120；	调用 O0120 子程序 6 次
G90 G00 Z50.；	
G69；	取消坐标系旋转
M5；	
M30；	
O0100；	粗加工 ϕ16mm 孔子程序
G01 X2.5 Y0；	
G91 G03 R2.5 Z-2.；	螺旋下刀
M99；	
O0110；	粗铣中部三角形槽子程序
G01 X0 Y12.5 F200；	
G91 Z-2. F100；	每次切深 2mm
G90 G16 G01 X12.5 Y210.；	极坐标编程，极坐标系原点为工件坐标系原点极径为 12.5mm，极角为 210°
Y330.；	极角为 330°
Y90.；	极角为 90°
G15；	取消极坐标编程
M99；	
O0120；	粗铣圆周 6 个均布三角形槽子程序
G90 Z5.；	
G00 X4.5 Y30.5；	
G01 Z0 F100；	
M98 P30220；	调用 O0220 子程序 3 次，每次切削深度 2mm（子程序嵌套）
G00 Z5.；	
G68 X0 Y0 G91 R60.；	坐标系旋转，旋转中心 X0 Y0，旋转角度 60°（增量值）
M99；	
O0220；	粗铣圆周三角形槽子程序，加工路线见图 2-87
G90 G00 X4.5 Y30.5；	
G91 G01 Z-2. F50；	每次切削深度 2mm
Y5.51；	
G02 X8.16 Y-5.51 R22.；	
G01 X-8.16；	
M99；	
O2；	精加工程序

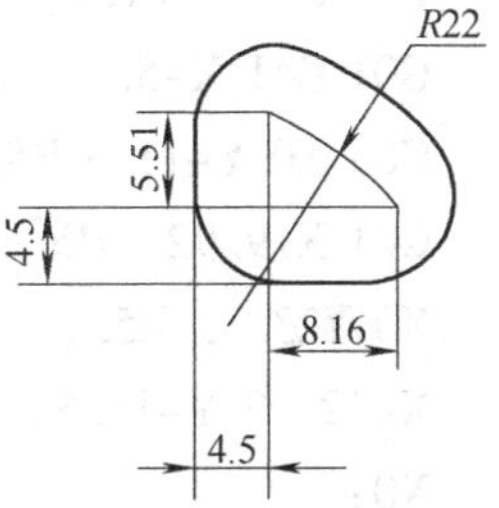

图 2-87　圆周三角形槽子程序加工路线

```
N1;                              精加工 φ16mm 孔、φ46mm 圆槽
T3 M6;                           φ14mm 平底刀
G90 G54 G00 X0 Y0 M3 S700;
G00 G43 Z50. H03;
Z10. ;
/G1 Z-7.5 F100;                  粗铣 φ46 圆槽。/为跳步指令，此三句程序精加工时可
                                 采取跳步操作
/Y-15. ;
/G03 J15. ;
G01 X0 Y-15 F100. ;              精铣 φ46mm 圆槽
G01 Z-8. ;
G41 X-8. D03;                    加刀补
G03 X0 Y-23. R8. ;               圆弧切入
G03 J23. ;                       逆时针精加工 φ46mm 圆槽
G03 X8. Y-15. R8. ;              圆弧切出
G01 G40 X0 ;                     去刀补
Y0;
G01 Z-26. F200;                  精铣 φ16mm 孔
G01 G41 X-7.5 Y-0.5 D03 F100;    加刀补
G03 X0 Y-8. R7.5;                圆弧切入
G03 J8. ;                        逆时针精铣 φ16mm 孔
G03 X7.5 Y-0.5 R7.5;             圆弧切出
G01 G40 X0 Y0;                   去刀补
G00 Z50. ;
M05;
N2;                              精铣中部三角形槽
T4 M6;                           φ8mm 平底刀
G90 G54 G00 X0 Y0 M3 S600;
G00 G43 Z50. H04;
Z10. ;
G01 Z-14. F100;
G01 G41 X-5. Y-6.5 D04;
G03 X0 Y-11.5 R5. ;
G01 X19.92, R5. ;                R5 拐角圆弧过渡 R 指令
X0 Y23. , R5. ;                  R5 拐角圆弧过渡 R 指令
X-19.92 Y-11.5, R5. ;            R5 拐角圆弧过渡 R 指令
X0;
G03 X5. Y-6.5 R5. ;
G01 G40 X0 Y0;
```

```
G00 Z50. ;
N3;                                精铣圆周三角形槽
T5 M6;                             φ6mm 平底刀
G90 G54 G00 X7. Y30. M3 S900;
G00 G43 Z50. H05;
Z10. ;
M98 P61000;
G00 Z50. ;
G69;
M5;
M30;

O1000;
G90 G00 X7. Y30. ;
G01 Z-6. F100;
G01 G41 X3. D05;
G03 X7. Y26. R4. ;
G01 X20. , R4. ;                   R4 拐角圆弧过渡 R 指令
G03 X0 Y31. R22. , R4. ;
G01 X0 Y26. , R4. ;
G01 X7. ;
G03 X11. Y30. R4. ;
G01G40 X7. ;
Z5. ;
G68 X0 Y0 G91 R60;
M99;
```

课题八　完成图 2-88 所示型板零件的加工。零件材料 45 钢，毛坯为 $100^{+0.1}_{0}$mm × $100^{+0.1}_{0}$mm × $24^{+0.1}_{0}$mm，现加工各凸台面及孔。

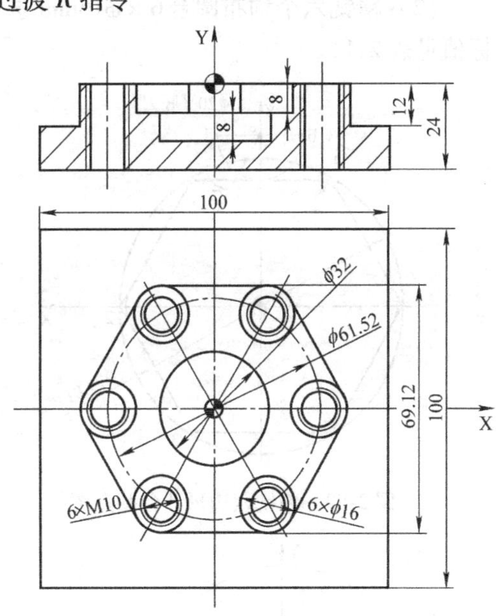

图 2-88　型板加工

1. 工艺分析

该零件属于规则矩形零件，其上面有一六边形凸台、六个均布的圆台、六个均布的螺孔、中间有一 φ32mm 孔。编程时可以考虑采用坐标旋转指令，调用子程序完成加工。零件应进行粗、精加工。零点设置如图 2-88 所示。

2. 加工步骤

（1）粗铣六边形凸台　T1 为 φ20mm 平底刀，加工成 φ79mm，深 12mm 的圆台。

（2）粗铣 φ32mm 孔　T1 为 φ20mm 平底刀。

（3）粗铣六个均布圆台　T1 为 φ20mm 平底刀、T3φ14mm 平底刀。

（4）精铣六边形凸台　T2为ϕ20mm平底刀。

（5）精铣ϕ32mm孔　T2为ϕ20mm平底刀。

（6）精铣六个均布圆台　T4为ϕ12mm平底刀。

（7）加工六个均布的螺孔　T5为中心钻、T6为ϕ8.1mm钻头、T7为M10丝锥。

刀具及其刀具补偿值详见表2-9。

表2-9　刀具及其刀具补偿值

刀具号	刀具名称	半径补偿	长度补偿
T1	ϕ20mm平底刀		H01
T2	ϕ20mm平底刀	D2	H02
T3	ϕ14mm平底刀		H03
T4	ϕ12mm平底刀	D4	H04
T5	中心钻		H05
T6	ϕ8.1mm钻头		H06
T7	M10丝锥		H07

3. 基点坐标

（1）精铣六边形凸台　选用ϕ20mm平底刀精铣六边形凸台基点图如图2-89所示，基点坐标值见表2-10。

（2）精铣六个均布圆台6×ϕ16mm选用ϕ12mm平底刀，基点图如图2-90所示，基点坐标值见表2-11。

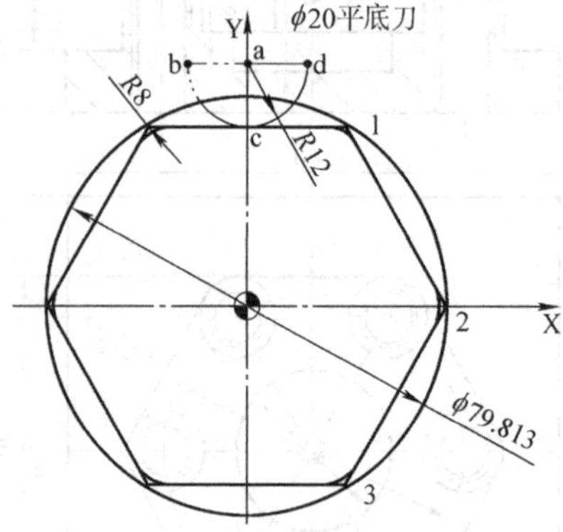

图2-89　精铣六边形凸台基点图

表2-10　精铣六边形凸台基点坐标值

基点	X	Y
a	0	46.56
b	-12.0	46.56
c	0	34.56
d	12.0	46.56
1	19.953	34.56
2	39.906	0
3	19.953	-34.56

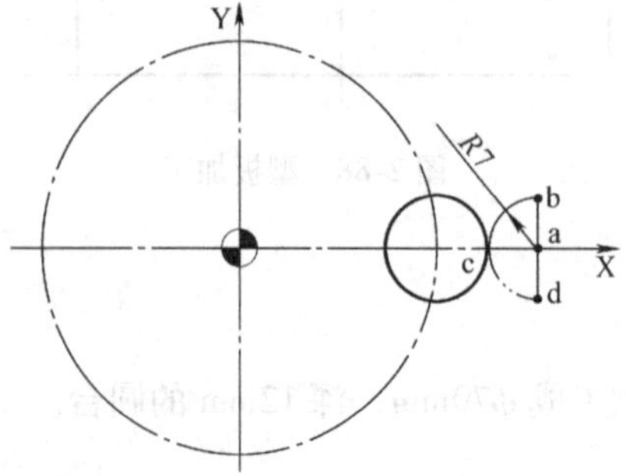

图2-90　精铣六个均布圆台6×ϕ16mm基点图

表2-11　精铣六个均布圆台6×ϕ16mm基点坐标值

基点	X	Y
a	45.76	0
b	45.76	7.0
c	38.76	0
d	45.76	-7.0

4. 程序

```
O0004;
N1;                          粗铣六边形凸台深 12mm
T1 M06;                      φ20mm 平底刀
M03 S700;
G54 G90 G00 X0 Y0;
G00 G43 H1 Z50.;
G00 X67.5;
Z10.;
Z0;
M98 P60040;                  调用 O0040 子程序 6 次
G00 Z10.;
N2;                          粗铣 φ32mm 孔深 16mm
X0 Y0;
G00 Z0;
M98 P80041;                  调用 O0041 程序 8 次
G00 Z10.;
N3;                          粗铣六个均布圆台深 8mm
G01 Z-6. F150;
X12.5;
G03 I-12.5;                  铣圆孔 φ45mm 深 6mm
G01 Z-8. F50;
G03 I-12.5 F200;             铣圆孔 φ45mm 深 8mm
G00 Z50.;
M5;
T3 M06;                      φ14mm 平底刀
G90 G54 G00 X0 Y0;
M3 S800;
G00 G43 Z50. H03;
Z10.;
G16;
G00 X45. Y30.;
Z0;
M98 P060042;
G15;
G69;
G00 Z50.;
M5;
N4; 精铣六边形凸台
```

```
T2 M06;                              φ20mm 平底刀
M03 S700;
G54 G90 G00 X0 Y0;
G00 G43 Z50. H2;
Z10. ;
M98 P0043;                           调用 O0043 程序
G00 Z50. ;
M5;
N5;                                  精铣 φ32mm 孔
T2 M06;                              φ20mm 平底刀
M03 S700;
G54 G90 G00 X0 Y0;
G00 G43 H2 Z50. ;
Z10. ;
G01 Z-16. F200;
G01 G41 X5. Y-11. D12;
G03 X16. Y0 R11. ;
G03 I-16. ;
G03 X5. Y11. R11. ;
G01 G40 X0 Y0;
G00 Z50. ;
M5;
N6;                                  精铣六个均布圆台
T4 M06;                              φ12mm 刀
M03 S800;
G90 G54 G00 X0 Y0;
G00 G43 Z50. H04;
M98 P060044;
G69;
G00 Z50. ;
M5;
N7;                                  加工六个均布的螺孔
T5 M06;                              A3 中心钻
M03 S600;
G90 G54 G00 X0 Y0;
G00 G43 Z5. H05;
G16;                                 极坐标
G98 G81 X30.76 Y0 R5. Z-5. F100;
M98 P0045;                           调用孔位子程序 O0045
```

```
G00 Z50. ;
M5;
T6 M06;                                  φ8.1mm 钻头
M03 S400;
G90 G54 G00 X0 Y0;
G00 G43 Z50. H06;
G16;
G98 G81 X30.76 Y0 R5. Z-29. F100;
M98 P0045;                               调用孔位子程序
G00 Z50. ;
M5;
T7 M06;                                  M10 丝锥
M03 S200;
G90 G54 G00 X0 Y0;
G00 G43 Z50. H07;
G16;
G98 G74 X30.76 Y0 R5. Z-29. F1.5;
M98 P0045;                               调用孔位子程序
G00 Z50. ;
M5;
M30;

O0040;                                   粗铣六边形凸台子程序
G00 X62. Y0;
G91 Z-2. F200;
G90 G03 I-62. ;
G01 X49.5;
G03 I-49.5;
M99;

O0041;                                   粗铣 φ32mm 孔子程序
G01 X0 Y0 F400;
G91 Z-2. F200;
G90 X5.7;
G3 I-5.7;
M99;

O0042;                                   粗铣六个均布圆台深 8 子程序
G90 G01 X45.  Y30.  F200;                极径 45，极角 30°
```

```
Z-2. F200;
X17. 5;
Z-4. ;
X45. ;
Z-6. ;
X17. 5;
Z-8. ;
X45. ;
G00 Z10. ;
G68 X0 Y0 G91 R60. ;                 坐标轴旋转，每次增量60°
M99;
O0043;                               精铣六边形凸台
G00 G90 X0 Y46. 56;                  切至a点
G01 Z-12. F200;
G41 G01 X-12. 0 Y46. 56 D2;          加刀补进至b点
G03 X0 Y34. 56 R12. ;                圆弧切入至c点
G01 X19. 593 Y34. 56, R8. ;          切至1点
G01 X39. 906 Y0, R8. ;               2点
G01 X19. 953 Y-34. 56, R8. ;         3点
G01 X-19. 953 Y-34. 56, R8. ;        至3点的对称点
G01 X-39. 906 Y0, R8. ;              2点的对称点
G01 X-19. 953 Y34. 56, R8. ;         1点的对称点
G01 X0 Y34. 56                       c点
G03 X12. 0 Y46. 56 R12. ;            圆弧切出至d点
G40 G01 X0;                          去刀补至a点
M99;                                 子程序结束
说明：G01 X19. 593 Y34. 56, R8. ;
O0044;                               精铣六个均布圆台子程序
G90 G00 X45. 76 Y0;                  进至a点
G01 Z-8. F200;                       下刀切深8mm
G41 G01 Y7. D4;                      建立刀补进至b点
G03 X38. 76 Y0 R7. ;                 圆弧切入至c点
G02 I-8. ;                           c点
G03 X45. 76 Y-7. 0 R7. ;             圆弧切出至d点
G40 G01 Y0;                          取消刀补进至a点
G90 G00 Z10. ;
G68 X0 Y0 G91 R60. ;                 坐标系旋转60°（增量）
M99 ;                                子程序结束
O0045;                               孔位子程序
```

```
Y60. ;
Y120. ;
Y180. ;
Y240. ;
Y300. ;
G15;                    取消极坐标
M99;
```

第九节　典型零件的加工

综合实例一　完成图 2-91 所示零件的加工。零件材料 45 钢，毛坯为 $100^{+0.1}_{0}$mm × $100^{+0.1}_{0}$mm × $30^{+0.1}_{0}$mm，现加工各凸台面及孔。

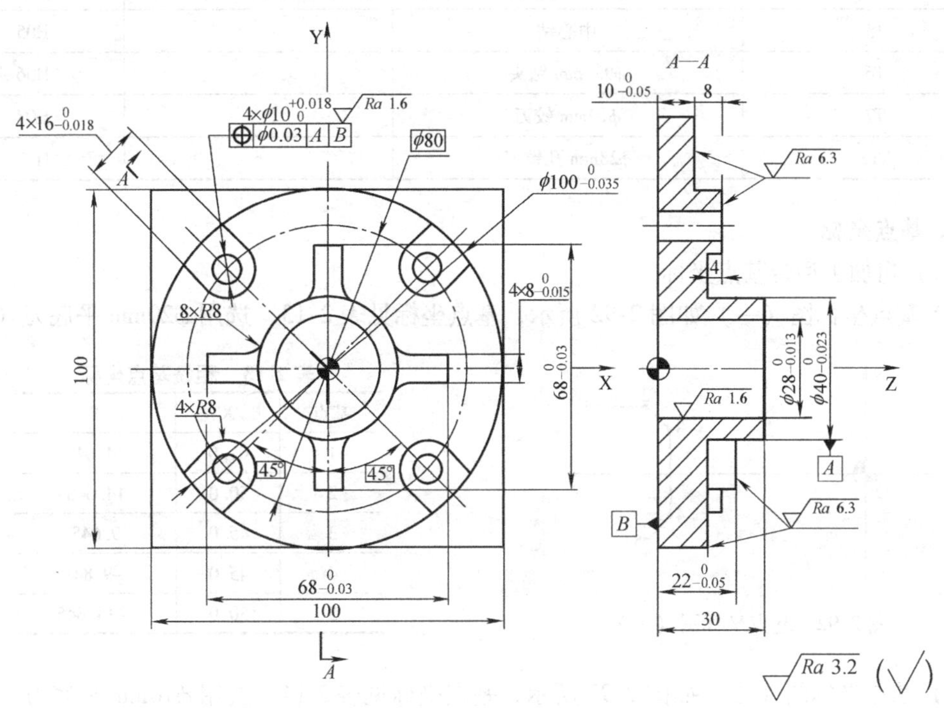

图 2-91　综合实例图

1. 工艺分析

该零件属于规则矩形零件，其上有一些均匀分布的型台。编程时可以考虑采用坐标旋转指令，调用子程序完成加工。零件应进行粗、精加工。加工时各坐标点的确定尤为重要。加工型台时，刀具的选择受到了型面的限制。4 × ϕ10mm 孔采用钻、铰完成；ϕ28mm 孔采用钻、粗镗、精镗完成。零件零点设置如图 2-91 所示（Z 向尺寸基准为下表面，因此零点设置在此处）。

2. 加工步骤

1）粗铣 ϕ100mm、ϕ40mm 台阶面，ϕ20mm 平底刀（T1）。

2）粗铣各均布型台，ϕ20mm 平底刀（T1）、ϕ10mm 平底刀（T2）。
3）精铣 ϕ100mm、ϕ40mm 台阶面，ϕ20mm 平底刀（T3）。
4）精铣各均布型台，ϕ10mm 平底刀（T4）。
5）加工 4×ϕ10mm 孔，中心钻（T5）、ϕ9.7mm 钻头（T6）、ϕ10mm 铰刀（T7）。
6）加工 ϕ28mm 孔，ϕ9.7mm 钻头（T6）、ϕ20mm 平底刀（T1）、ϕ28mm 孔镗刀（T12）。

刀具及刀具补偿值详见表 2-12。

表 2-12　刀具及刀具补偿值

刀具号	刀具名称	半径补偿	长度补偿
T1	ϕ20mm 平底刀		H01
T2	ϕ10mm 平底刀		H02
T3	ϕ20mm 平底刀	D3、D13	H03
T4	ϕ10mm 平底刀	D4、D14	H04
T5	中心钻		H05
T6	ϕ9.7mm 钻头		H06
T7	ϕ10mm 铰刀		H07
T12	ϕ28mm 孔镗刀		H12

3. 基点坐标

（1）粗加工型台基点坐标

1）基点坐标图（一）如图 2-92 所示，基点坐标见表 2-13，选用 ϕ20mm 平底刀（T1）。

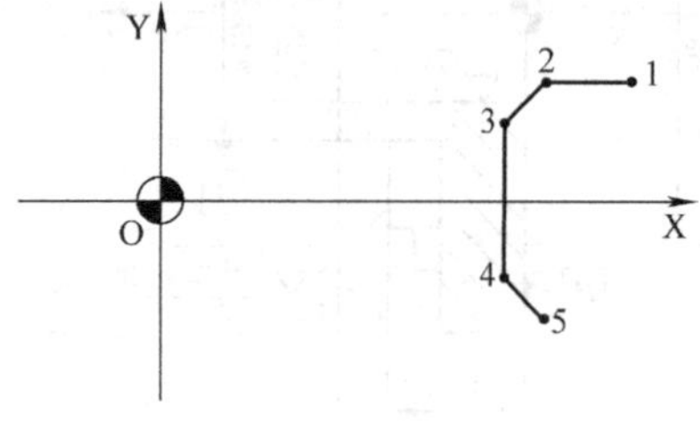

图 2-92　基点坐标图（一）

表 2-13　粗铣基点坐标

基点	X	Y
1	61.0	14.645
2	50.0	14.645
3	45.0	9.645
4	45.0	-9.841
5	50.0	-14.645

2）基点坐标图（二）如图 2-93 所示，基点坐标见表 2-14，选用 ϕ10mm 平底刀（T2）。

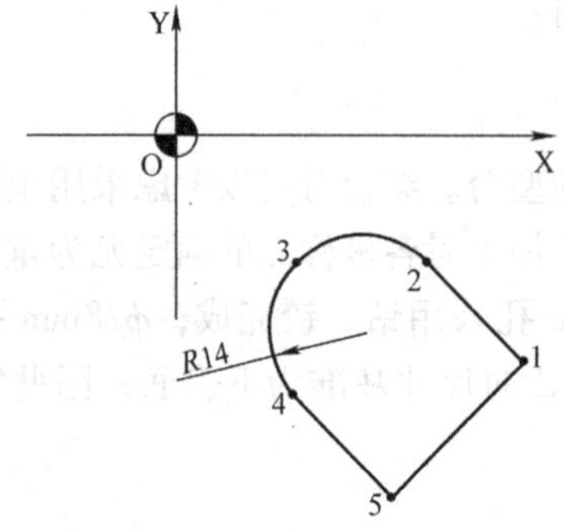

图 2-93　基点坐标图（二）

表 2-14　粗铣基点坐标

基点	X	Y
1	51.776	-31.977
2	38.184	-18.385
3	18.385	-18.385
4	18.385	-38.184
5	31.977	-51.776

（2）精加工型台基点坐标 ϕ10mm 平底刀（T4）

1）精加工型台 1，基点坐标图（三）如图 2-94 所示，基点坐标见表 2-15。

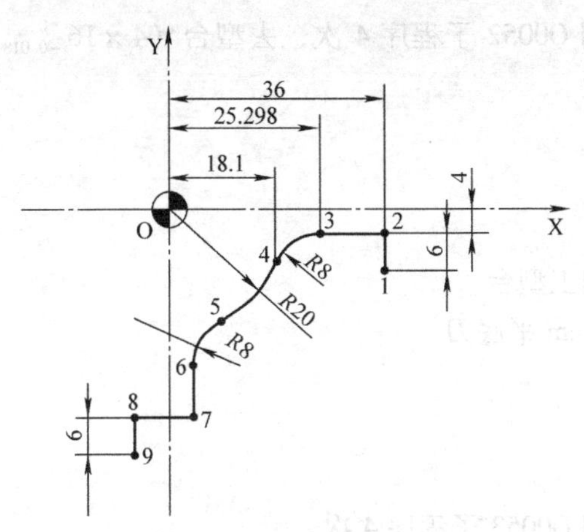

图 2-94　基点坐标图（三）

表 2-15　精铣基点坐标

基点	X	Y
1	36.0	-10.0
2	36.0	-4.0
3	25.298	-4.0
4	18.07	-8.571
5	8.571	-18.07
6	4.0	-25.298
7	4.0	-34.0
8	-6.0	-34.0
9	-6.0	-40.0

1 点下刀–2 点加刀补–3 –4 –5 –6 –7 –8 –9 –去刀补

2）精加工型台 2，基点坐标图（四）如图 2-95 所示，基点坐标见表 2-16。

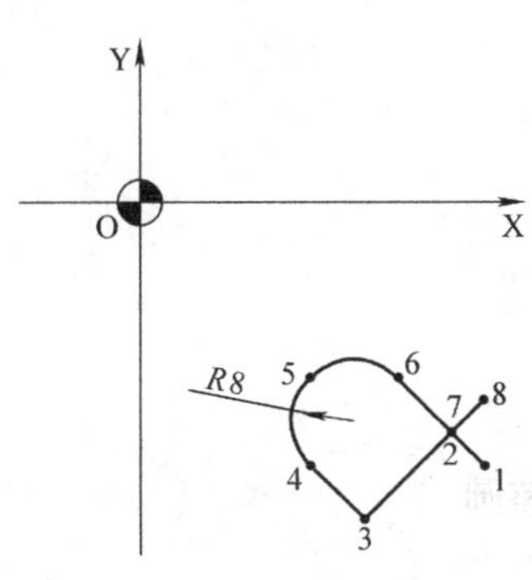

图 2-95　基点坐标图（四）

表 2-16　精铣基点坐标

基点	X	Y
1	45.255	-33.941
2	41.012	-29.698
3	29.698	-41.012
4	22.627	-33.941
5	22.627	-22.627
6	33.941	-22.627
7	41.012	-29.698
8	45.255	-25.456

1 点下刀–2 点加刀补–3 –4 –5 –6 –7 –8 –去刀补

4. 程序

```
O0005;
N1;                              粗铣 φ100mm、φ40mm 台阶面
T1 M6;                           φ20mm 平底刀
M03 S600;
G90 G54 G00 X0 Y0;
G00 G43 Z80. H01;
G00 X61. Y0;
Z40. ;
G01 Z29.98 F200;                 为保证尺寸 10(0/-0.05)mm，故为 Z29.98
M98 P100050;                     调用 O0050 子程序 10 次，每次切削深度 2mm
```

```
G00 Z29.98;              为保证尺寸22 0/-0.05，故为Z29.98
M98 P040051;             调用O0051子程序4次，每次切削深度2mm
G00 Z24.;
M98 P040052;             调用O0052子程序4次，去型台（4×16 0/-0.018）
                         余量
G69;
G00 Z80.;
M05;
N2;                      粗加工型台
T02 M06;                 φ10mm平底刀
M03 S1000;
G90 G54 G00 X0 Y0;
G00 G43 Z80. H02;
M98 P040053;             调用O0053子程序4次
G00 Z80.;
N3;                      精加工φ100mm、φ40mm台阶面
T3 M06;                  φ20mm平底刀
M03 S800;
G90 G54 G00 X0 Y0;
G00 G43 Z80. H03;
G00 X61. Y0;             下刀点
G01 Z9.98 F200;          保证尺寸10 0/-0.05
G41 Y11. D3;             加刀补
G03 X50. Y0 R11.;        圆弧切入
G02 I-50.;               切φ100mm整圆
G03 X61. Y-11. R11.;     圆弧切出
G01 G40 Y0;              去刀补
G00 Z24.;
X31. Y0;                 下刀点
G01 Z21.98 F200;         保证尺寸22 0/-0.05
G41 Y11. D13;            加刀补
G03 X20. Y0 R11.;        圆弧切入
G02 I-20.;               切φ40mm整圆
G03 X31. Y-11. R11.;     圆弧切出
G01 G40 Y0;              去刀补
G00 Z80.;
N4;                      精加工型台
T4 M06;                  φ10mm平底刀
M03 S1000;
```

```
G90 G54 G00 X0 Y0;
G00 G43 Z80. H04;
D4 M98 P040054;                    精加工型台 1
M01;
G69;
D14 M98 P040055;                   精加工型台 2
G69;
G00 Z80.;
M05;
N5;                                加工 4×φ10mm 孔
T5 M06;                            A3 中心钻
M03 S600;
G90 G54 G00 X0 Y0;
G00 G43 Z80. H05;
Z50.;
G16;
G98 G81 X40. Y45. Z13. R21. F100;
M98 P0056;                         调用孔位子程序
G00 Z80.;
M05;
T6 M06;                            φ9.7mm 钻头
M03 S400;
G90 G54 G00 X0 Y0;
G00 G43 Z80. H06;
Z50.;
G16;
G98 G81 X40. Y45. Z-5. R21. F100;
M98 P0056;                         调用孔位子程序
G00 Z80.;
M5;
T7 M06;                            φ10mm 铰刀
M03 S200;
G90 G54 G00 X0 Y0;
G00 G43 Z80. H07;
Z50.;
G16;
G98 G85 X40. Y45. Z-5. R21. F100;
M98 P0056;                         调用孔位子程序
G00 Z80.;
```

```
M05;
N6;                                   加工 φ28mm 孔
T6 M06;                               φ9.7mm 钻头
M03 S400;
G90 G54 G00 X0 Y0;
G00 G43 Z80. H06;
Z50. ;
G98 G83 Z-5. R32. Q5. F100;
G00 Z80. ;
M05;
T1 M06;                               φ20mm 平底刀
M03 S500;
G90 G54 G00 X0 Y0;
G00 G43 Z80. H01;
Z50. ;
G98 G81 Z-5. R32. F100;
G00 Z80. ;
M05;
T12 M06;                              φ28mm 孔镗刀（注：可调节镗刀尺寸，多次加
                                      工孔至尺寸）
M03 S200;
G90 G54 G00 X0 Y0;
G00 G43 Z80. H12;
Z50. ;
G98 G85 Z-5. R32. F100;
G00 Z80. ;
M05;
M30;
O0050;                                去 φ100mm 余量子程序
G00 X61.0 Y0;
G91 Z-2. F200;
G90 G03 I-61. ;
M99;

O0051;                                去 φ40mm 余量子程序
G01 X51. Y0 F300;
G91 Z-2. F200;
G90 G03 I-51. ;
G01 X41. ;
```

```
G03 I-41. ;
G01 X31. ;
G03 I-31. ;
M99;

O0052;                              去型台余量子程序（图 2-92）
G90 Z32. ;
G16;                                极坐标指令
G00 X61.  Y45. ;                    极径 61.，极角 45°
Z17. 98 F100;
X40. ;                              极径 40.
Z24. ;
G15;                                取消极坐标
G00 X61. 0 Y14. 645;                点 1（图 2-92）
G01 Z13. 98 F100;
X50. 0 Y14. 645;                    点 2
X45. 0 Y9. 645;                     点 3
X45. 0 Y-9. 841;                    点 4
X50. 0 Y-14. 645;                   点 5
G00 Z32. ;
G68 X0 Y0 G91 R90. ;
M99;

O0053;                              去型台余量子程序（图 2-93）
G90 G00 X51. 776 Y-31. 977;
G01 Z21. 98 F200;
M98 P040500;
G00 Z32. ;
G68 X0 Y0 G91 R90. ;
M99;

O0500;                              (图 2-93)
G90 G00 X51. 776 Y-31. 977;         点 1
G01 G91 Z-2.  F100;
G90 X38. 184 Y-18. 385 F200;        点 2
G03 X18. 385 Y-18. 385 R14. ;       点 3
X18. 385 Y-38. 184 R14. ;           点 4
G01 X31. 977 Y-51. 776;             点 5
M99;
```

O0054;	子程序精加工型台1（图2-94）
G90 G00 X36.0 Y-10.0 ;	点1
G01 Z13.98 F150;	
G41 X36.0 Y-4.0;	点2，加刀补
X25.298 Y-4.0;	点3
G03 X18.07 Y-8.571 R8. ;	点4
G02 X8.571 Y-18.07 R20. ;	点5
G03 X4.0 Y-25.298 R8. ;	点6
G01 X4.0 Y-34.0;	点7
X-6.0 Y-34.0 ;	点8
G40 X-6.0 Y-40.0;	点9，去刀补
G00 Z32. ;	
G68 X0 Y0 G91 R90. ;	
M99;	
O0055;	子程序精加工型台2（图2-95）
G90 G00 X45.255 Y-33.941 ;	点1
G01 Z13.98 F150;	
G01 G41 X41.012 Y-29.698;	点2
X29.698 Y-41.012;	点3
X22.627 Y-33.941;	点4
G02 X22.627 Y-22.627 R8. ;	点5
G02 X33.941 Y-22.627 R8. ;	点6
G01 X41.012 Y-29.698 ;	点7
G01 G40 X45.255 Y-25.456 ;	点8
G00 Z32. ;	
G68 X0 Y0 G91 R90. ;	
M99;	
O0056;	孔位子程序
Y135.	
Y225.	
Y315. ;	
G15;	
M99;	

综合实例二　泵盖零件加工

如图2-96所示为泵盖零件，零件为铸件，材料为HT200。零件外形经铣、平磨上下表面后，需编制程序完成凸台及孔的加工。

1. 工艺分析

该零件主要由平面、外轮廓以及孔系组成。其中 ϕ32H7 和 2×ϕ6H8 三个内孔的表面粗糙度要求较高，为 *Ra* 1.6μm；而 ϕ12H7 内孔的表面粗糙度要求更高，为 *Ra* 0.8；ϕ32H7 内孔轴线对 *A* 表面有垂直度要求，上下表面有平行度要求。该零件材料为铸铁，切削加工性能较好。

为了保证加工要求，零件可分粗、精加工。零件采用机用虎钳装夹，零点设置如图 2-96所示。

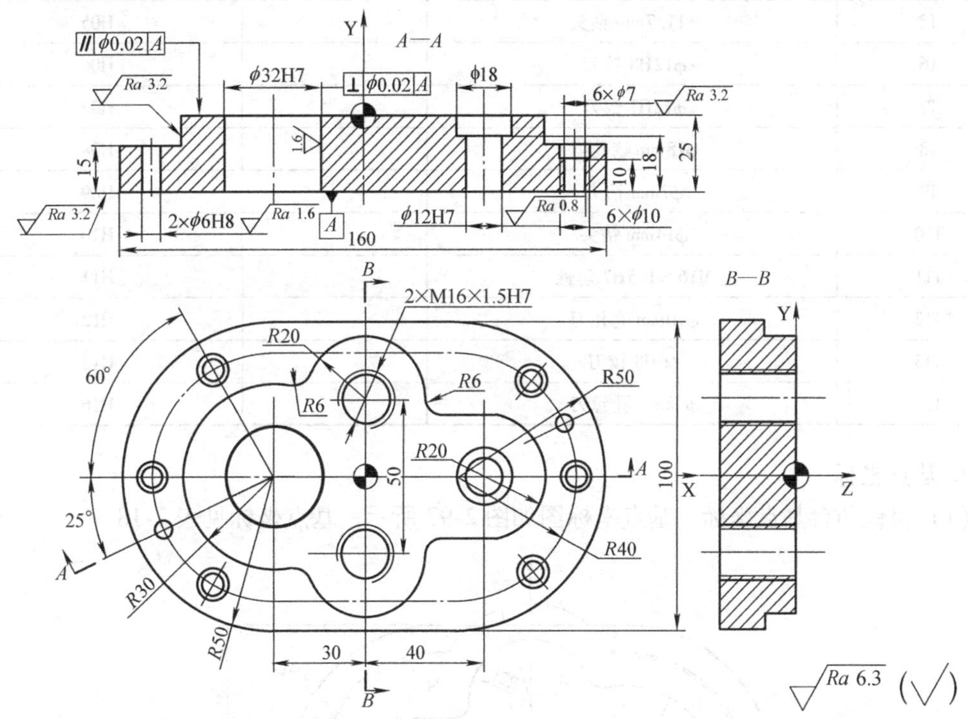

图 2-96　泵盖零件

2. 确定加工步骤和选择刀具

(1) 粗铣凸台　用 ϕ20mm 平底刀（T1），切深至尺寸，其余各面留余量。

(2) 精铣凸台　用 ϕ10mm 平底刀（T2），保证凸台至尺寸。

(3) 加工 ϕ32H7 孔　用 A3 中心钻（T3）、ϕ11.7mm 钻头（T5）、ϕ20mm 平底刀（T1）、ϕ32mm 孔镗刀（T16）（此例采用可调节镗头，用调整法保证尺寸）。

(4) 加工 ϕ12H7、ϕ18 孔　用 A3 中心钻（T3）、ϕ5.8mm 钻头（T4）、ϕ11.7mm 钻头（T5）、ϕ12H8 铰刀（T6）（粗铰）、ϕ12H7 铰刀（T7）（精铰）、ϕ18mm 锪孔刀（T8）。

(5) 加工 2 个 M16×1.5H7 螺纹孔　用 A3 中心钻（T3）、ϕ7mm 钻头（T9）、ϕ14mm 钻头（T10）、M16×1.5H7 丝锥（T11）。

(6) 加工 6×ϕ7 孔、6×ϕ10 孔　用 A3 中心钻（T3）、ϕ7mm 钻头（T9）、ϕ10mm 锪孔刀（T12）。

(7) 加工 2×ϕ6H8 孔　用 A3 中心钻（T3）、ϕ5.8mm 钻头（T4）、ϕ6H8 铰刀（T13）。

刀具及刀具补偿值详见表2-17。

表2-17　刀具及刀具补偿值

刀具号	刀具名称	半径补偿	长度补偿
T1	ϕ20mm 平底刀		H01
T2	ϕ10mm 平底刀	D2	H02
T3	A3 中心钻		H03
T4	ϕ5.8mm 钻头		H04
T5	ϕ11.7mm 钻头		H05
T6	ϕ12H8 铰刀		H06
T7	ϕ12H7 铰刀		H07
T8	ϕ18mm 锪孔刀		H08
T9	ϕ7mm 钻头		H09
T10	ϕ14mm 钻头		H10
T11	M16×1.5H7 丝锥		H11
T12	ϕ10mm 锪孔刀		H12
T13	ϕ6H8 铰刀		H13
T16	ϕ32mm 孔镗刀		H16

3. 基点坐标

（1）粗铣凸台基点坐标　基点坐标图如图2-97所示，基点坐标见表2-18。

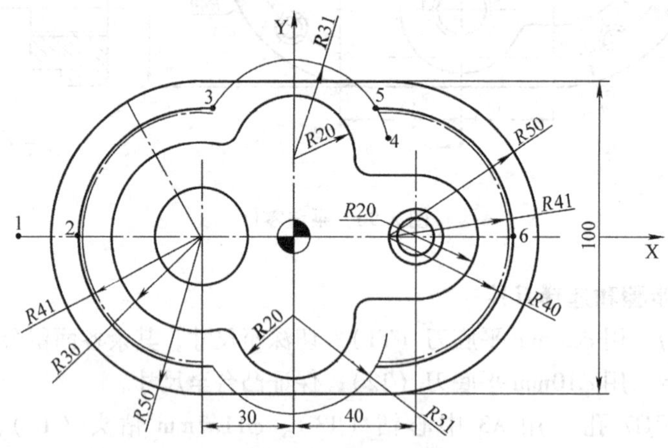

图2-97　粗铣凸台基点坐标图

表2-18　粗铣基点坐标

基点	X	Y
1	-91.0	0
2	-71.0	0
3	-26.635	40.862
4	30.414	31.0

（续）

基点	X	Y
5	26.635	40.862
6	71.0	0

（2）精铣凸台基点坐标 基点坐标图如图 2-98 所示，基点坐标见表 2-19。

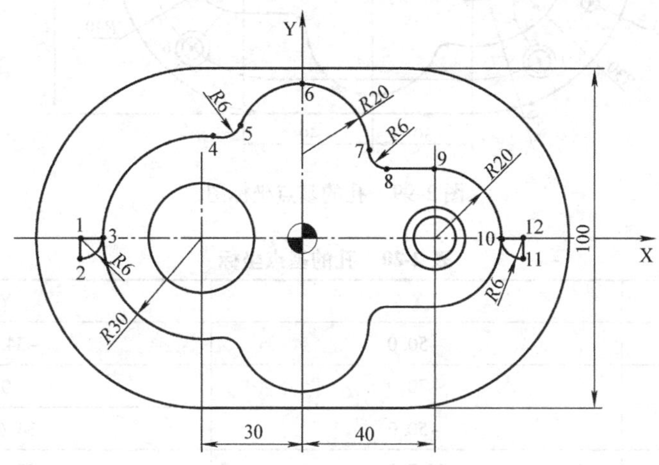

图 2-98 精铣凸台基点坐标图

表 2-19 精铣基点坐标

基点	X	Y
1	-66.0	0
2	-66.0	-6.0
3	-60.0	0
4	-24.835	29.552
5	-18.309	33.048
6	0	45.0
7	19.985	25.769
8	25.981	20.0
9	40.0	20.0
10	60.0	0
11	66.0	-6.0
12	66.0	0

加工路径：1（下刀）-2（加刀补）-3（圆弧切入）-4-5-6-7-8-9-10-11（圆弧切出）-12（去刀补）。采用镜像指令调用子程序完成加工。

（3）部分孔的基点坐标 基点坐标图如图 2-99 所示，基点坐标见表 2-20。

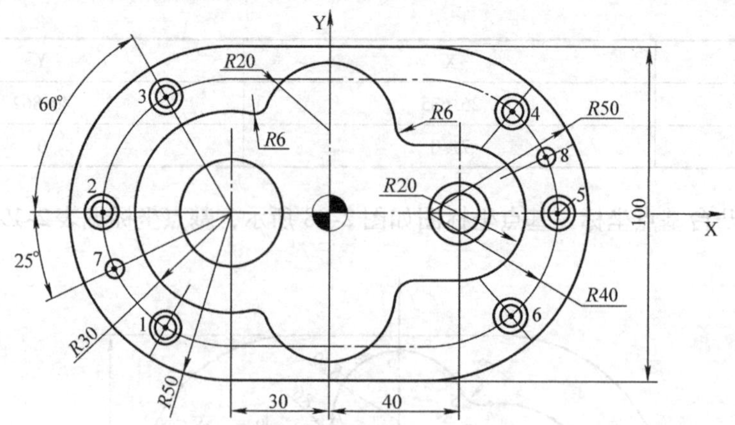

图2-99　孔的基点坐标图

表2-20　孔的基点坐标

基点	X	Y
1	-50.0	-34.641
2	-70.0	0
3	-50.0	34.641
4	55.712	30.642
5	70.0	0
6	55.712	-30.642
7	-66.252	-16.905
8	66.252	16.905

4. 加工程序

```
O1;
N1;                              粗铣凸台
T1 M06;                          φ20mm 平底刀
M03 S600;
G90 G54 G00 X0 Y0;
G00 G43 Z50. H01;                调用长度补偿，补偿号 H01
Z10.;
G00 X-91. Y0;
Z0;
M98 P050010;                     调用 O0010 子程序 5 次
G00 Z50.;
M5;
N2;                              精铣凸台
T2 M06;                          φ10mm 平底刀
M03 S600;
```

```
G90 G54 G00 X0 Y0;
G00 G43 Z50. H02;                        长度补偿，补偿号 H02
Z10. ;
M98 P0020;                               调用子程序 O0020
G51 X0 Y0 I1000 J-1000;                  Y 轴镜像
M98 P0020;                               调用子程序 O0020
G51 X0 Y0;                               取消镜像
G00 Z50. ;
M05;
M01;                                     计划停止，进行测量
N3;                                      加工 φ32H7 孔
T3 M06;                                  A3 中心钻
M03 S800;
G90 G54 G00 X0 Y0;
G00 G43 Z50. H03;                        长度补偿，补偿号 H03
Z20. ;
G98 G81 X-30. Y0 Z-5. R5. F60;           钻中心孔
G00 Z50. ;
M05;
T5 M06;                                  φ11.7mm 钻头
M03 S500;
G90 G54 G00 X-30. Y0;
G00 G43 Z50. H05;                        长度补偿，补偿号 H05
Z20. ;
G98 G83 X-30. Y0 Z-30. R5. Q8. F60;      钻孔
G00 Z50. ;
M05;
T1 M06;                                  φ20mm 平底刀
M03 S600;
G90 G54 G00 X-30. Y0;
G00 G43 Z50. H01;                        长度补偿，补偿号 H01
Z20. ;
G98 G81 X-30. Y0 Z-26. R5. F60;          扩孔
G01 Z-13. ;
X-26. ;
G03 I-4. ;                               铣孔
G01 X-24.3;
G03 I-5.7;                               铣孔
G01 Z-26. ;
```

```
X-26.;
G03 I-4.;
G01 X-24.3;
G03 I-5.7;
G00 Z50.;
M05;
T16 M06;                                   φ32mm孔镗刀
M03 S400;
G90 G54 G00 X-30. Y0;                      孔位点
G00 G43 Z50. H16;                          长度补偿，补偿号H16
Z10.;
G98 G76 X-30. Y0 Z-28. R5. Q0.2 F100;      精镗孔循环，每次孔底偏移量为0.2mm
                                           （采用调整法，亦可用定尺寸刀具法）
G00 Z200.;
M05;
M01;                                       计划停止
N4;                                        加工φ12H7、φ18mm孔
T3 M06;                                    A3中心钻
M03 S800;
G90 G54 G00 X40. Y0;
G00 G43 Z50. H03;                          长度补偿，补偿号H03
Z20.;
G98 G81 X40. Y0 Z-5. R5. F60;              钻中心孔
G00 Z50.;
M05;
T4 M06;                                    φ5.8mm钻头
G90 G54 G00 X40. Y0;
M03 S600;
G00 G43 Z50. H04;                          长度补偿，补偿号H04
Z20.;
G98 G83 X40. Y0 Z-35. R5. Q8. F60;         钻孔φ5.8mm
G00 Z50.;
M05;
T5 M06;                                    φ11.7mm钻头
M03 S500;
G90 G54 G00 X40. Y0;
G00 G43 Z50. H05;                          长度补偿，补偿号H05
Z20.;
G98 G81 X40. Y0 Z-35. R5. F60;             扩孔φ11.7mm
```

```
G00 Z50. ;
M05;
T6 M06;                                  φ12H8 铰刀（粗铰）
M03 S300;
G90 G54 G00 X40. Y0;
G00 G43 Z50. H06;                        长度补偿，补偿号 H06
Z20. ;
G98 G85 X40. Y0 Z-35. R5. F60;           粗铰孔 φ12 H8
G00 Z50. ;
M05;
T7 M06;                                  φ12H7 铰刀（精铰）
M03 S200;
G90 G54 G00 X40. Y0;
G00 G43 Z50. H07;                        长度补偿，补偿号 H07
Z20. ;
G98 G85 X40. Y0 Z-35. R5. F60;           精铰孔 φ12 H7
G00 Z50. ;
M05;
T8 M06;                                  φ18mm 锪孔刀
M03 S500;
G90 G54 G00 X40. Y0;
G00 G43 Z50. H08;                        长度补偿，补偿号 H08
Z20. ;
G98 G81 X40. Y0 Z-7. R5. F60;            锪 φ18mm 孔
G00 Z50. ;
M05;
M01;
N5;                                      加工 2 个 M16×1.5H7 螺纹孔
T3 M06;                                  A3 中心钻
M03 S800;
G90 G54 G00 X0 Y25. ;
G00 G43 Z50. H03;                        长度补偿，补偿号 H03
Z20. ;
G98 G81 X0 Y25. Z-5. R5. F60;            钻中心孔
Y-25. ;
G00 Z50. ;
M5;
T9 M06;                                  φ7mm 钻头
M03 S600;
```

```
G90 G54 G00 X0 Y25. ;
G00 G43 Z50. H09;                                长度补偿，补偿号 H09
Z20. ;
G98 G83 X0 Y25. Z-30. R5. Q8. F60;               钻孔 φ7mm
Y-25. ;
G00 Z50. ;
M05;
T10 M06;                                         φ14mm 钻头
M03 S500;
G90 G54 G00 X0 Y25. ;
G00 G43 Z50. H10;                                长度补偿，补偿号 H10
Z20. ;
G98 G81 X0 Y25. Z-33. R5. F60;                   扩孔 φ14mm
Y-25. ;
G00 Z50. ;
M05;
T11 M06;                                         M16×1.5H7 丝锥
M03 S300;
G90 G54 G00 X0 Y25. ;
G00 G43 Z50. H11;                                长度补偿，补偿号 H11
Z20. ;
G98 G84 X0 Y25. Z-35. R5. F60;                   攻螺纹 M16×1.5
Y-25. ;
G00 Z50. ;
M05;
M01;
N6;                                              加工 6×φ7mm 孔、6×φ10mm 孔
T3 M06;                                          A3 中心钻
M03 S800;
G90 G54 X-50.0 Y-34.641;
G00 G43 Z50. H03;                                长度补偿，补偿号 H03
Z20. ;
G98 G81 X-50.0 Y-34.641 Z-15. R-8. F60;钻中心孔
M98 P0030;
G00 Z50. ;
M05;
T9 M06;                                          φ7mm 钻头
M03 S600;
G90 G54 G00 X-50.0 Y-34.641;
```

```
G00 G43 Z50. H09;                          长度补偿，补偿号 H09
Z20. ;
G98 G83 X-50.0 Y-34.641 Z-30. R-8. Q8. F60;钻孔 φ7mm
M98 P0030;
G00 Z50. ;
M05;
T12 M06;                                   φ10mm 锪刀
M3 S600;
G90 G54 G00 X-50.0 Y-34.641;
G00 G43 Z50. H12;                          长度补偿，补偿号 H12
Z20. ;
G98 G81 X-50.0 Y-34.641 Z-15. R-8. F60;锪孔 φ10mm
M98 P0030;
G00 Z50. ;
M05;
N7;                                        加工 2×φ6H8 孔
T3 M06;                                    A3 中心钻
M03 S800;
G90 G54 G00 X-66.252 Y-16.905;
G00 G43 Z50. H03;                          长度补偿，补偿号 H03
Z20. ;
G98 G81 X-66.252 Y-16.905 Z-15. R-8. F60; 钻中心孔
X66.252 Y16.905;;
G00 Z50. ;
M05;
T4 M06;                                    φ5.8mm 钻头
M03 S600;
G90 G54 G00 X-66.252 Y-16.905;
G00 G43 Z50. H04;                          长度补偿，补偿号 H04
Z20. ;
G98 G83 X-66.252 Y-16.905 Z-30. R-8. Q8. F60; 钻孔 φ5.8mm
X66.252 Y16.905;
G00 Z50. ;
M05;
T13 M06;                                   φ6H8 铰刀
M03 S300;
G90 G54 G00 X-66.252 Y-16.905;
G00 G43 Z50. H13;                          长度补偿，补偿号 H13
Z20. ;
```

```
G98 G85 X-66.252 Y-16.905 Z-30. R-8. F60;   铰孔 φ6 H8
X66.252 Y16.905;
G00 Z50.;
M05;
M30;
O0010;                                       子程序去凸台余量
G01 X-91. Y0 F200;                           点 1
G91 G01 Z-2.;
G90 X-71. Y0;                                点 2
G02 X-26.635 Y40.862 R41.;                   点 3
G02 X30.414 Y31. R31.;                       点 4
G03 X26.635 Y40.862 R31.;                    点 5
G02 X71. Y0 R41.;                            点 6
G02 X26.635 Y-40.862 R41.;
G03 X30.414 Y-31. R31.;
G02 X-26.635 Y-40.862 R31.;
G02 X-71. Y0 R41.;                           点 2
G01 X-91.;                                   点 1
M99;
O0020;                                       子程序精铣凸台
G00 X-66. Y0;
G01 Z-10. F100;
G41 X-66.0 Y-6.0 D2;                         点 2，加刀补
G03 X-60.0 Y0 R6.;                           点 3，圆弧切入
G02 X-24.835 Y29.552 R30.;                   点 4
G03 X-18.309 Y33.048 R6.;                    点 5
G02 X0 Y45.0 R20.;                           点 6
X19.985 Y25.769 R20.;                        点 7
G03 X25.981 Y20.0 R6.;                       点 8
G01 X40.0 Y20.0;                             点 9
G02 X60.0 Y0 R20.;                           点 10
G03 X66.0 Y-6.0 R6.;                         点 11
G01 G40 X66.0 Y0;                            点 12
G00 Z10.;
M99;
O0030;                                       孔位子程序
X-70.0 Y0;
X-50.0 Y34.641;
X55.712 Y30.642;
```

X70. 0 Y0；

X55. 712 Y -30. 642；

M99；

综合实例三　组合件加工

组合件加工 1：如图 2-100 所示，零件材料为 45 钢，外圆及两端面已加工至尺寸。现编制程序完成零件凸台及槽的加工。图 2-101 所示为配合要求。

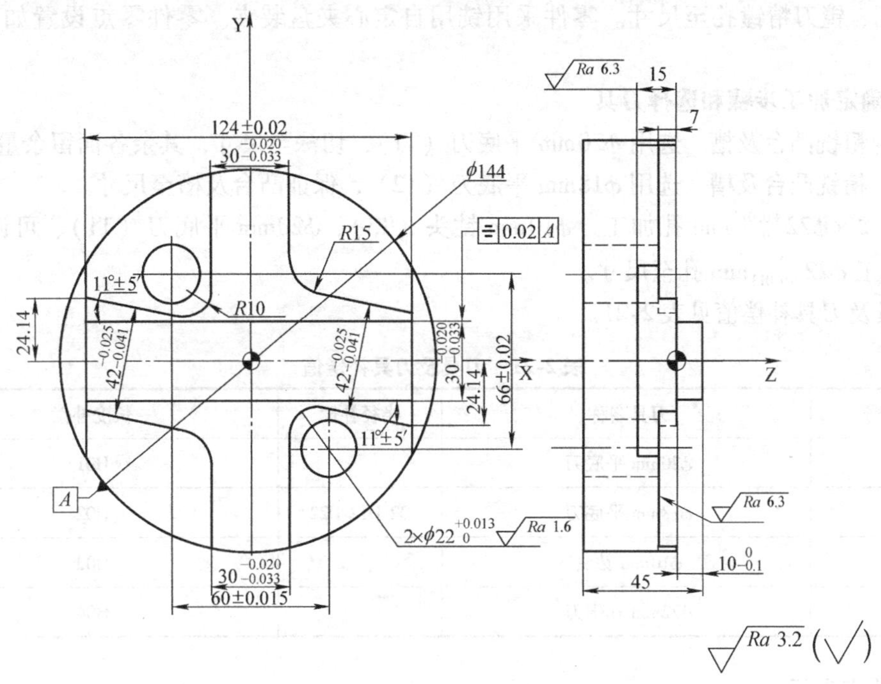

图 2-100　组合件加工 1

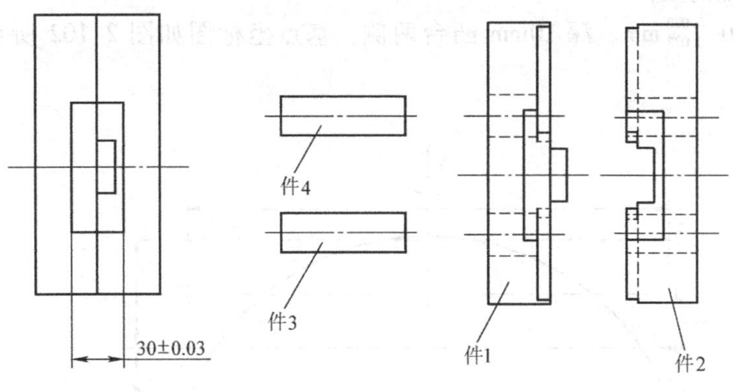

技术要求

1.未注尺寸公差按IT12。

2.件1、件2为间隙配合，配合间隙应小于0.06mm。件3、件4(销子)ϕ22$^{-0.02}_{-0.029}$mm×75mm。

3.件1、件2配合后两销可插入。

4.件1、件2相对旋转180°后、两件配合并满足技术条件1、2的要求。

5.件1、件2配合后保证尺寸(30±0.03)mm。

图 2-101　配合要求

1. 工艺分析

如图2-101所示为配合要求。零件加工时应注意配合尺寸的保证（变换刀具半径补偿保证），以保证件1、件2为间隙配合，配合间隙应小于0.06mm。同时应注意深度尺寸的控制，以保证件1、件2配合后的尺寸（30±0.03）mm。

件1毛坯为圆柱形棒料，已车削加工至尺寸。零件配合尺寸精度要求较高、表面粗糙度值要求较小。为了保证加工要求，零件可分粗、精加工。$2\times\phi22^{+0.013}_{0}$mm孔采用钻头钻孔、铣刀铣孔、镗刀精镗孔至尺寸。零件采用铣用自定心夹盘装夹。零件零点设置如图2-100所示。

2. 确定加工步骤和选择刀具

（1）粗铣凸台及槽　选用ϕ20mm平底刀（T1），切深至尺寸，其余各面留余量。

（2）精铣凸台及槽　选用ϕ18mm平底刀（T2），保证凸台及槽至尺寸。

（3）$2\times\phi22^{+0.013}_{0}$mm孔加工　ϕ10mm钻头（T3）、ϕ20mm平底刀（T1）、可调节镗头（T4）加工$\phi22^{0}_{-0.013}$mm孔至尺寸。

刀具及刀具补偿值见表2-21。

表2-21　刀具及刀具补偿值

刀具号	刀具名称	半径补偿	长度补偿
T1	ϕ20mm平底刀		H01
T2	ϕ18mm平底刀	D2 D12 D22	H02
T3	ϕ10mm钻头		H03
T4	ϕ22mm孔镗刀		H04

3. 基点坐标

（1）粗铣基点的坐标

1）粗铣宽$30^{-0.020}_{-0.033}$mm、深10mm凸台两侧，基点坐标图如图2-102所示，基点坐标见表2-22。

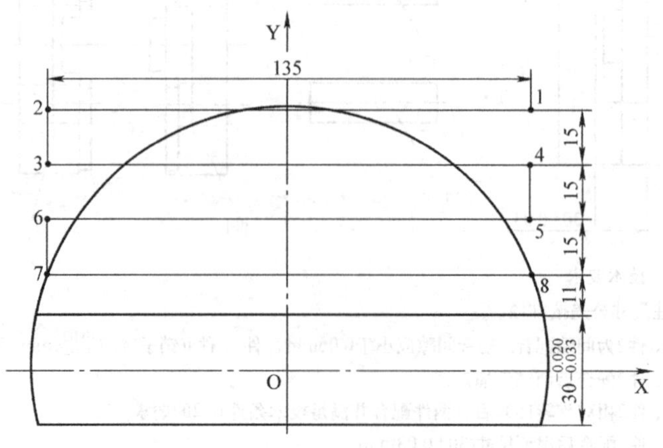

图2-102　粗铣$30^{-0.020}_{-0.033}$mm两侧基点坐标图

表 2-22　粗铣基点坐标

基　点	X	Y
1	67.142	71.0
2	-67.142	71.0
3	-67.142	56.0
4	67.142	56.0
5	67.142	41.0
6	-67.142	41.0
7	-67.142	26.0
8	67.142	26.0

2）粗铣宽（124±0.02）mm、深 15mm 凸台两侧，基点坐标图如图 2-103 所示，基点坐标见表 2-23。

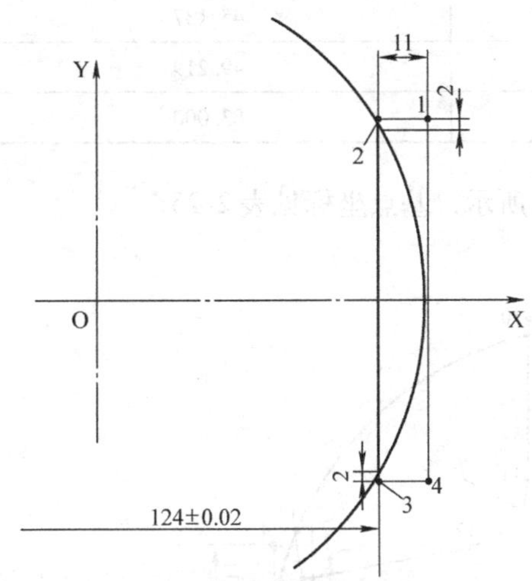

图 2-103　粗铣（124±0.02）mm 凸台两侧基点坐标

表 2-23　粗铣基点坐标

基　点	X	Y
1	73.0	38.606
2	62.0	38.606
3	62.0	-38.606
4	73.0	-38.606

说明：粗铣时刀具轨迹点为 1-4 点，精铣时刀具轨迹点为 1-2-3-4 点。

3）粗铣深 7mm 的 4 处型槽，基点坐标图如图 2-104 所示，基点坐标见表 2-24。

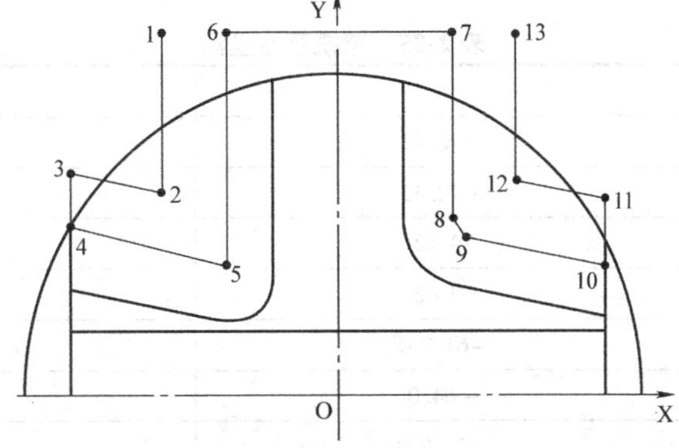

图 2-104　粗铣深 7mm 的 4 处型槽基点坐标

表 2-24 粗铣基点坐标

基 点	X	Y
1	-41.000	83.000
2	-41.000	46.541
3	-62.000	50.623
4	-62.000	35.342
5	-26.000	28.344
6	-26.000	83.000
7	26.000	83.000
8	26.000	40.151
9	29.237	36.225
10	62.000	29.856
11	62.000	45.137
12	41.000	49.219
13	41.000	83.000

（2）精铣基点的坐标　基点坐标图如图 2-105 所示，基点坐标见表 2-25。

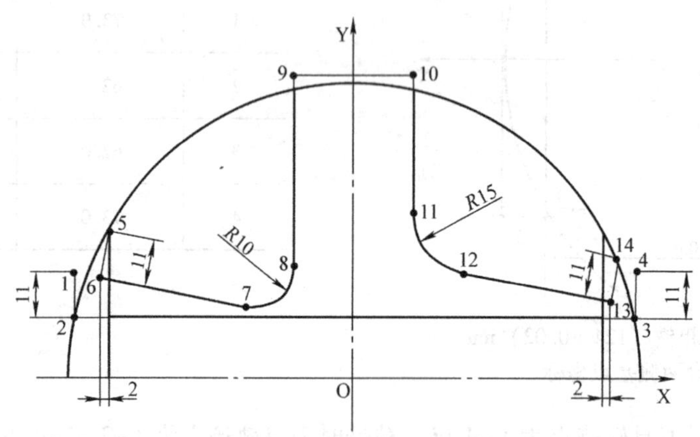

图 2-105　精铣基点坐标图

表 2-25　精铣基点坐标

基 点	X	Y
1	-70.42	26.0
2	-70.42	15.0
3	70.42	15.0
4	70.42	26.0
5	-61.901	35.323
6	-64.0	24.525
7	-26.908	17.315

（续）

基 点	X	Y
8	-15.0	27.131
9	-15.0	74.0
10	15.0	74.0
11	15.0	40.151
12	27.138	25.427
13	64.0	18.261
14	66.099	29.059

4. 加工程序

```
O1;
N1;                          粗铣凸台及槽
T1 M06;                      φ20mm 平底刀
M03 S600;
G90 G54 G00 X0 Y0;
G00 G43 Z50. H01;            调用长度补偿，补偿号 H01
Z10.;
M98 P020010;                 调用 O0010 子程序
G00 Z50.;
G69;
M05;
N2;                          精铣凸台及槽
T2 M06;                      φ18mm 平底刀
M03 S700;
G90 G54 G00 X0 Y0;
G00 G43 Z50. H02;            调用长度补偿，补偿号 H02
Z20.;
D2 M98 P020020;              精铣 30(-0.020/-0.033)mm、深 10mm 凸台
G69;                         取消坐标旋转
D12 M98 P020030;             精铣（124±0.02）mm、深 15mm 凸台
G69;
M01;
D22 M98 P020040;             精铣深 7mm 的 4 处型槽
G00 Z50.;
G69;
N3;                          孔加工
T3 M06;                      φ10mm 钻头
M03 S500;
```

```
G90 G54 G00 X0 Y0;
G00 G43 Z50. H03;            调用长度补偿，补偿号 H03
Z10.;
G98 G81 X-30. Y33. Z-40. R-15. F100;
X30. Y-33.;
G00 Z50.;
M05;
T1 M06;                      φ20mm 平底刀
M03 S600;
G90 G54 G00 X0 Y0;
G00 G43 Z50. H01;            调用长度补偿，补偿号 H01
Z10.;
G98 G81 X-30. Y33. Z-40. R-15. F80;
X30. Y-33.;
G00 Z50.;
M05;
T4 M06;                      镗 φ22mm 孔镗刀（可调节镗头）
M03 S600;
G90 G54 G00 X0 Y0;
G00 G43 Z50. H04;            调用长度补偿，补偿号 H04
Z10.;
G98 G85 X-30. Y33. Z-40. R-15. F80;
X30. Y-33.;
G00 Z50.;
M05;
M30;
```

说明：D2、D12、D22 为刀具半径补偿号，因零件相关表面尺寸公差要求不一，因此采用不同的刀具半径补偿。M01 在程序中起到计划停止的作用，以便在某部分表面加工完毕后进行测量调整。

```
O0010;                       子程序
G00 X67.142 Y71.0;           下刀点，点 1
G01 Z10.06 F200;
M98 P50100;                  粗铣宽 30 -0.020/-0.033 mm、深 10mm 凸台两侧
G00 Z15.;
G00 X73. Y38.606;
Z10.;
M98 P50110;                  粗铣宽(124±0.02)mm、深 25mm 凸台两侧
G90 Z15.;
G00 X-41. Y83.;
```

```
Z0.15;
M98 P030120;                粗铣深7mm的4处型槽
G90 G00 Z10.;
G68 X0 Y0 R180.;
M99;
O0100;                      子程序（图2-102）
G00 X67.142 Y71.;           点1
G91 G01 Z-2. F200;          每次切削深度2mm，共铣5刀
G90 X-67.142;               点2
Y56.;                       点3
X67.142;                    点4
Y41.;                       点5
X-67.142;                   点6
Y26.;                       点7
X67.142 ;                   点8
M99;
O0110;                      子程序（图2-103）
G90 G00 X73. Y38.606;
G91 G01 Z-2.5 F200;         每次切削深度2.5mm，共铣5刀
Y-77.212;
Z-2.5;                      每次切削深度2.5mm，共铣5刀
Y77.212;
M99;
O0120;                      （图2-104）
G00 X-41. Y83.;             点1
G91 G01 Z-2.4 F200;         每次切削深度2.4mm，共铣3刀
G90 X-41. Y46.541;          点2
X-62. Y50.623;              点3
Y35.342;                    点4
X-26. Y28.344;              点5
Y83.;                       点6
X26.;                       点7
Y40.151;                    点8
X29.237 Y36.225;            点9
X62. Y29.856;               点10
Y45.137;                    点11
X41. Y49.219;               点12
Y83.;                       点13
M99;
```

```
O0020;                       子程序：精铣宽30(-0.020/-0.033)mm、深10mm凸台（图2-105）
G00 X-70.42 Y26.;            点1
G01 Z0.06 F200;
G41 Y15.;                    点2
X70.42;                      点3
G40 Y26.;                    点4
G00 Z20.;
G68 X0 Y0 R180.;
M99;
O0030;                       子程序：精铣宽(124±0.02)mm、深15mm凸台(图2-103)
G00 X73. Y38.606;            点1
G01 Z-15. F200;
G41 X62.;                    点2
Y-38.606;                    点3
G40 X73.;                    点4
G00 Z20.;
G68 X0 Y0 R180.;
M99;
O0040;                       子程序：精铣深7mm的4处型槽（图2-105）
G00 X-61.901 Y35.323;        点5
G01 Z-7.05 F200;
G41 X-64. Y24.525;           点6
X-26.908 Y17.315;            点7
G03 X-15. Y27.131 R10.;      点8
G01 Y74.;                    点9
X15.;                        点10
Y40.151;                     点11
G03 X27.138 Y25.427 R15.;    点12
G01 X64. Y18.261;            点13
G40 X66.099 Y29.059;         点14
G00 Z20.;
G68 X0 Y0 R180.;
M99;
```

组合件加工2：如图2-106所示，零件材料为45钢，外圆及两端面已加工至尺寸。现编制程序完成零件凸台及槽的加工。

1. 工艺分析

件2零件毛坯为圆柱形棒料，已车削加工至尺寸。零件配合尺寸精度要求较高、表面粗糙度值要求较小。为了保证配合要求，零件可分粗、精加工，加工中注意配合尺寸的保证。$2\times\phi22_{-0.013}^{0}$mm孔采用钻头钻孔、铣刀铣孔、镗刀精镗孔至尺寸。零件采用铣用自定心夹盘

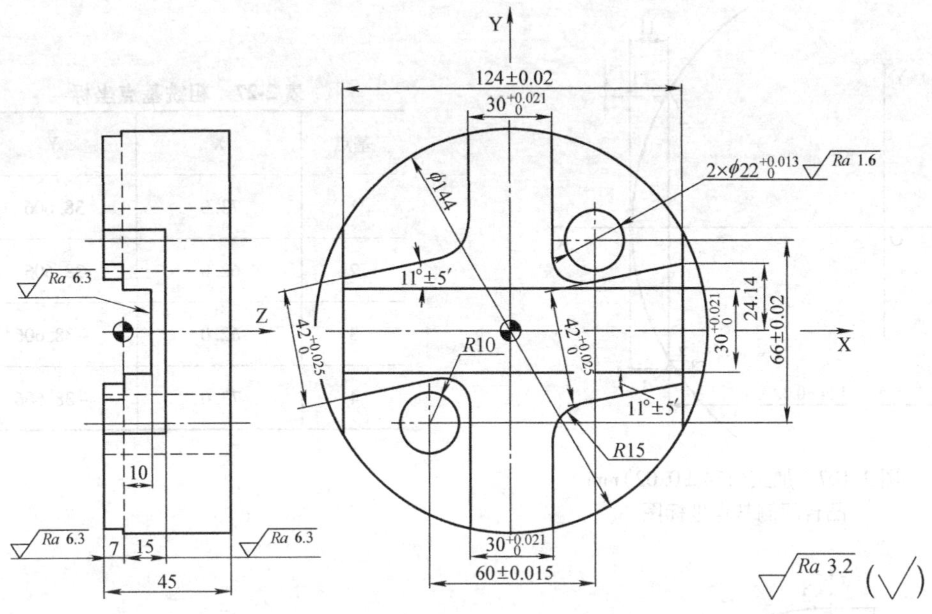

图 2-106 组合件加工 2

装夹。零件零点设置如图 2-106 所示。

2. 确定加工步骤和选择刀具（表 2-26）

（1）粗铣凸台及槽 选用 ϕ20mm 平底刀（T1），切深至尺寸，其余各面留余量。

（2）精铣凸台及槽 选用 ϕ20mm 平底刀（T2），保证凸台及槽至尺寸。

（3）$2\times\phi22^{+0.013}_{0}$mm 孔加工 ϕ10mm 钻头（T3）、ϕ20mm 平底刀（T1）、可调节镗刀（T4）加工 $\phi22^{0}_{-0.013}$mm 孔至尺寸。

表 2-26 刀具及刀具补偿值

刀具号	刀具名称	半径补偿	长度补偿
T1	ϕ20mm 平底刀		H01
T2	ϕ20mm 平底刀	D2、D12、D22	H02
T3	ϕ10mm 钻头		H03
T4	ϕ22mm 孔可调节镗刀		H04

3. 基点坐标

（1）粗加工基点的坐标

1）加工宽(124 ±0. 02)mm、深 22mm 的凸台两侧，基点坐标图如图 2-107 所示，基点坐标见表 2-27。

说明：粗铣时刀具轨迹点为 1 – 4 点，精铣时刀具轨迹点为 1 –2 –3 – 4 点。

2）粗铣深 7mm 型槽，深 10mm 直槽，基点坐标图如图 2-108 所示，基点坐标见表2-28。

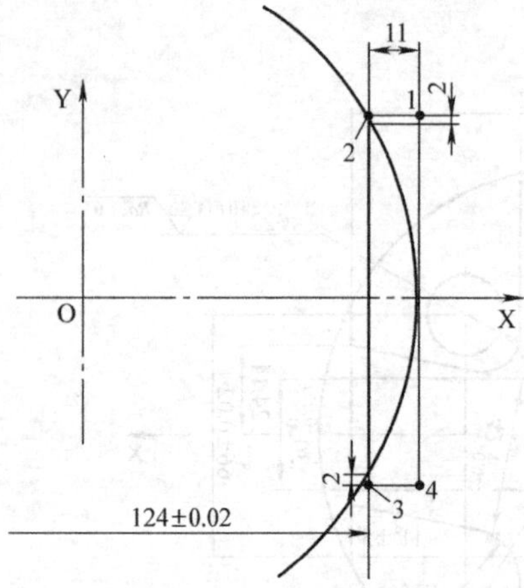

图 2-107 加工(124±0.02)mm 凸台两侧基点坐标图

表 2-27 粗铣基点坐标

基点	X	Y
1	73.0	38.606
2	62.0	38.606
3	62.0	-38.606
4	73.0	-38.606

图 2-108 粗加工型槽深 7mm，直槽深 10mm 的基点坐标图

表 2-28 粗铣基点坐标

基点	X	Y
1	72.0	4.0
2	4.0	4.0
3	4.0	72.0

（2）精铣深 7mm 型槽，深 10mm 直槽，基点坐标图如图 2-109 所示，基点坐标见表2-29。

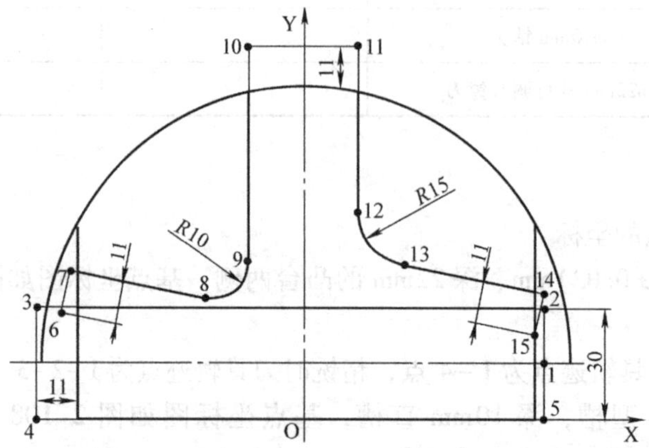

图 2-109 精铣直槽深 7mm，型槽深 10mm，基点坐标

表 2-29　精铣基点坐标

基点	X	Y
1	64.0	0
2	64.0	15.0
3	−73.0	15.0
4	−73.0	−15.0
5	64.0	−15.0
6	−66.099	13.727
7	−64.0	24.525
8	−26.908	17.315
9	−15.0	27.131
10	−15.0	83.0
11	15.0	83.0
12	15.0	40.151
13	27.138	25.427
14	64.0	18.261
15	61.901	7.463

4. 加工程序

```
O2;
N1;                          粗铣凸台及槽
T1 M06;                      φ20mm 平底刀
M03 S600;
G90 G54 G00 X0 Y0;
G00 G43 Z50. H01;            调用长度补偿，补偿号 H01
Z20.;
M98 P020100;                 调用 O0100 子程序
G69;
G90 G00 Z7.25;
M98 P050120;
G90 Z10.;
M98 P040200;                 调用 O0200 子程序
G00 Z50.;
G69;
M05;
N2;                          精铣凸台及槽
T2 M06;                      φ20mm 平底刀
M03 S700;
```

```
G90 G54 G00 X0 Y0;
G00 G43 Z50. H02;                 调用长度补偿，补偿号 H02
Z10. ;
D2 M98 P020210;                   精铣宽(124 ±0.02)mm、深 15mm 凸台
G69;                              取消坐标旋转
D12 M98 P020220;                  精铣深 7mm 型槽
G69;
M01;
D22 M98 P0230;                    精铣深 10mm 直槽
G00 Z50. ;
G69;
M05;
N3;                               孔加工
T3 M06;                           φ10mm 钻头
M03 S500;
G90 G54 G00 X0 Y0;
G00 G43 Z50. H03;                 调用长度补偿，补偿号 H03
Z20. ;
G98 G81 X-30. Y-33. Z-33. R10. F100;
X30. Y33. ;
G00 Z50. ;
M05;
T1 M06;                           φ20mm 平底刀
M03 S600;
G90 G54 G00 X0 Y0;
G00 G43 Z50. H01;                 调用长度补偿，补偿号 H01
Z10. ;
G98 G81 X-30. Y-33. Z-30. R10. F80;
X30. Y33. ;
G00 Z50. ;
M05;
T4 M06;                           镗 φ22mm，孔可调节镗刀
M03 S600;
G90 G54 G00 X0 Y0;
G00 G43 Z50. H04;                 调用长度补偿，补偿号 H04
Z10. ;
G98 G85 X-30. Y-33. Z-30. R10. F80;
X30. Y33. ;
G00 Z50. ;
```

```
M05;
M30;
O0100;                        子程序
G90 G00 X73. Y38.606;
G01 Z7. F200;
M98 P050110;
G90 G00 Z20.;
G68 X0 Y0 G91 R180.;
M99;
O0110;                        粗铣宽(124±0.02)mm、深15mm凸台（图2-107）
G90 G00 X73. Y38.606;
G91 G01 Z-2.2 F200;           每次切削深度2.2mm，共铣5刀（从7mm处开始）
Y-77.212;
Z-2.2;                        每次切削深度2.2mm，共铣5刀
Y77.212;
M99;
O0120;                        子程序：铣削深度为17mm直槽
G90 G00 X72. Y4.;
G91 G01 Z-3.4 F200;           每次切削深度3.4mm，共铣5刀
G90 X-72.;
Y-4.;
X72.;
Y4.;
M99;
O0200;                        子程序：去型槽余量（图2-108）
G90 G00 X72. Y4.;
Z3.5 F200;
X4.;
Y72.;
Z0;
Y4.;
X72.
G00 Z20.;
G68 X0 Y0 G91 R90.;
M99;
O0210;                        子程序：精铣宽(124±0.02)mm、深15mm凸台（图2-107）
G00 X73. Y38.606;             点1
G01 Z-15. F200;
G41 X62.;                     点2
```

```
Y-38.606;                     点 3
G40 X73.;                     点 4
G00 Z10.;
G68 X0 Y0 R180.;
M99;
O0220;                        子程序：精铣深7mm型槽（图2-109）
G51.1 X0;
G00 X-66.099 Y13.727;         点 6
G01 Z0 F200;
G42 X-64. Y24.525;            点 7
X-26.908 Y17.315;             点 8
G03 X-15. Y27.131 R10.;       点 9
G01 X-15. Y83.;               点 10
X15. Y83.;                    点 11
X15. Y40.151;                 点 12
G03 X27.138 Y25.427 R15.;     点 13
G01 X64. Y18.261;             点 14
G40 X61.901 Y7.463;           点 15
G00 Z20.;
G50.1;
G68 X0 Y0 R180.;
M99;
O0230;                        子程序：加工宽30mm、深10mm直槽（图2-109）
G00 X64. Y0;                  点 1
G01 Z-10.05 F200;
G41 Y15.;                     点 2
X-73.;                        点 3
Y-15.;                        点 4
X64.;                         点 5
G40 Y0;                       点 1
G00 Z20.;
M99;
```

第十节 FANUC系统加工中心的操作

一、控制面板

控制面板由CRT面板、MDI键盘、机床操作面板组成。FANUC 0i铣床、车床、加工中心标准控制面板如图2-110所示。

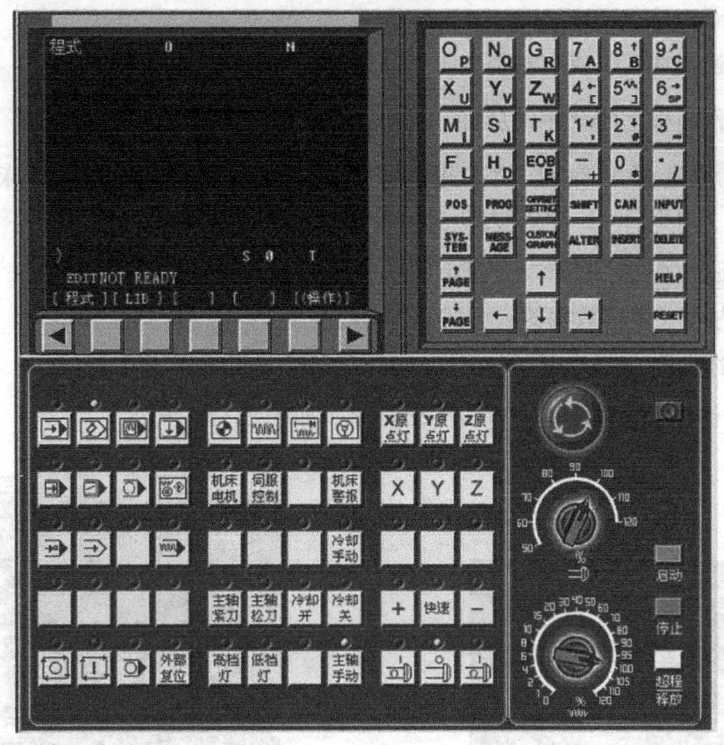

图 2-110　标准控制面板

二、手动操作方式

1. 机床回零

1）检查操作面板上回原点指示灯是否亮，若指示灯亮，则表明机床已进入回原点模式；若指示灯不亮，则单击按钮，转入回零模式。

2）在回原点模式下，先将 Z 轴回原点，单击操作面板上的 Z 按钮，单击 +，此时 Z 轴将回原点，Z 轴回原点灯 Z原点灯 变亮，CRT 上的 Z 坐标变为“0.000”。用同样方法，分别使 X 轴、Y 轴回原点，即 X 轴、Y 轴回原点灯 X原点灯 Y原点灯 变亮 。此时 CRT 上的坐标发生变化，显示出机床零点坐标值，如图 2-111所示。

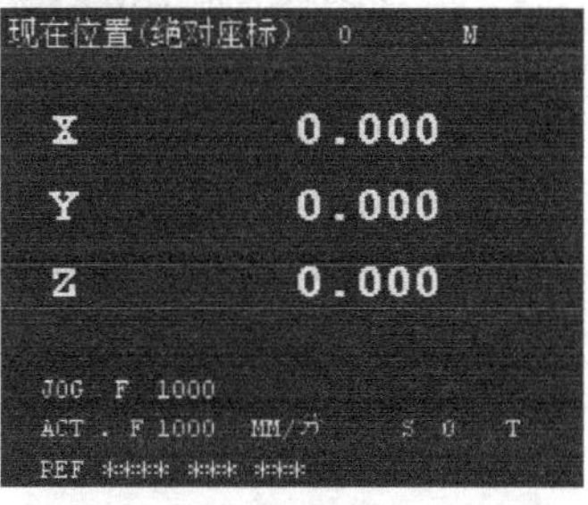

图 2-111　回零显示

2. 手动/连续方式

1）单击操作面板上的“手动”按钮，使其指示灯亮，机床进入手动模式。分别单击 X 、 Y 、 Z 键选择要移动的坐标轴，再单击 + 、 − 键，控制机床的移动方向。

2）单击可控制主轴的转动和停止。

3. 手动脉冲方式

1）在手动连续加工时或在对基准时，需精确调节机床，可单步调节。

2）单击操作面板上的“手动脉冲”按钮或，使指示灯变亮。

3）配合“轴选择”旋钮XYZ和步进量调节旋钮，单步调节机床。其中X1为0.001mm，X10为0.01mm，X100为0.1mm，如图2-112所示。

4）单击可控制主轴的转动和停止。

三、MDI方式（手动数据输入方式）

1）单击操作面板上的按钮，使其指示灯变亮，进入MDI模式。

2）在MDI键盘上按PROG键，进入编辑页面，如图2-113所示。

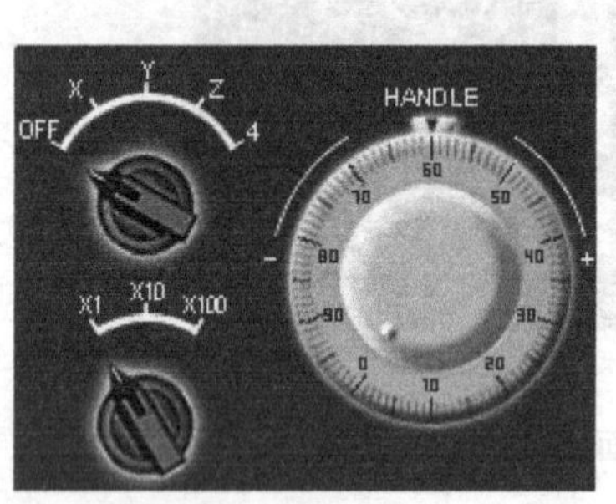

图2-112　手动脉冲方式

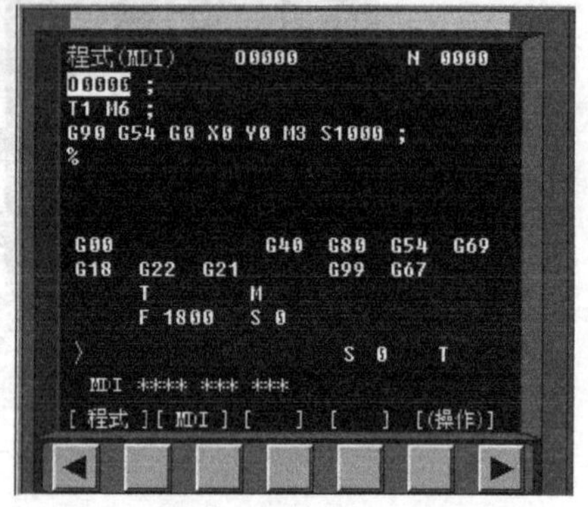

图2-113　MDI编辑界面

3）输入数据指令：在输入键盘上单击数字/字母键，第一次单击为字母输出，其后单击均为数字输出。可以作取消、插入、删除等修改操作（具体操作方法参见程序编辑）。

4）按数字/字母键输入字母“O”，再输入程序编号，但不可与已有程序的编号重复。

5）输入程序后，用回车换行键EOB E结束一行的输入后换行。

6）移动光标：按PAGE PAGE上下方向键翻页。按方位键 ↑ ↓ ← → 移动光标。

7）按CAN键，删除输入域中的数据；按DELETE键，删除光标所在的代码。

8）按键盘上INSERT键，输入所编写的数据指令。

9）输入完整数据指令后，按运行控制按钮运行程序。运行结束后指令输入界面上的数据被清空，如图2-114所示。

10）用RESET清除输入的数据。

四、编辑方式

1. 数控程序管理

（1）显示数控程序目录　单击操作面板上的编辑，编辑状态指示灯变亮，此时已进入编辑状态。单击 MDI 键盘上的PROG，转入编辑页面。按软键“LIB”显示已有数控程序，如图 2-115 所示。

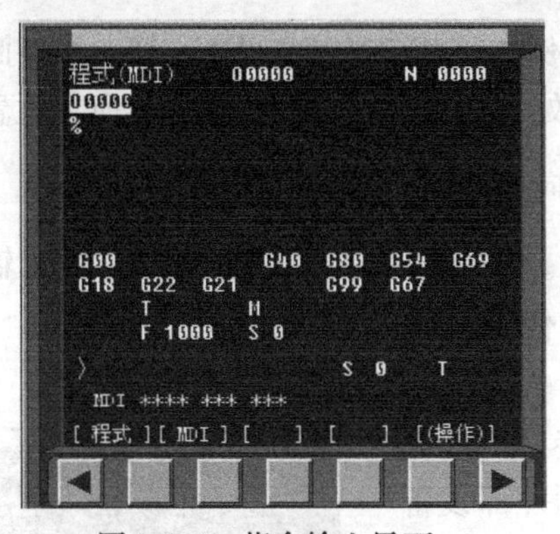

图 2-114　指令输入界面

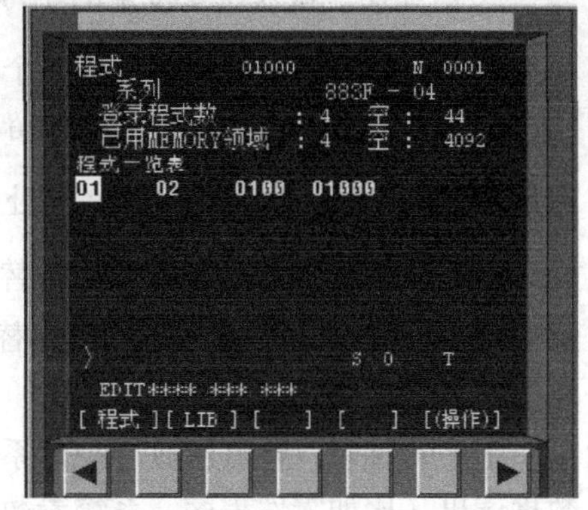

图 2-115　显示数控程序目录

（2）选择一个数控程序　单击 MDI 键盘上的PROG，CRT 界面转入编辑页面。利用 MDI 键盘输入“Ox”（x 为数控程序目录中显示的程序号），按↓键开始搜索，搜索到后“OXXXX”显示在屏幕首行程序号位置，数控程序显示在屏幕上。

（3）删除一个数控程序　在编辑状态下利用 MDI 键盘输入“Ox”（x 为要删除的数控程序在目录中显示的程序号），按DELETE键程序即被删除。

（4）新建一个数控程序　在编辑状态下单击 MDI 键盘上的PROG，转入编辑页面。利用 MDI 键盘输入“Ox”（x 为程序号，但不可以与已有程序号的重复）按INSERT键，上显示一个空程序，可以通过 MDI 键盘开始程序输入。输入一段代码后，按INSERT键输入域中的内容显示在界面上，用回车换行键EOB E结束一行的输入后换行。

（5）删除全部数控程序　在编辑状态下单击 MDI 键盘上的PROG，转入编辑页面。利用 MDI 键盘输入“O-9999”，按DELETE键，全部数控程序即被删除。

2. 编辑程序

（1）选择程序　单击操作面板上的编辑按钮，编辑状态指示灯变亮，此时已进入编辑状态。单击 MDI 键盘上的PROG，转入编辑页面。选定了一个数控程序后，此程序显示在 CRT 界面上，可对数控程序进行编辑操作。

（2）移动光标　按↑PAGE ↓PAGE上下方向键翻页。按方位键↑ ↓ ← →移动光标。

（3）插入字符　先将光标移到所需位置，单击 MDI 键盘上的数字/字母键，将代码输入到输入域中，按INSERT键，把输入域的内容插入到光标所在代码后面。

（4）删除输入域中的数据　按CAN键可删除输入域中的数据。

（5）删除字符 先将光标移到所需删除字符的位置，按DELETE键，删除光标所在的代码。

（6）查找 输入需要搜索的字母或代码，按↓开始在当前数控程序中光标所在位置后搜索。代码可以是一个字母或一个完整的代码。例如："N0010"，"M"等。如果此数控程序中有要搜索的代码，则光标停留在找到的代码处；如果此数控程序中光标所在位置后没有所搜索的代码，则光标停留在原处。亦可按↑向后搜索。

（7）替换 先将光标移到所需替换字符的位置，将替换成的字符通过MDI键盘输入到输入域中，按ALTER键把输入域的内容替代光标所在的代码。

3. 导入、导出数控程序

程序的导入、导出是通过控制系统的RS232接口把机床数据读出（比如零件程序、系统参数等）并保存到外部设备中的；同样，也可以从外部设备把数据导入系统中。数控程序也可直接用MDI键盘输入。

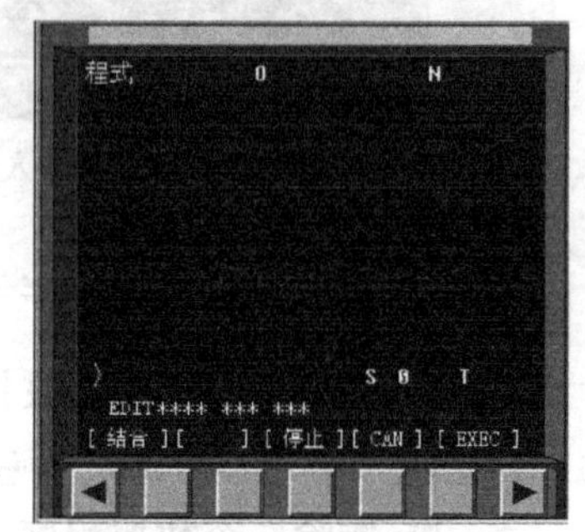

图2-116 导入数控程序

（1）导入数控程序（FANUC 0i系统） 单击操作面板上的编辑按钮，编辑状态指示灯变亮（钥匙应处于开启状态，即程序可编辑状态）。单击MDI键盘上的PROG，转入编辑页面。再按软键"操作"，在出现的下级子菜单中按软键▶，按软键"READ"，转入如图2-116所示界面。按软键"EXEC"，则数控程序被导入并显示在CRT界面上。注意：导入的数控程序名不能是内存中已有的程序名。

（2）导出数控程序 单击操作面板上的编辑按钮，编辑状态指示灯变亮，进入程序可编辑状态。单击MDI键盘上的PROG，再按软键"操作"，在出现的下级子菜单中按软键▶。输入需导出程序的程序名按软键"PUNCH"，按软键"EXEC"导出数控程序。

（3）DNC边传边做（在线加工） 将钥匙处于关闭状态，即程序不可编辑状态。单击远程执行键，按循环启动键，数控系统执行外部程序完成加工。

五、自动加工

1. 自动/连续方式

1）先将机床回零。

2）选择数控程序或自行编写一程序。

3）单击操作面板上的"自动运行"按钮，使其指示灯变亮，进入自动加工模式。

4）按中的按钮，数控程序开始运行。

5）数控程序在运行过程中可根据需要暂停、停止、急停和重新运行。

① 数控程序在运行时，按暂停键，程序暂停运行，再次单击按钮，程序从暂停行开始继续运行。

② 数控程序在运行时，按停止键，程序停止运行，再次单击按钮，程序从开头重新运行。

③ 数控程序在运行时，按下急停按钮，数控程序中断运行，继续运行时，先将急停按钮松开，再按按钮，余下的数控程序从中断行开始作为一个独立的程序执行。

6）可以通过主轴倍率旋钮和进给倍率旋钮来调节主轴旋转的速度和移动的速度。

7）若此时将控制面板上按钮（空运行）按下，则表示此时是以 G00 速度进给的。此模式可用来检查程序，按RESET键可将程序重置。

2. 自动/单段方式

1）先将机床回零。

2）选择数控程序或自行编写一程序。

3）单击操作面板上的“自动运行”按钮，使其指示灯变亮，进入自动加工模式。

4）单击操作面板上的“单节”按钮，运行程序时每次执行一条指令。

5）按按钮，数控程序开始运行。自动/单段方式执行每一行程序均需单击一次按钮。

3. 单节跳过

单击“单节跳过”按钮，则程序运行时跳过符号“/”有效，该行成为注释行，不执行。

4. 选择性停止

单击“选择性停止”按钮，则程序中 M01 有效。

5. 检查运行轨迹

单击操作面板上的自动运行按钮，使其指示灯变亮，转入自动加工模式，单击 MDI 键盘上的PROG按钮，单击数字/字母键，输入“Ox”（x 为所需要检查运行轨迹的数控程序号），按 ↓ 开始搜索，找到后，程序显示在 CRT 界面上。单击CUSTOM GRAPH按钮，进入检查运行轨迹模式，单击操作面板上的循环启动按钮，即可观察数控程序的运行轨迹。

六、零点偏置数据的获得与输入

1. 对刀工具

常用的对刀工具有寻边器、Z 向设定器、机外对刀仪以及刀具预调仪。

（1）寻边器　寻边器有偏心式寻边器和光电式寻边器两种。

1）偏心式寻边器：偏心式寻边器由两段圆柱销组成，内部靠弹簧联接，如图 2-117 所示。使用时，其一端与主轴同心装夹，并以较低的转速（大约 600r/min）旋转。由于离心力的作用，另一端的销子首先做偏心运动。在销子接触工件的过程中，会出现短时间的同心运动，这时记下系统显示器显示数据（机床坐标），结合考虑接触处销子的实际半径，即可确定工件接触面的位置。

2）光电式寻边器：光电式寻边器如图2-118所示。光电式寻边器一般由柄部和测头组成，光电式寻边器需要内置电池，当其找正球接触工件时，发光二极管亮，其重复找正精度在2μm以内。

图2-117 偏心式寻边器

图2-118 光电式寻边器

（2）Z轴设定器 Z轴设定器用以确定主轴方向的坐标数据，其形式多样，如机械式对刀器、电子式对刀器，如图2-119所示。对刀时将刀具的端刃与工件表面或Z轴设定器的测头接触，利用机床坐标的显示来确定对刀值。当使用Z轴设定器对刀时，要将Z轴设定器的高度考虑进去。如图2-120所示为Z轴设定器与刀具和工件的关系。

图2-119 Z轴设定器

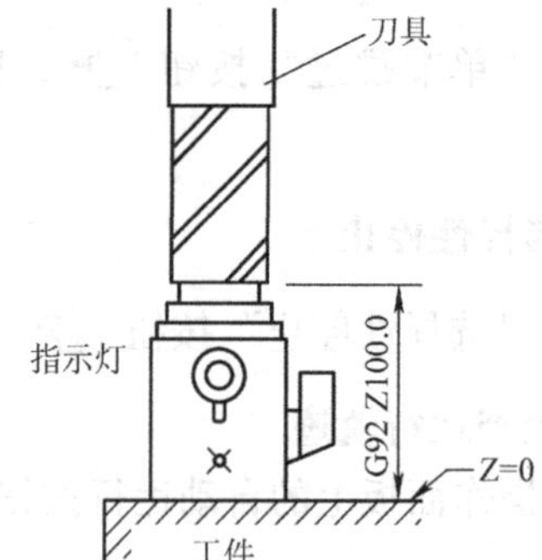

图2-120 Z轴设定器与刀具和工件的关系

2. 数据获得

零件找正装夹后，必须精确测量工件编程零点在机床坐标系中的坐标值，输入偏置寄存器中。

（1）X、Y坐标值的测量

1）测量图2-121所示工件编程零点值。工件编程零点X，Y值为

X=X(机床坐标)+d/2　　　Y=Y(机床坐标)+d/2

d为找正棒直径

2）测量图2-122所示工件编程零点值。工件编程零点X，Y值为

X =（X1 + X2）/2　　　Y =（Y1 + Y2）/2

3）测量图 2-123 所示工件编程零点值。工件编程零点 X，Y 值为

X =（X1 + X2）/2　　　Y =（Y1 + Y2）/2

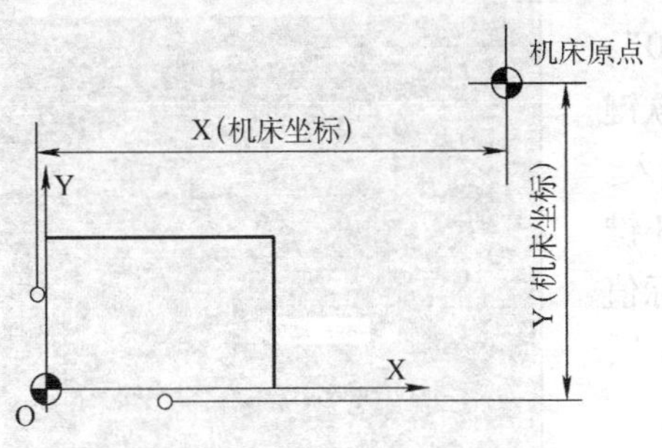

图 2-121　X、Y 坐标值的测量

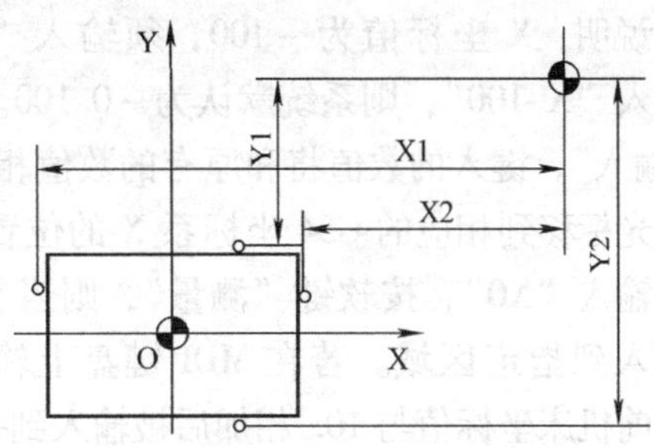

图 2-122　X、Y 坐标值的测量

说明：也可用杠杆指式表找正工件中心与主轴中心同轴，直接获得工件编程零点 X，Y 值。

（2）Z 坐标值的测量　如图 2-124 所示，测量工件编程零点 Z 坐标值。在工件上放一块 100mm 量块，此量块只用来以后找正 Z 值用（或使用 Z 轴设定器），使切削刃与量块微微接触，记录机床 Z 方向坐标值，则工件编程原点坐标值 Z_0 为：

$Z_0 = Z - 100$　　　　（一把刀具不用长度补偿时）

$Z_0 = Z - 100 - Z$ 刀长　　（多把刀具使用长度补偿时）

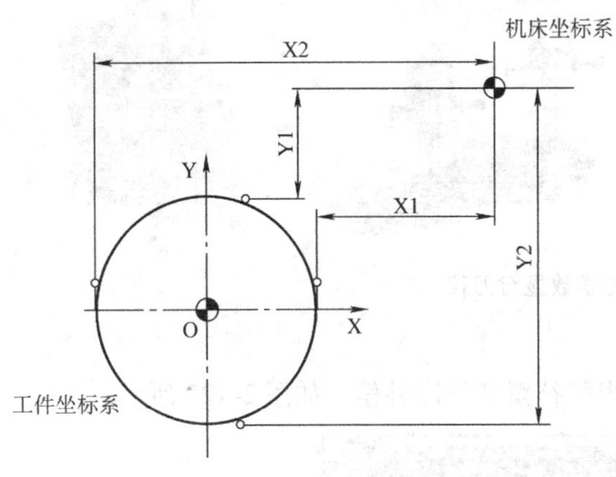

图 2-123　X、Y 坐标值的测量

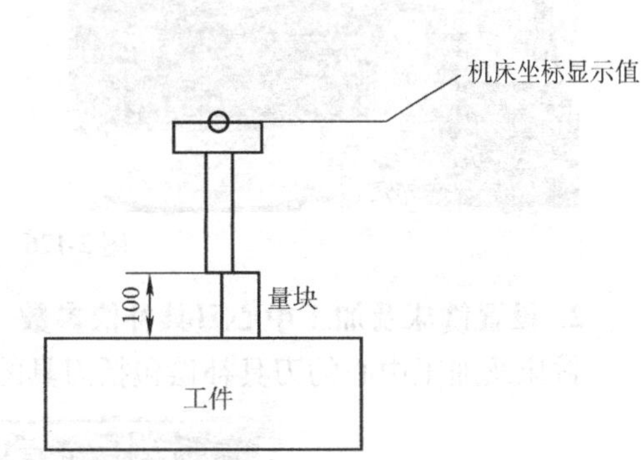

图 2-124　Z 坐标值的测量

3. 输入零件零点偏置参数（G54 ~ G59）**值**

在 MDI 键盘上单击OFFSET SETTING键，按软键“坐标系”进入坐标系参数设定界面，输入“0x”（01 表示 G54，02 表示 G55，以此类推），按软键“NO 检索”，光标停留在选定的坐标系参数设定区域，也可以用方位键 ↑ ↓ ← → 选择所需的坐标系和坐标轴。

利用 MDI 键盘输入通过对刀得到的工件坐标原点在机床坐标系中的坐标值。设通过对刀得到的工件坐标原点在机床坐标系中的坐标值（如 -500，-415，-404），则首先将光标移到 G54 坐标系 X 的位置，在 MDI 键盘上输入“-500.”，按软键“输入”或按INPUT，将

参数输入到指定区域。按CAN键逐字删除输入域中的字符。单击↓将光标移到Y的位置，输入“-415.00”，按软键“输入”或按INPUT将参数输入到指定区域。同样的，可以输入Z值，如图2-125所示。

说明：X坐标值为-100，须输入“X-100.00”；若输入“X-100”，则系统默认为-0.100。如果按软键“+输入”，键入的数值将和原有的数值相加以后输入。如果光标移到相应的G54坐标系X的位置，在MDI键盘上输入“X0”，按软键“测量”，则当前机床坐标值被输入到指定区域。若在MDI键盘上输入“X10.”，则当前机床坐标值与10.相加后被输入到指定区域。

图2-125　坐标系参数设定界面

七、刀具补偿参数的获得与输入

1. 对刀仪

如图2-126所示为光学数显对刀仪，使用对刀仪可测量刀具的半径和长度，并进行记录，然后将刀具的测量数据输入到机床的刀具补偿表中，供加工中进行刀具补偿时调用。

图2-126　光学数显对刀仪

2. 设置铣床及加工中心刀具补偿参数

铣床及加工中心的刀具补偿包括刀具的半径补偿和长度补偿，如图2-127所示。

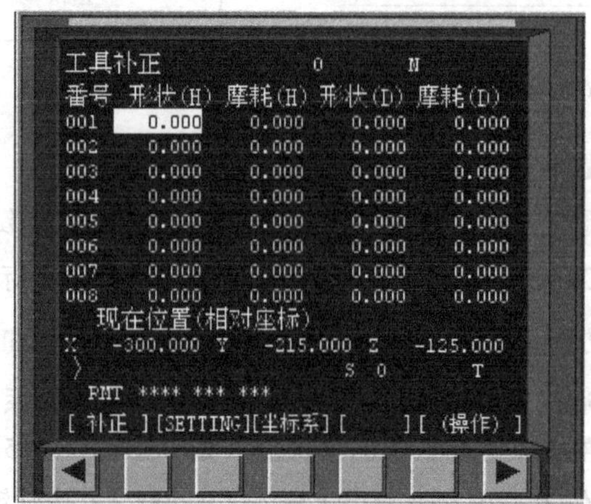

图2-127　FANUC 0i（铣床）刀具补正页面

1）按 OFSET SET 键进入参数设定页面，按“[补正]”。

2）用 PAGE↓ 和 ↑PAGE 键选择长度补偿和半径补偿。

3）用 CURSOR：↑ ↓ ← → 键选择补偿参数编号。

4）输入补偿值到长度补偿 H 或半径补偿 D。

5）按 INPUT 键，把输入的补偿值输入到所指定的位置。

复习思考题

1. 完成图 2-128 所示零件凸台的加工程序编制。
2. 完成图 2-129 所示零件槽的加工程序编制。

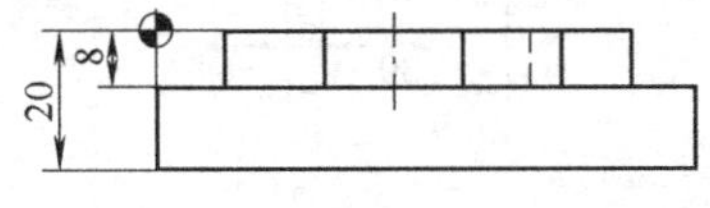

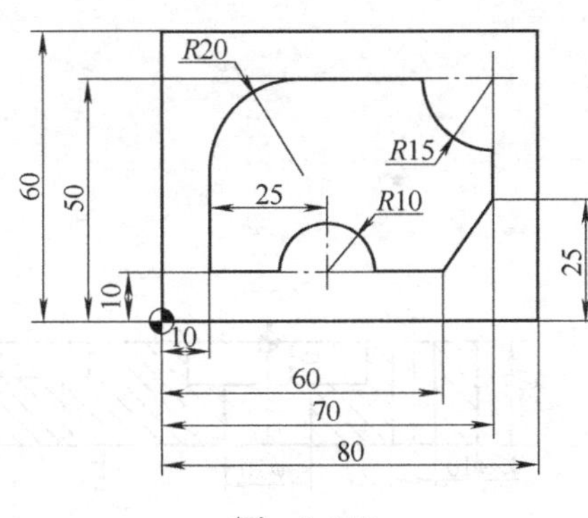

图　2-128

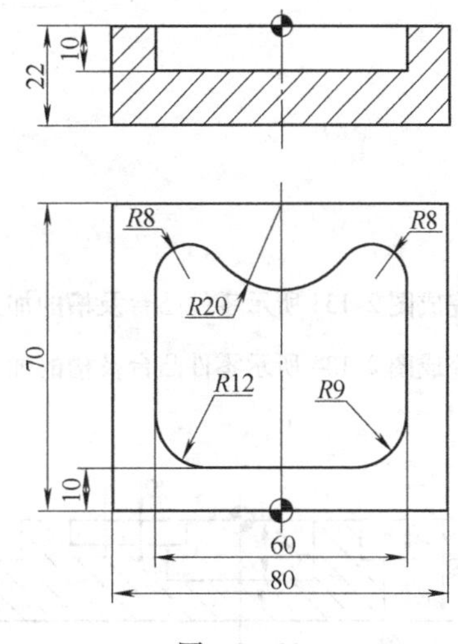

图　2-129

3. 完成图 2-130 所示零件凸台及孔的加工程序编制。
4. 完成图 2-131 所示零件凸台的加工程序编制。

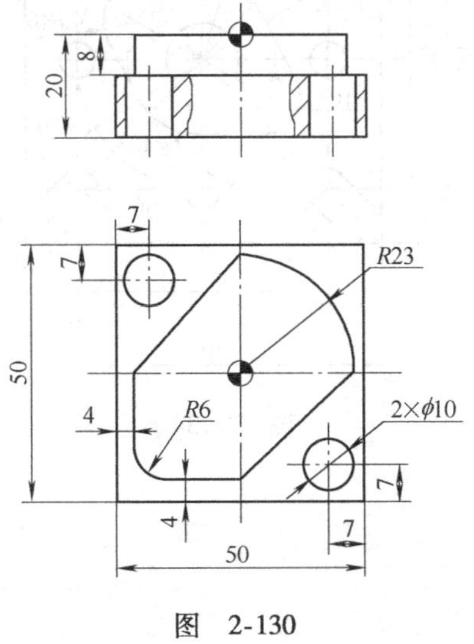

图　2-130

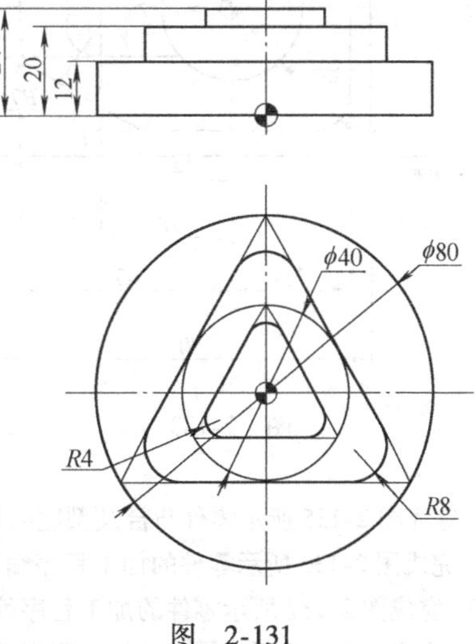

图　2-131

5. 完成图 2-132 所示零件凸台及槽的加工程序编制。

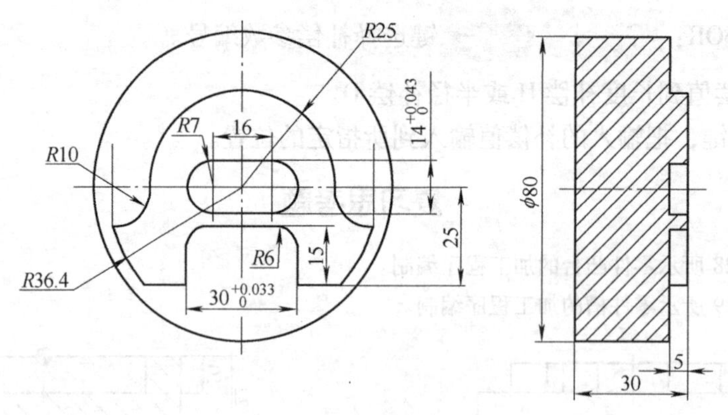

图 2-132

6. 完成图 2-133 所示零件凸台及槽的加工程序编制。

7. 完成图 2-134 所示零件凸台及槽的加工程序编制。

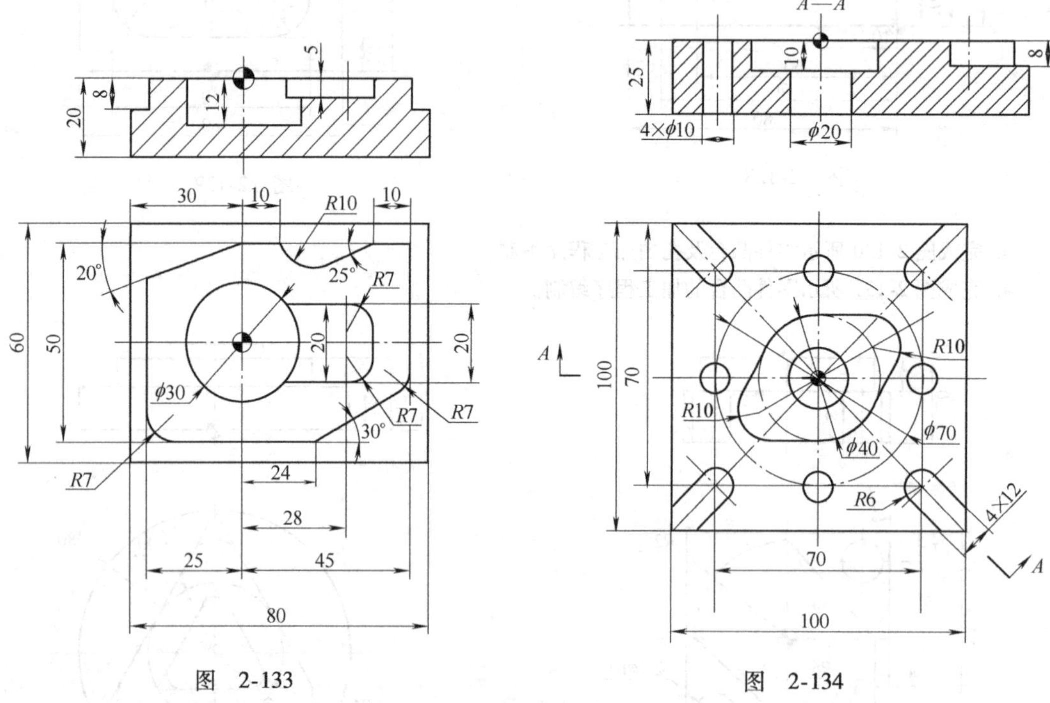

图 2-133

图 2-134

8. 完成图 2-135 所示零件凸台及型腔的加工程序编制。

9. 完成图 2-136 所示零件的加工程序编制。

10. 完成图 2-137 所示零件的加工程序编制。

11. 完成图 2-138 所示零件的加工程序编制。

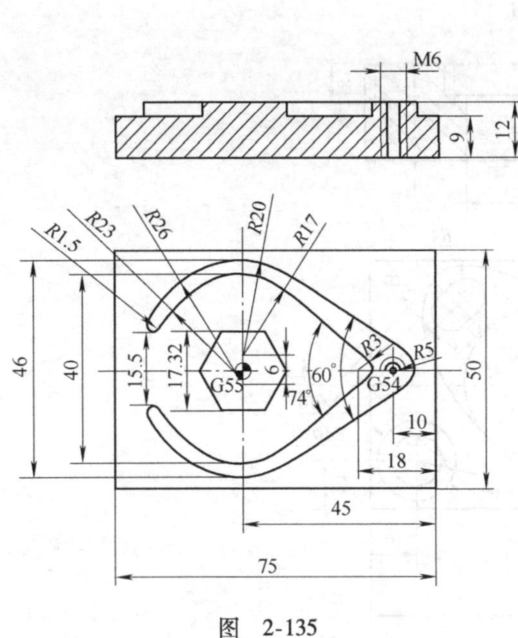

图　2-135

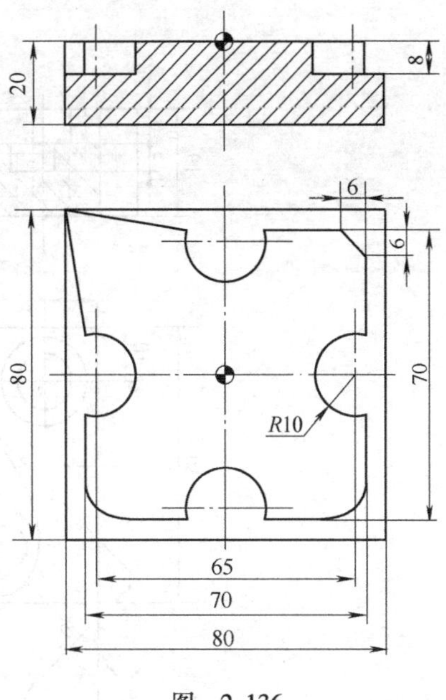

图　2-136

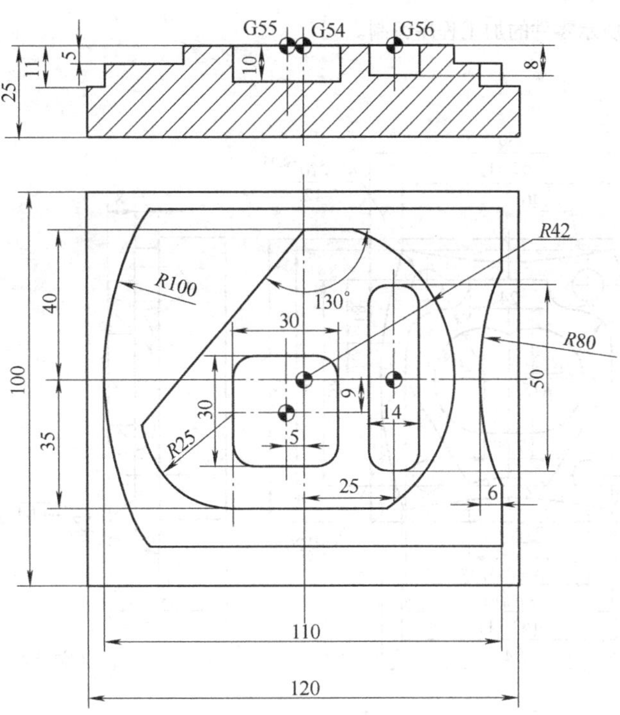

图　2-137

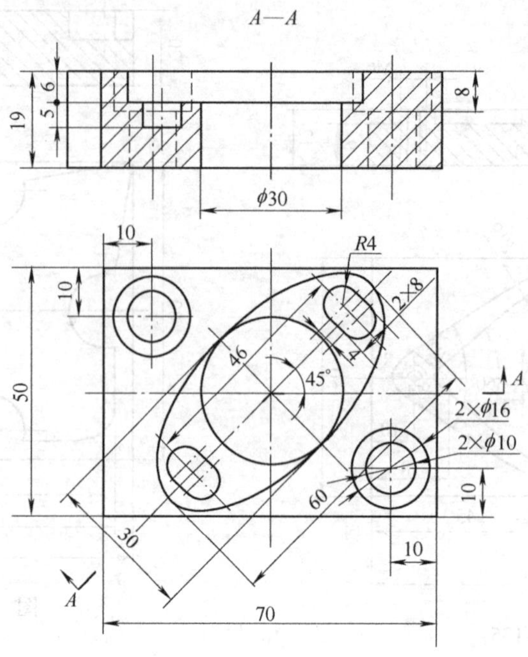

图 2-138

12. 完成图 2-139 所示零件的加工程序编制。

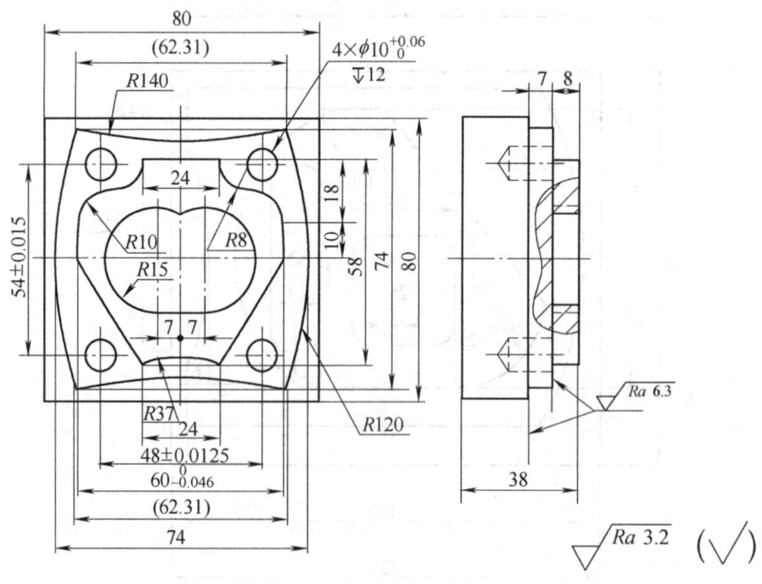

图 2-139

13. 完成图 2-140 所示零件的加工程序编制。

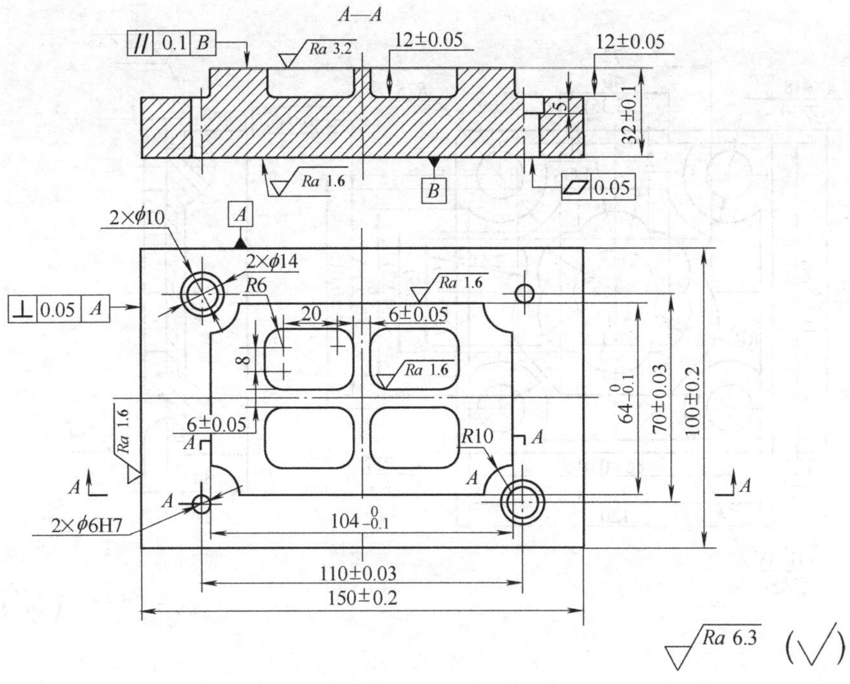

图　2-140

14. 完成图 2-141 所示零件的加工程序编制。

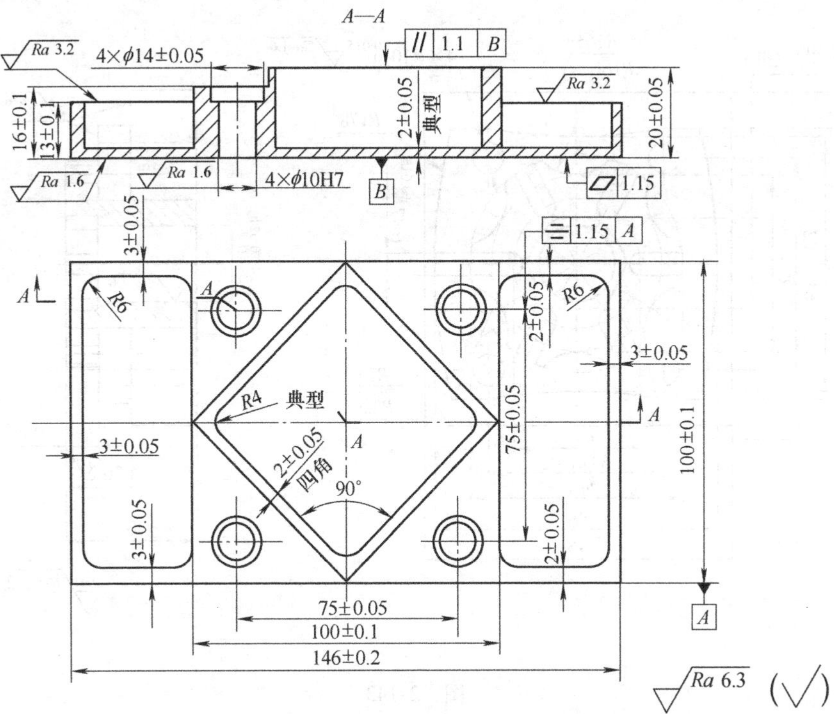

图　2-141

15. 完成图 2-142 所示零件的加工程序编制。

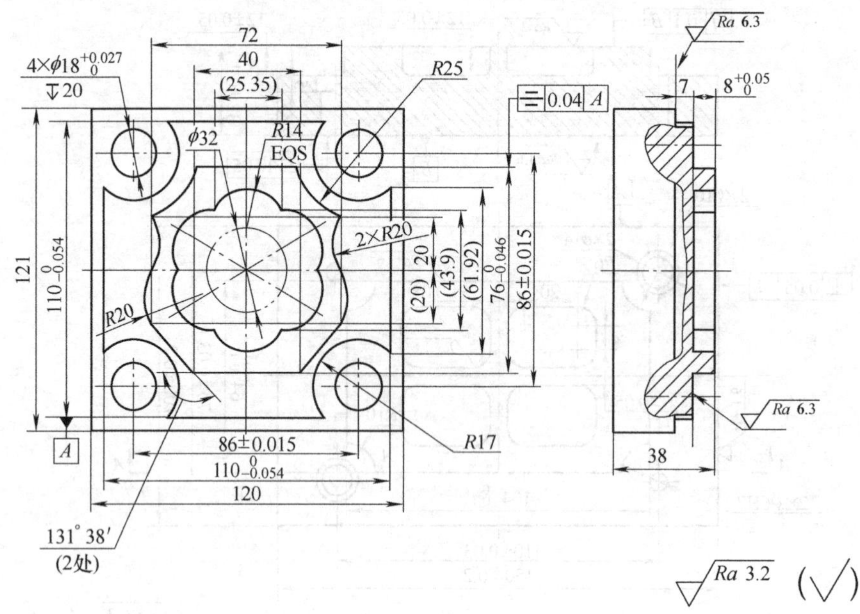

图 2-142

16. 完成图 2-143 所示零件的加工程序编制。

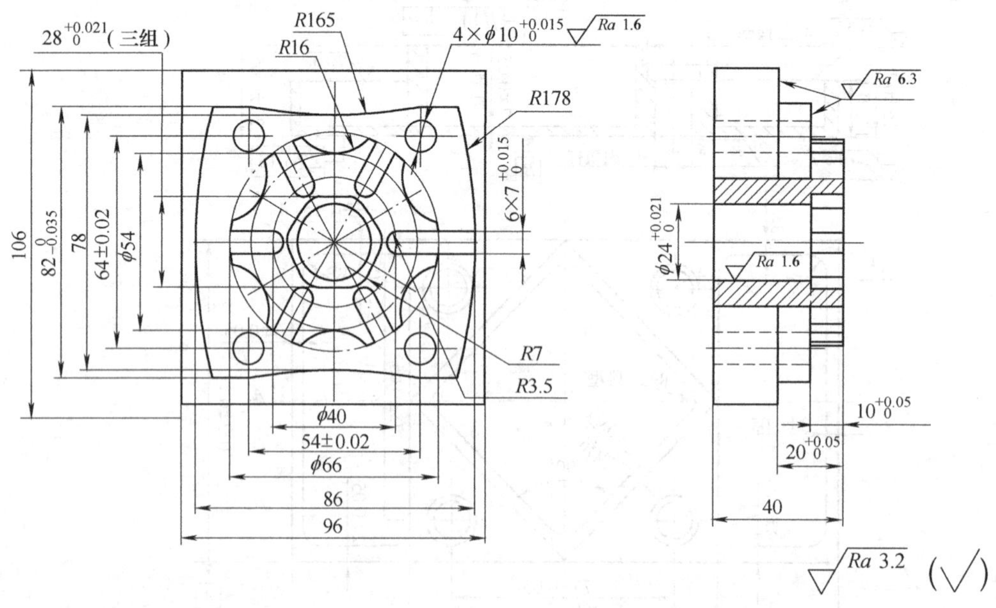

图 2-143

17. 完成图 2-144 所示零件的加工程序编制。

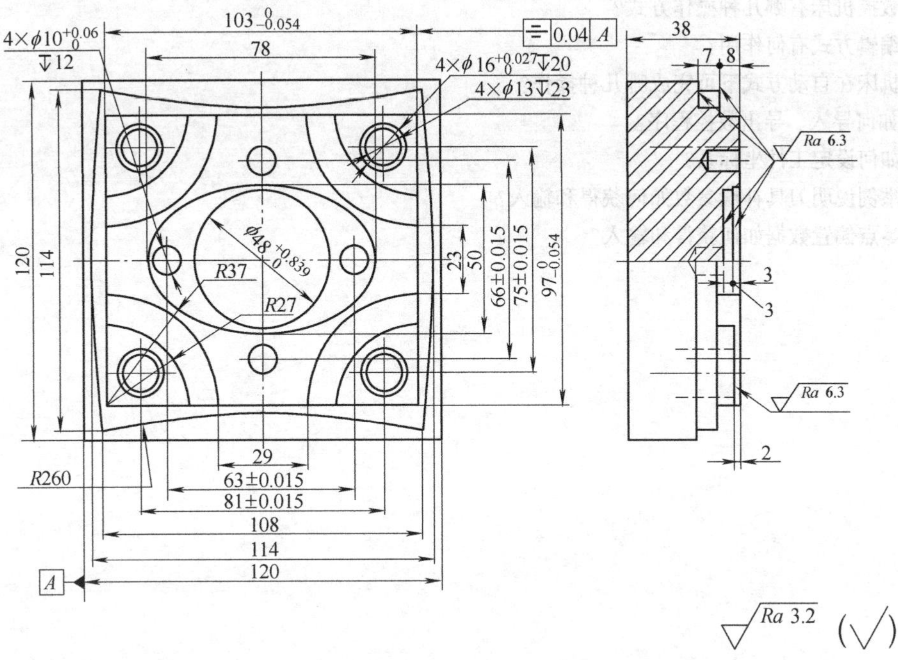

图　2-144

18. 完成图 2-145 所示零件的加工程序编制。

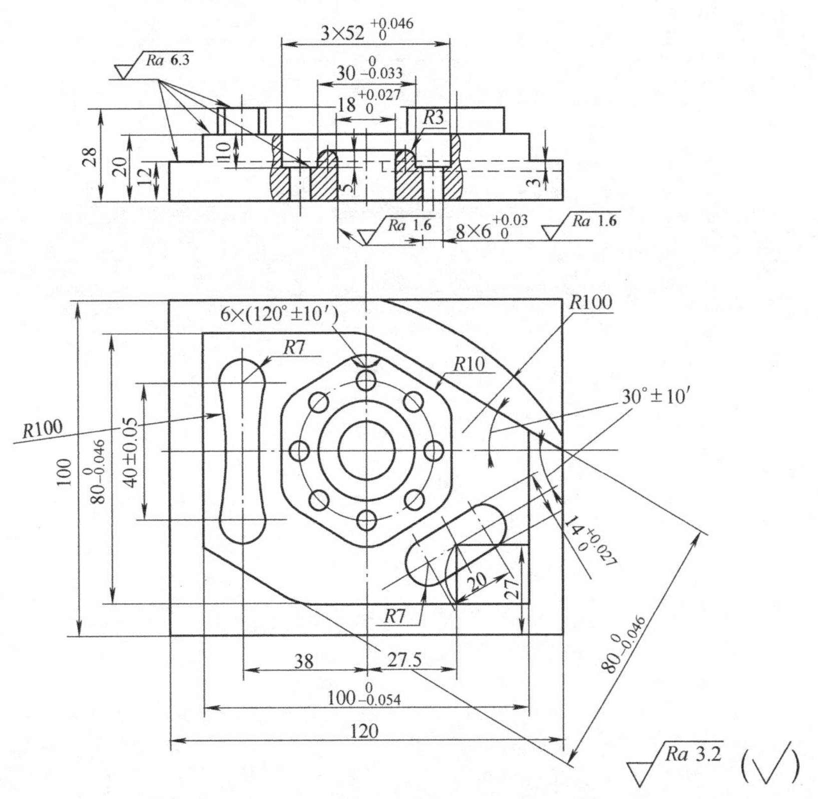

图　2-145

19. 数控机床有哪几种操作方式?
20. 编辑方式有何作用?
21. 机床在自动方式下可完成哪几种操作?
21. 如何导入、导出数控程序?
22. 如何设定工件坐标系?
23. 举例说明刀具补偿参数如何获得和输入?
24. 零点偏置数据如何获得和输入?

第三章　数控铣床/加工中心编程与操作实例（SIEMENS 系统）

第一节　SIEMENS 系统常用指令

一、常用指令及应用

1. 平面选择指令（G17～G19）

平面选择指令 G17、G18、G19 分别用来指定程序段中刀具的圆弧插补平面和刀具半径补偿平面。其中，G17 指定 XY 平面；G18 指定 ZX 平面；G19 指定 YZ 平面。数控镗铣加工中心的初始状态为 G17。

2. 绝对坐标和相对坐标（G90 和 G91）

G90 和 G91 指令分别对应着绝对坐标值和相对坐标值编程。G90/G91 适用于所有坐标轴。

绝对值编程指令 G90，每个编程坐标轴上的编程值是相对于程序原点的；相对值编程指令 G91，每个编程坐标轴上的编程值是相对于前一位置而言的，该值等于沿轴移动的距离。

在坐标不同于 G90/G91 的设置时，可以在程序段中通过 AC/IC，以绝对坐标/相对坐标方式进行。

G90 和 G91 编程举例：

N10 G90 X20. Y90.；	绝对值尺寸
N20 X70. Y = IC（－30.）；	X 仍为绝对值尺寸，Y 是增量值尺寸
N150 G91 X40. Y20.；	转换为增量值尺寸
N160 X–15. Y = AC（16.）；	X 仍为增量值尺寸，Y 是绝对值尺寸

3. 极坐标和极点定义（G110、G111、G112）

通常情况下一般使用直角坐标系（XYZ），但特殊工件上的点也可以用极坐标定义。

（1）平面选择　极坐标可以使用 G17～G19 指令定义的平面，也可以设定垂直于该平面的第 3 根轴的坐标值，在此情况下，可以作为柱面坐标系编制三维的坐标尺寸。

（2）极坐标参数

1）极坐标半径 RP = __。极坐标半径是指该点到极点的距离。

2）极角 AP = __。极角是指与所在平面中的横坐标之间的夹角（比如 G17 中的 X 轴）该角度可以是正角，也可以是负角。

图 3-1 所示为在不同平面中正方向的极坐标半径和极角。

（3）极点定义

G110：极点定义，相对于上次编程的设定位置（在平面中，如 G17）。

G111：极点定义，相对于当前工件坐标系的零点（在平面中，如 G17）。

G112：极点定义，相对于最后有效的极点，平面不变。

说明：1）当一个极点已经存在时，极点也可以用极坐标定义。

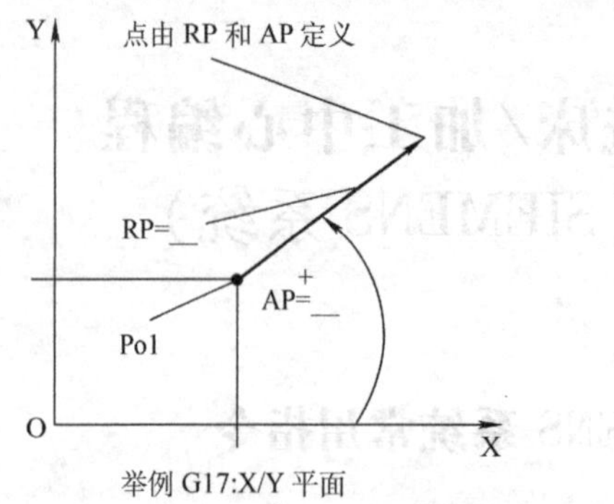

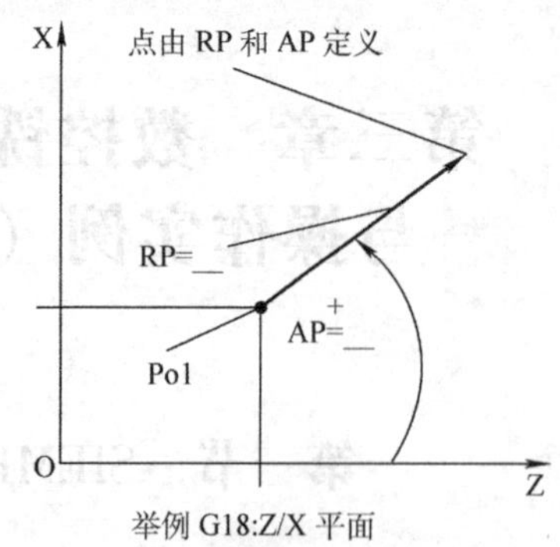

图 3-1　在不同平面中正方向的极坐标半径和极角

2）如果没有定义极点，则当前工件坐标系的零点就作为极点使用。

3）在极坐标中运行，可以把极坐标编程的位置作为用直角坐标编程的位置运行。

G00—快速移动线性插补　　　　G01—带进给率线性插补

G02—顺时针圆弧插补　　　　　G03—逆时针圆弧插补

编程实例

N10 G17；	XY 平面
N20 G111 X17. Y36.；	在当前工作坐标系中的极点坐标
N80 G112 AP＝45. RP＝27.8；	新的极点，相对于上一个极点，作为一个极坐标
N90 …AP＝12.5 RP＝47.679；	极坐标
N100…AP＝26.3 RP＝7.34 Z4.；	极坐标和 Z 轴（＝柱面坐标）

4. 可设定的零点偏置（G54～G59/G500/G53/G153）

G54——第一可设定零点偏置　　G55——第二可设定零点偏置

G56——第三可设定零点偏置　　G57——第四可设定零点偏置

G58——第五可设定零点偏置　　G59——第六可设定零点偏置

G500——取消可设定零点偏置——模态有效

G53——取消可设定零点偏置——程序段方式有效，可设置的零点偏置也一起取消。

G153——如同 G53，取消附加的基本框架。

一般数控机床可以预先设定 6 个（G54～G59）工件坐标系，这些坐标系在机床重新开机时仍然存在。6 个工件坐标系皆以机床原点为参考点，分别测出工件原点相对机床原点的坐标值即原点偏置值，并输入到 G54～G59 对应的存储单元中。在执行程序时，遇到G54～G59指令后，便将对应的原点偏置值取出来参加计算，从而得到刀具在机床坐标系中的坐标值，控制刀具运动。

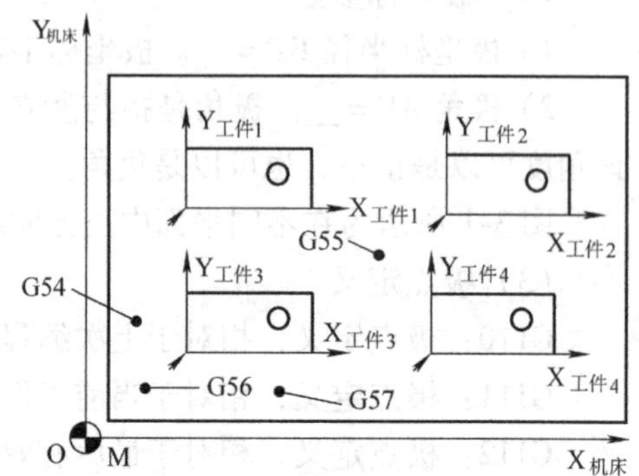

图 3-2　用 G 功能调用零点偏移量

可设定的零点偏置给出工件零点在机床坐标系中的位置（工件零点以机床零点为基准偏移）。当工件装夹到机床上后对刀求出偏移量，并通过操作面板输入到零点偏置数据区。程序可以通过选择相应的 G 功能（G54～G59）调用此值，见图 3-2；也可以通过对某机床轴设定一个旋转角，使工件呈一角度装夹。该旋转角可以在 G54 ~ G59 调用时同时有效。

5. 可编程的工作区域限制（G25、G26、WALIMON、WALIMOF）

（1）指令格式

G25 X_Y_ Z_ ;　　　　工作区域下限

G26 X_Y_ Z_ ;　　　　工作区域上限

WALIMON;　　　　使用工作区域限制

WALIMOF;　　　　工作区域限制取消

说明：1）G25/G26 可以与地址 S 一起，用于限定主轴转速。

2）坐标轴只有在回参考点之后工作区域限制才有效。

（2）编程举例（图 3-3）

N10 G25 X10. Y-20. Z30. ;　　　　工作区域限制下限值

N20 G26 X400. Y110. Z300. ;　　　　工作区域限制上限值

N30 T1 M6;

N40 G00 X90. Y100. Z180. ;

N50 WALIMON;　　　　使用工作区域限制

…　　　　仅在工作区域内

N90 WALIMOF;　　　　工作区域限制取消

主轴转速限制举例

N10 G25 S12;　　　　主轴转速下限为 12r/min

N20 G26 S2500;　　　　主轴转速上限为 2500r/min

6. 快速点定位 G00 指令

指令格式：G00 X_Y_ Z_ ;

编程举例：

N10 G00 X100. Y150. Z65. ;　　　　直角坐标系

…

N50 G00 RP = 16. 78 AP = 45. ;　　　　极坐标系

7. 带进给率的直线插补（G01）

G01 是模态指令，一直有效，直到被 G 功能组中其他的指令（G00、G02、G03…）取代为止。

（1）指令格式　G01 X_Y_ Z_ F_ ;

注：F_ 为进给速度，初始状态为 mm/min。

（2）编程格式

G01 X_Y_ Z_F_ ;　　　　直角坐标系

G01 AP =_ RP =_ F_ ;　　　　极角坐标系

G01 AP =_ RP =_ Z_ F_ ;　　　　柱面坐标系（三维）

（3）编程举例（图 3-4）

N5 G00 G90 G54 X40. Y48. Z5. S500 M03 ;　刀具快速移动到 P1 三轴同时运动，主轴转速 = 500r/min，顺时针旋转

N10 G01 Z-12. F100;　　　　进刀到 Z-12mm，进给速度为 100mm/min

N15 X20. Y18. Z-10. ;　　　　　　　　刀具在空中沿直线运行到 P2
N20 G00 Z100. ;　　　　　　　　　　　快速移动抬刀
N25 M05;
N30 M30;　　　　　　　　　　　　　　程序结束

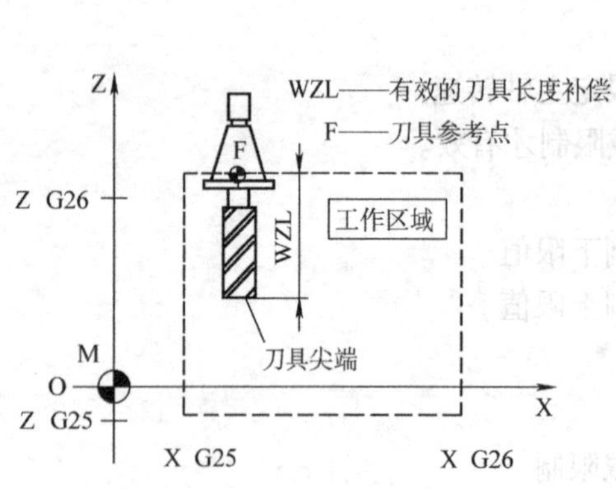

图 3-3　工作区域限制

图 3-4　用 G01 指令编程的零件

8. 圆弧插补（G02、G03）（图 3-5）

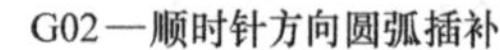

G03—逆时针方向圆弧插补

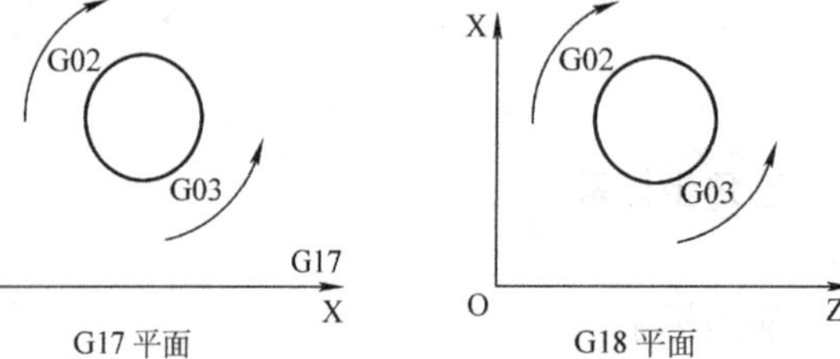

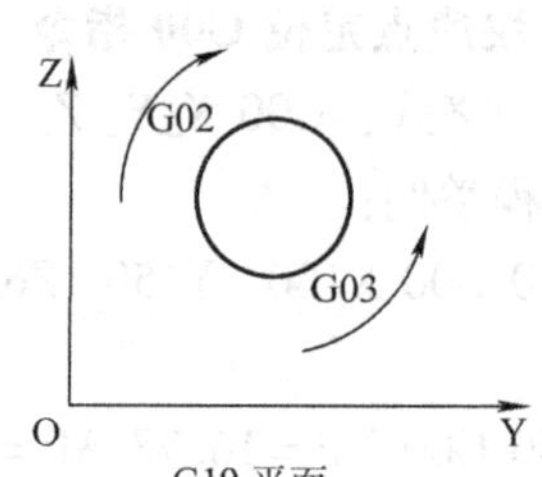

图 3-5　圆弧插补 G02/G03 在 3 个平面中的方向规定

所要求的圆弧可以用不同的方式进行描述，如图 3-6 所示。

（1）指令格式

G02/G03 X_Y_I_J_ ;　　　圆弧终点和圆心
G02/G03 CR =_X_ Y_ ;　　半径和圆弧终点
G02/G03 AR =_I_J_ ;　　　圆心角和圆心
G02/G03 AR =_X_Y_ ;　　　圆心角和圆弧终点
G02/G03 AR =_ RP =_ ;　　极坐标和极点圆弧

说明：CR =-_ 中的负号说明圆弧段大于半圆；CR =+_ 中的正号说明圆弧段小于或等于半圆，如图 3-7 所示。

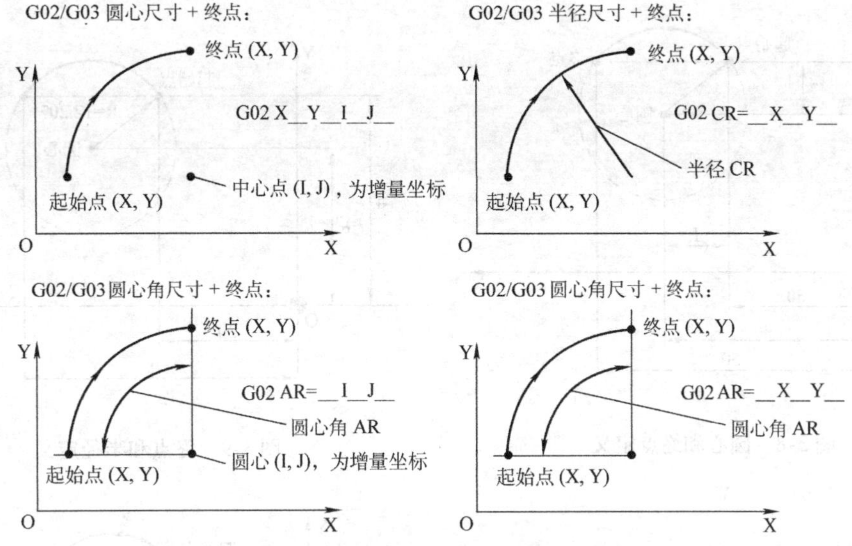

图 3-6　用 G02/G03 圆弧编程的方法（举例：X/Y 轴）

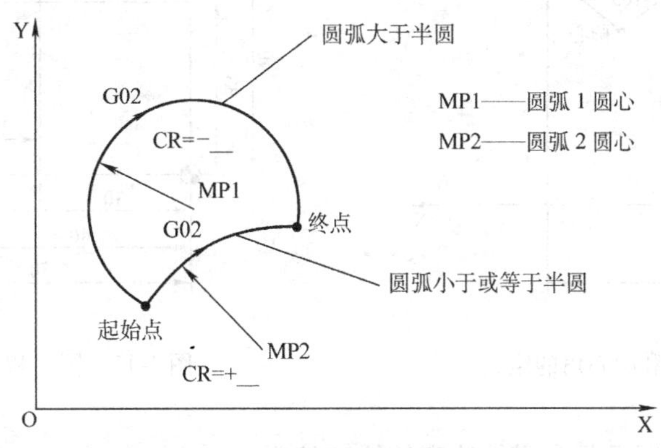

图 3-7　用 CR = 符号的选择

（2）编程举例

1）圆心和终点定义的编程举例，如图 3-8 所示。

N5 G90 G00 X30. Y40. ;　　N10 圆弧的起点

N10 G02 X50. Y40. I10. J−7. ;　　终点和圆心（圆心是增量值）

2）终点和半径定义的编程举例，如图 3-9 所示。

N5 G90 G00 X30. Y40. ;　　N10 圆弧的起点

N10 G02 X50. Y40. CR = 12. 207;　　终点和半径

3）终点和圆心角定义的编程举例，如图 3-10 所示。

N5 G90 G00 X30. Y40. ;　　N10 圆弧的起点

N10 G02 X50. Y40. AR = 105. ;　　终点和圆心角

4）圆心和圆心角定义的编程举例，如图 3-11 所示。

N5 G90 G00 X30. Y40. ;　　；N10 圆弧的起点

N10 G02 I10. J−7. AR = 105. ;　　圆心和圆心角

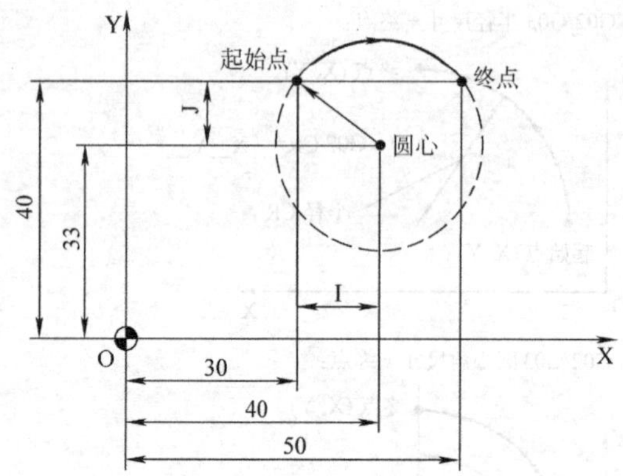

图 3-8　圆心和终点定义

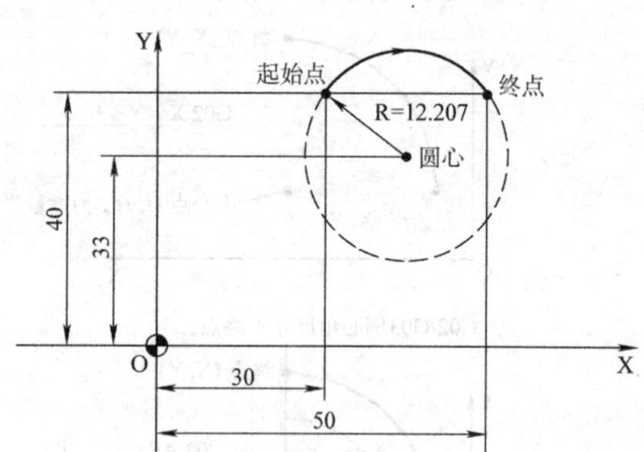

图 3-9　终点和半径定义

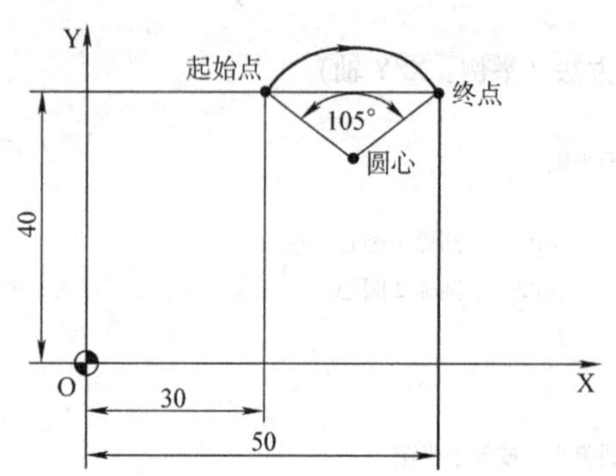

图 3-10　终点和圆心角的定义

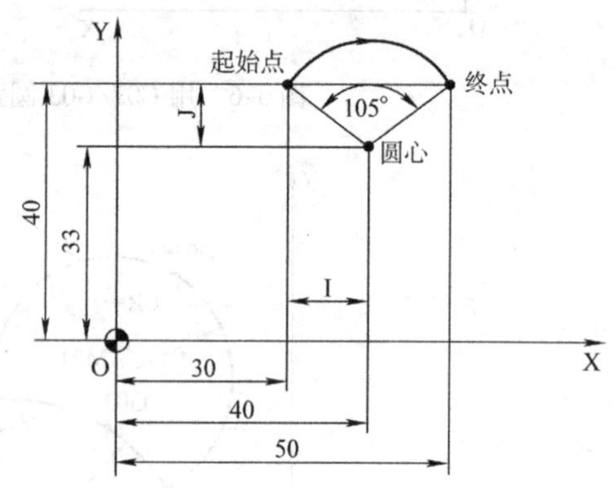

图 3-11　圆心和圆心角的定义

例　完成图 3-12 所示凸台零件轮廓的轨迹编程。

程序如下：

```
SLX1. MPF;
…
G00 X0 Y-20. ;
G01 Z-7. F100;
G02 X0 Y20. J20. ;
G03 X10. Y30. CR = 10. ;
G01 X30. ;
G02 X38. 66 Y25. CR = 10. ;
G01 X47. 32 Y10. ;
G02 X30. Y-20. CR = 20. ;
G01 X0;
G00 Z50. ;
```

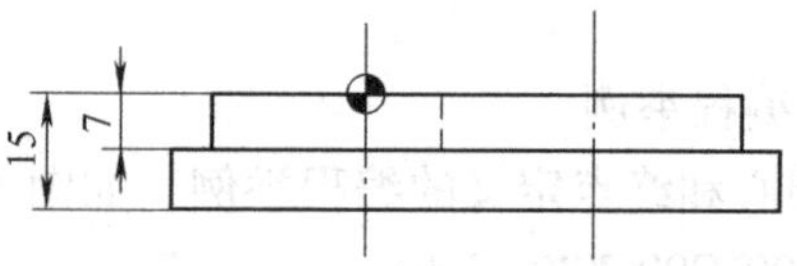

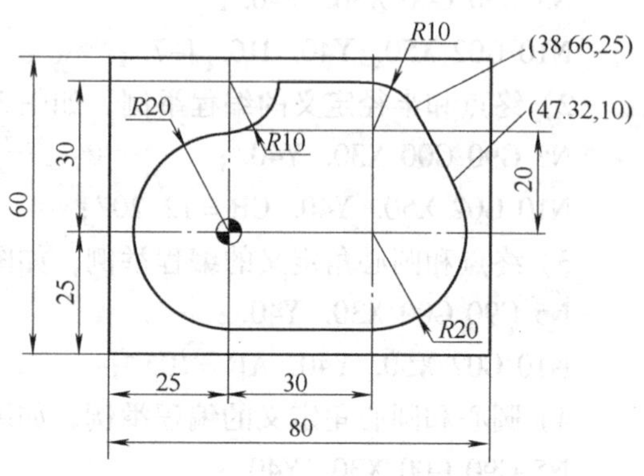

图 3-12　凸台零件

例　图 3-13 所示为刀具中心点移动轨迹，要求使用极坐标完成加工，切削深度为 10mm。

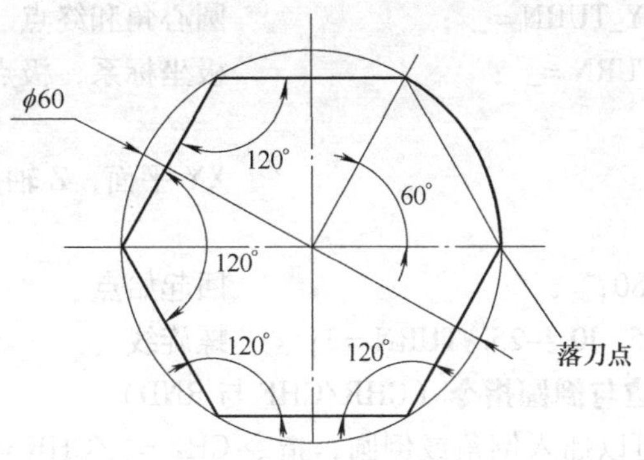

图 3-13　D 具中心点移动轨迹

程序如下：

```
SKT4. MPF;
T1 D1;                              φ14mm 平底刀
G90 G54 G00 X0 Y0. M3 S600;
Z50. ;
G01 Z10. F100;
G111 X0 Y0;                         极点在 X0 Y0
G01 AP =0 RP =30. F100;             AP 为极角，RP 为极径
Z-10. ;
G03 AP =60. CR =30. ;
G01 AP =120. ;
    AP =180. ;
    AP =240. ;
    AP =300. ;
    AP =360. ;
G00 Z50. ;
M5;
G74 Z1 =0;
M30;
```

9. 螺旋插补（G02/G03 和 TURN）

螺旋插补由两种运动组成：在 G17、G18 或 G19 平面中进行的圆弧运动加垂直于该平面的直线运动。

用指令 TURN =_ 编制整圆循环螺旋线，附加到圆弧编程中（其数值表示 0 ~999 之间的附加圈数），即可加工螺旋线。螺旋插补可以用于铣削螺纹，或者用于加工液压缸的润滑油槽。

（1）指令格式

G02/G03 X_ Y_ I_ J_ TURN =_ ；　　　　　　　圆心和终点

G02/G03 CR =_ X_ Y_TURN =_ ; 圆半径和终点

G02/G03 AR =_ I_ J_TURN =_ ; 圆心角和圆心

G02/G03 AR =_ X_ Y_TURN =_ ; 圆心角和终点

G02/G03 AP_ RP_ TURN =_ ; 极坐标系，极点圆弧

（2）编程举例

N10 G17; XY平面，Z轴垂直于该平面

N20 G01 Z0 F200;

N30 G01 X0 Y50. F80; 回起始点

N40 G03 X0 Y0 Z-15. I0 J-25. TURN=3; 螺旋线

10. 轮廓倒角/倒斜边与倒圆指令（CHR/CHF与RND）

在一个轮廓拐角处可以插入倒角或倒圆，指令CHF=_/CHR=_或RND=_与加工拐角的运动轴指令一起写入程序段中。

在使用中应注意在下面的情况下不可以使用倒角或倒圆功能指令：

第一，连续编程的程序段中，超过三个程序段没有坐标运行指令。

第二，在编程的刀具轨迹中要改变加工平面。

（1）轮廓倒角/倒斜边指令CHR/CHF 在直线轮廓之间，圆弧轮廓之间以及直线轮廓和圆弧轮廓之间需要倒去棱角时，可使用CHF指令。

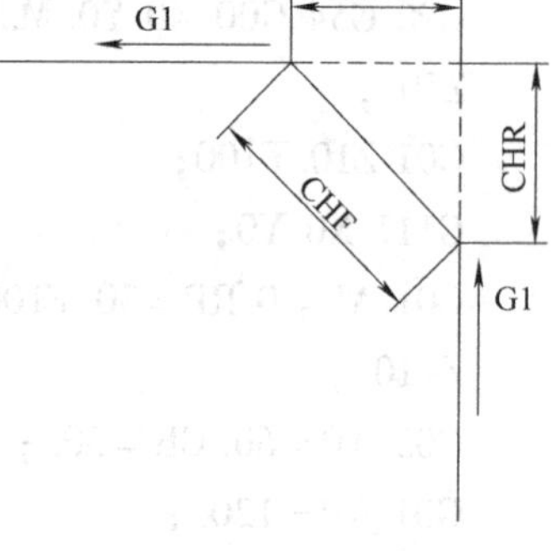

图3-14 倒角和倒斜边指令应用

编程指令格式如下：

1）CHR=_ ; 倒角，编程数值是倒角的直角边长，如图3-14所示。

2）CHF=_ ; 倒斜边，编程数值是倒角长度（斜边长度），如图3-14所示。

（2）轮廓倒圆指令RND 在直线轮廓之间、圆弧轮廓之间以及直线轮廓和圆弧轮廓之间需要倒一圆角，并使圆弧与轮廓进行切向过渡时，可使用RND指令。

编程指令格式如下：

RND=_ ; 倒圆角，编程数值是倒圆半径，如图3-15所示。

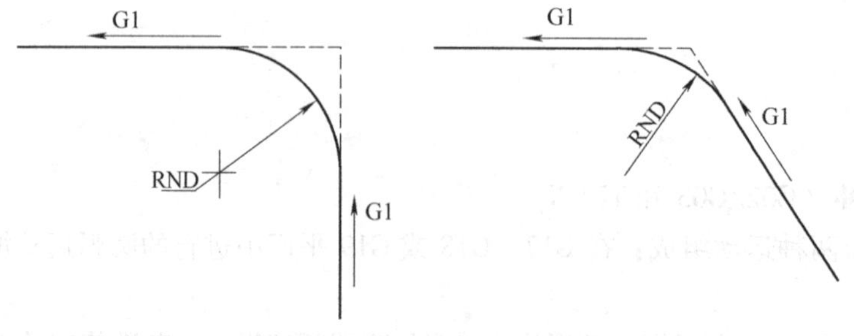

图3-15 倒圆指令应用

例 完成图3-16所示轨迹的程序编制

LX;

```
G90 G54 G00 X40 Y0;
G01 X30 Y35 F100 CHF=12.09;
G01 X-35 RND=10;
G01 X-40Y0;
Y-20;
X-20 RND=10;
G03 X19.87 Y-22.25 CR=20 RND=10;
G03 X40 Y-30 CR=30;
G01 Y0;
M30;
```

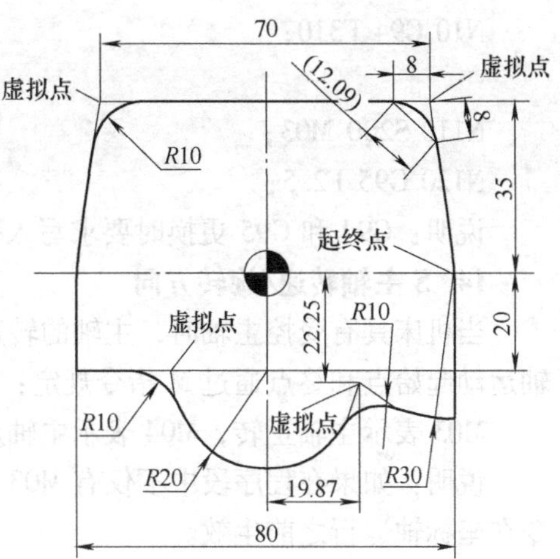

图 3-16　加工轨迹

11. 回参考点（G74）

用 G74 指令实现数控程序中回参考点功能，每个轴的方向和速度存储在机床数据中。

G74 需要一独立程序段，且程序段方式有效。机床坐标轴的名称必须要编程。

在 G74 之后的程序段中原先“插补方式”组中的 G 指令（G00、G01、G02…）将再次生效。

编程如下：

N10 G74 X1=0 Y1=0 Z1=0;

说明：程序段中 X1、Y1 和 Z1（在此=0）后编程的数值必须写入。

12. G04 暂停

（1）指令格式

G04 F_ ;	暂停时间（s）
G04 S_ ;	暂停对应的主轴转数

（2）编程举例

N5 G01 Z-50. F200 S300 M03;	进给率 F，主轴速度 S
N10 G04 F2.5;	暂停 2.5s
N20 Z70.;	
N30 G04 S30;	主轴暂停 30r，相当于在 S=300r/min 和转速修正 100% 时，暂停 t=0.1min
N40 X_ ;	进给率和主轴转速继续有效

说明：G04 S_ 只有在受控主轴情况下才有效（当转速给定值同样通过 S_ 编程时）。

13. F 进给率

（1）指令格式

F_ ；每分钟的进给率

说明：1）在取整数值方式下可以取消小数点后面的数据，如 F300。

2）进给率 F 的单位由 G 功能确定，即 G94 和 G95。

3）在 G94 后 F 表示直线进给率，单位为 mm/min；在 G95 后 F 表示旋转进给率，单位为 mm/r（只有主轴旋转才有意义）。

说明：这些数值以米制尺寸给出，也可采用英制。

（2）编程举例

N10 G94 F310;　　　　进给速度为310mm/min

…

N110 S200 M03;　　　　主轴旋转

N120 G95 F2.5;　　　　进给表示为2.5mm/r

说明：G94 和 G95 更换时要求写入一个新的地址 F。

14. S 主轴转速/旋转方向

当机床具有受控主轴时，主轴的转速可以用地址 S 编程，单位为 r/min。旋转方向和主轴运动起始点和终点通过 M 指令规定：

M03 表示主轴正转，M04 表示主轴反转，M05 表示主轴停止。

说明：如果在程序段中不仅有 M03 或 M04 指令，而且还写有坐标轴运行指令，则 M 指令在坐标轴运行之前生效。

默认设定：当主轴运行之后（M03、M04），坐标轴才开始运行。如程序段中有 M05，坐标轴在主轴停止之前就开始运动。可以通过程序结束或复位停止主轴。程序开始时主轴转速零（S0）有效。

注释：其他的系统可以通过机床数据进行设定。

编程举例

N10 G01 X70. Z20. F300 S270 M03;　　　　在 X、Z 轴运行之前，主轴以转速 270r/min 起动，旋转方向为顺时针

…

N80 S450_ ;　　　　改变转速

…

N170 G00 Z180. M05;　　　　Z 轴运行，主轴停止

二、刀具补偿

使用刀具补偿功能对工件的加工进行编程时，无需考虑刀具长度或刀具半径。可以直接根据图样尺寸对工件进行编程。

刀具参数单独输入到刀具参数存储区中。在程序中只要调用所需的刀具号及补偿参数号，控制器利用这些参数自动计算轨迹补偿，从而加工出所需工件，如图 3-17 和图 3-18 所示。

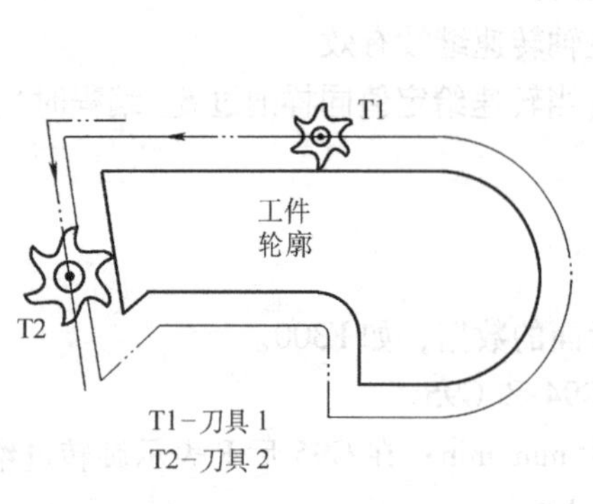

图 3-17　用不同半径的刀具加工工件、刀补示意图

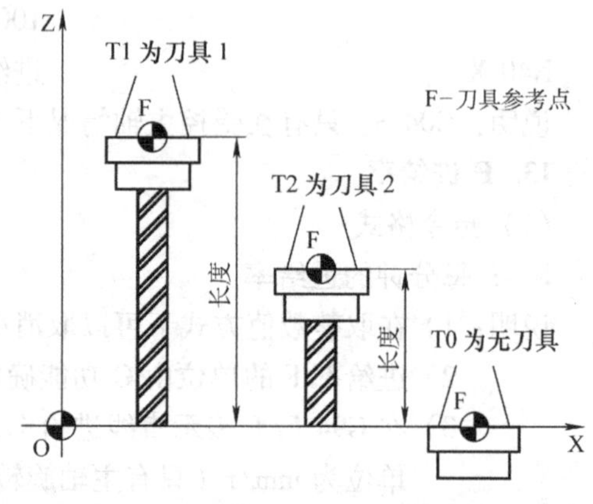

图 3-18　返回工件表面 Z0—不同的长度补偿

1. T 刀具

用 T 指令编程可以选择刀具。有两种方法来执行：一种是用 T 指令直接更换刀具，另一种是仅仅进行刀具的预选，换刀还必须由 M06 来执行。选择哪一种，必须在机床参数中确定。

（1）指令格式

T_ ；　　刀具号：1 ~ 32000，T0 表示没有刀具

说明：系统中最多同时存储 32 把刀具。

（2）编程举例

不用 M06 更换刀具：

```
N10 T1;          刀具 1
…
N70 T5;          刀具 5
```

用 M06 更换刀具：

```
N10 T14;         预选刀具 14
N15 M06;         执行刀具更换，然后 T14 有效
…
```

2. D 刀具补偿号

一个刀具可以匹配 1 ~ 9 几个不同补偿的数据组（用于多个切削刃）。用 D 及其相应的序号可以编制一个专门的切削刃，如图 3-19 所示。

如果没有编写 D 指令，则 D1 自动生效；如果为 D0，则刀具补偿无效。

说明：刀具更换后程序中调用的刀具长度补偿、半径补偿立即生效；先编程的长度补偿先执行，对应的坐标轴也先运行。

编程举例

不用 M06 更换刀具（只用 T）：

```
N5 G17;          确定待补偿的平面
N10 T1;          刀具 1，补偿值 D1 值生效
N11 G00 Z_ ;     G17 平面中，Z 是刀具长度补偿，长度补偿在此覆盖
N50 T4 D2;       更换刀具 4，T4 中 D2 值生效
…
N70 G00 Z_ D1;   刀具 4 中 D1 值生效，在此仅更换削刃
```

用 M06 更换刀具：

```
N5 G17;          确定待补偿的平面
N10 T1;          预选刀具
…
N15 M06;         更换刀具，T1 中 D1 值生效
N16 G00 Z_ ;     在 G17 平面中。Z 是刀具长度补偿，长度补偿在此覆盖
…
N20 G00 Z_D2;    刀具 1 中 D2 值生效，D1→D2 长度补偿的差值在此覆盖
N50 T4;          刀具预选 T4，注意：T1 中 D2 仍然有效
…
```

N55 D3 M06;　　　更换刀具，T4 中 D3 值有效

…

3. 刀具半径补偿功能（G41/G42/G40）

（1）刀具半径补偿　若刀具在所选择的平面（G17～G19 平面）中带刀具半径补偿功能时工作，刀具必须有相应的 D 补偿号才能有效。刀具半径补偿通过 G41/G42 生效。控制器自动计算出当前刀具运行所产生的与编程轮廓等距离的刀具轨迹，如图 3-20 所示。

T2	D1	D2	D3		D9
T2	D1				
T2	D1				
T2	D1	D2	D3		
T2	D1	D2			
T_	D1	D2			

图 3-19　刀具补偿号匹配举例

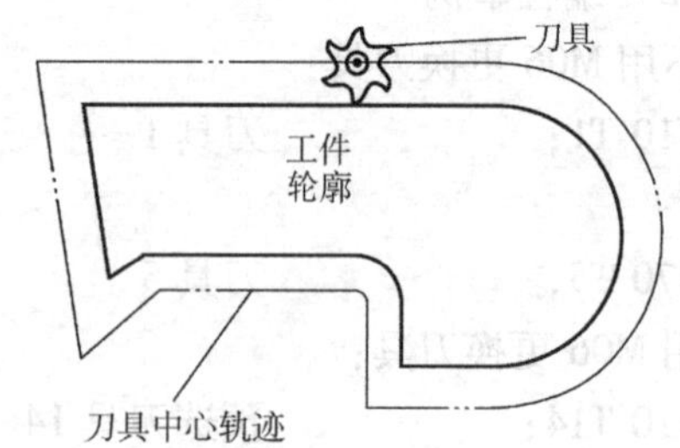

图 3-20　刀具半径补偿（切削刃半径补偿）

指令格式

G41 G00/G01 X_Y_ ;　　　刀具半径左补偿

G42 G00/G01 X_Y_ ;　　　刀具半径右补偿

判定：沿着刀具运动方向看，刀具在工件切削位置左侧称左补偿；刀具在工件切削位置右侧称右补偿，如图 3-21 所示。

说明：主轴顺时针转时，G41 为顺铣，G42 为逆铣。数控铣床上常用顺铣。

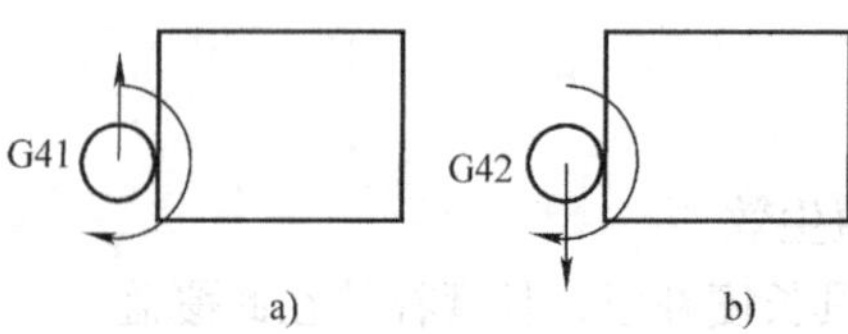

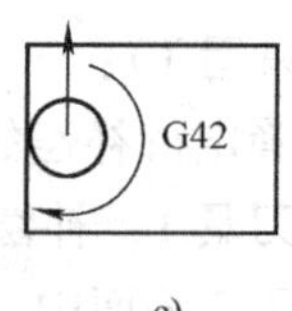

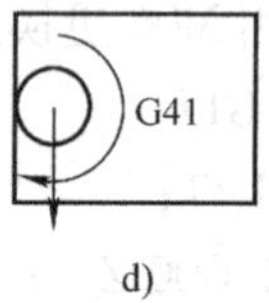

图 3-21　G41、G42 的判定

在编程时用户只要插入偏置向量的方向（G41：左侧，G42：右侧）和偏置地址（D1～D9）。用户能够根据工件形状编制加工程序，同时不必考虑刀具半径。因此，在真正切削之前把刀具半径设置为刀具偏置值，用户能够获得精确的切削结果，就是因为系统本身计算了精确补偿的路径。

（2）取消刀具半径补偿（G40）　用 G40 取消刀具半径补偿，G40 指令之前的程序段刀具以正常方式结束，结束时补偿矢量垂直于轨迹终点切线处，如图 3-22 所示。

在运行 G40 程序段之后，刀具中心到达编程终点。选择 G40 程序段编制终点时要确保运行不会发生碰撞，撤消刀补的距离必须大于刀具半径。

指令格式

G40 G01 X_Y_ ;　　　取消刀具半径补偿

说明：只有在直线插补（G00，G01）情况下才可以取消刀具补偿。

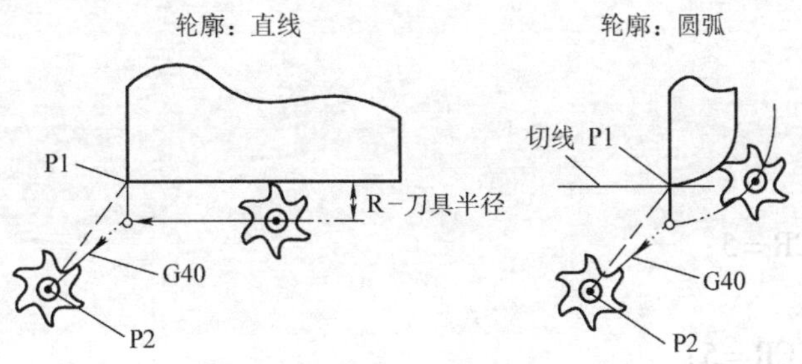

图 3-22 结束刀具半径补偿

例 编制图 3-23 所示零件凸台的精加工程序。

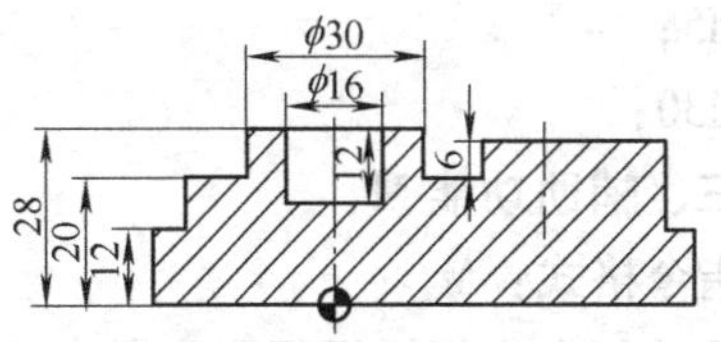

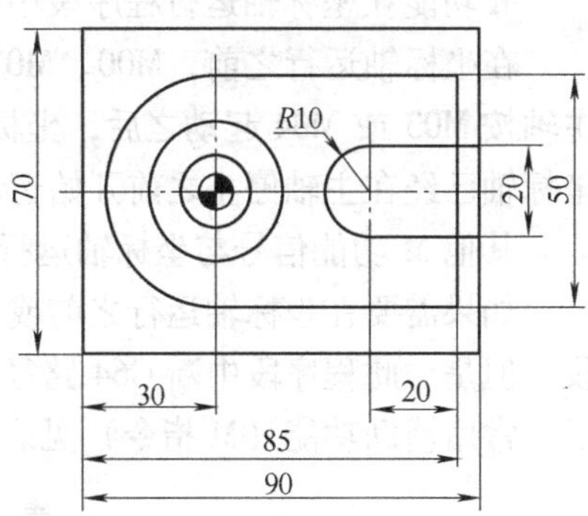

图 3-23 零件凸台的加工

1. 加工工艺

（1）粗加工凸台 ϕ20mm 平底刀。

（2）精加工凸台 ϕ20mm、ϕ8mm 平底刀。

（3）铣 ϕ16mm 圆孔 ϕ14mm 平底刀。

2. 加工程序

```
XTT1. MPF;
T1 D1;                         ϕ20mm 平底刀
G90 G54 G00 X70 Y-37 M3 S700;
Z100;
Z35;
G01 Z12 F100;
G41 Y-25;
X0;
G02 Y25 J25;
G01 X55;
G40 Y-37;
G00 Z100;
M5;
M30;

XTT2. MPF;
T2 M6;                         ϕ8mm 平底刀
G90 G54 G00 X60 Y-15 M3 S700;
Z100;
Z35;
G01 Z20 F100;
G41 Y-10;
G01 X35;
G02 Y10 J10;
```

```
G01 X60;
G40 Y-20;
X0 F200;
G41 X5. F100;
G03 X0 Y-15 CR=5;
G02 J15;
G03 X-5 Y-20 CR=5;
G01 G40 X0;
G00 Z100;
M5;
M30;
```

三、辅助功能 M

指令格式：M_；

M 功能在坐标轴运行程序段中的作用情况如下：

在坐标轴运行之前，M00、M01、M02 功能就传送到内部的接口控制器中。只有当受控主轴按 M03 或 M04 起动之后，坐标轴才开始运行。在执行 M05 指令时并不等待主轴停止，坐标轴已经在主轴停止之前开始运动。

其他 M 功能信号与坐标轴运行信号一起输出到内部接口控制器上。

如果需要在坐标轴运行之前或之后编制一个 M 功能，则必须编一个独立的 M 功能程序段。但是，此程序段中断 G64 路径连续运行方式，并产生停止状态。

常用辅助功能（M 指令）见表 3-1。

表 3-1 常用辅助功能（M 指令）

代码	意义	格式	备注
M00	程序停止	M00	用 M00 停止程序的执行；按“启动”键加工继续执行
M01	程序有条件停止	M01	与 M00 一样，但仅在出现专门信号后才生效
M02	程序结束	M02	在程序的最后一段被写入
M03	主轴顺时针旋转	M03	
M04	主轴逆时针旋转	M04	
M05	主轴停转	M05	
M06	更换刀具	M06	在机床数据有效时用 M06 更换刀具，其他情况下用 T 指令进行
M30	程序结束	M30	程序结束返回程序起点

第二节 孔加工固定循环

钻孔、铰孔、攻螺纹及镗削加工时，孔的加工路线包括 X、Y 方向的点定位路线及沿 Z 轴的切削运动。

所有孔的加工过程类似，其过程至少包括：在安全高度 X、Y 快速点定位至孔的加工位置；Z 轴方向快速接近工件，运动到切削的起点；以切削进给率进给，运动到指定深度；刀具完成所有 Z 方向运动，离开工件返回到安全的高度位置。一些孔的加工有特殊要求，如刀具在孔底部暂停或让刀等动作。

SIEMENS 系统数控铣床/加工中心配备的固定循环功能主要用于孔加工，包括钻孔、镗孔、攻螺纹等，调用固定循环的指令有：CYCLE81、CYCLE82 、CYCLE86 等。模态调用固定循环需用 MCALL 指令，在有 MCALL 指令的程序段中调用固定循环，如果在其后的程序段中含有轨迹运动，则固定循环自动调用，且调用一直有效。可以用一个独立的 MCALL 程序段结束该固定循环。

使用固定循环表达孔加工运动时，一个程序段可以完成一个孔加工的全部动作，显然，固定循环指令的使用方便孔的加工编程，并减少了程序段数。

一、中心钻孔（CYCLE81）

（1）编程格式 CYCLE81（RTP，RFP，SDIS，DP，DPR）。

CYCLE81 指令中参数的意义见表 3-2。

表 3-2 CYCLE81 指令中参数的意义

RTP	Real	返回平面（绝对坐标）
RFP	Real	参考平面（绝对坐标）
SDIS	Real	安全高度（无正负符号输入）
DP	Real	最后钻孔深度（绝对坐标）
DPR	Real	相对于参考平面的最后钻孔深度（无正负号输入）

注：Real 表示参数数据类型为实数。

（2）功能 刀具按照设置的主轴速度和进给率钻孔直至输入的最后的钻孔深度。

（3）操作顺序

1）循环执行前已到达 X Y 轴位置：钻孔位置是所选平面的两个坐标轴中的位置。

2）循环形成以下的运行顺序：

① 使用 G00 回到安全高度。

② 按循环调用前所设置的进给率（G01）移动到最后的钻孔深度。

③ 使用 G00 退回到返回平面。

（4）参数说明 如图 3-24 所示。

1）RFP 和 RTP（参考平面和返回平面）：通常，参考平面（RFP）为工件原点。返回平面（RTP）用来设定钻头到达深度后，抬刀的绝对坐标，再移动到下一个位置钻孔。在循环中，返回平面高于参考平面。这说明从返回平面到最后钻孔深度的距离大于参考平面到最后钻孔深度间的距离。

2）SDIS（安全距离）：安全距离为相对于参考平面刀具抬刀的安全高度，为相对值。

3）DP（最后钻孔深度）：钻孔深度为参考平面的绝对坐标。

4）DPR（钻孔深度）：钻孔深度为相对参考平面的相对值。

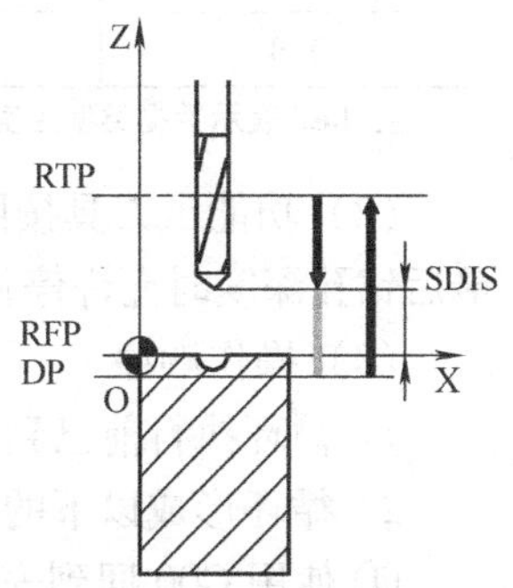

图 3-24 参数说明

（5）编程举例 （图3-25）

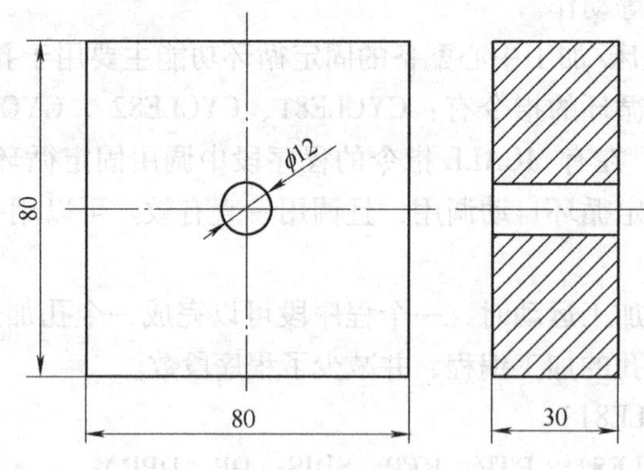

图3-25 中心钻孔

```
G54 G17 G90;                        工件基本坐标系设定
T1D1;                               刀具选择
G00 X0 Y0 M03 S800;
Z100;
Z50;
CYCLE81 (20., 0, 5., -35., 35.);    调用钻孔循环
M05;
M2;
```

二、中心钻孔（CYCLE82）

（1）编程格式 CYCLE82（RTP，RFP，SDIS，DP，DPR，DTB）。

CYCLE82 指令中参数的意义见表3-3

表3-3 CYCLE82 指令中参数的意义

RTP	Real	返回平面（绝对坐标）
RFP	Real	参考平面（绝对坐标）
SDIS	Real	安全高度（无正负符号输入）
DP	Real	最后钻孔深度（绝对坐标）
DPR	Real	相对于参考平面的最后钻孔深度（无正负号输入）
DTB	Real	到达最后钻孔深度时的停顿时间（断屑）

注：Real 表示数据类型为实数。

（2）功能 刀具按照设置的主轴速度和进给率钻孔直至输入的最后的钻孔深度，到达最后钻孔深度时允许停顿指定的时间。

（3）操作顺序

1）循环执行前已到达 X Y 轴位置：钻孔位置是所选平面的两个坐标轴中的位置。

2）循环形成以下的运行顺序：

① 使用 G00 回到安全高度。

② 按循环调用前所设置的进给率（G01）移动到最后的钻孔深度。

③ 在最后钻孔深度处的停顿指定时间。

④ 使用G00退回到返回平面。

（4）参数说明　如图3-26所示。

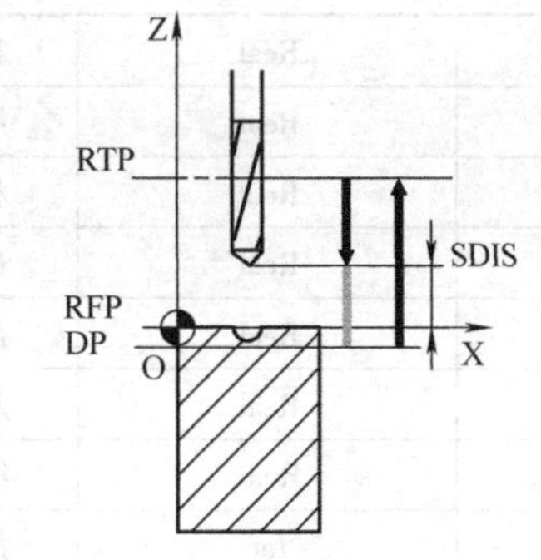

图3-26　参数说明

1）RFP和RTP（参考平面和返回平面）：通常，参考平面（RFP）为工件原点；返回平面（RTP）用来设定钻头到达深度后，抬刀的绝对坐标，再移动到下一个位置钻孔。在循环中，返回平面高于参考平面。这说明从返回平面到最后钻孔深度的距离大于参考平面到最后钻孔深度间的距离。

2）SDIS（安全距离）：安全距离为相对于参考平面刀具抬刀的安全高度，为相对值。

3）DP（最后钻孔深度）：钻孔深度为参考平面的绝对坐标。

4）DPR（钻孔深度）：钻孔深度为相对参考平面的相对值。

5）DTB（停止时间）：到达最后钻孔深度的停顿时间（用来断屑），单位为s。

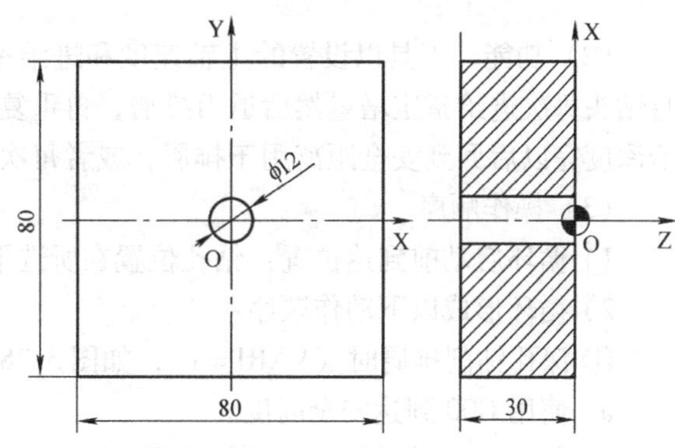

图3-27　中心钻孔

（5）编程举例（图3-27）

```
G54 G17 G90.;                              工件基本坐标系设定
T1D1;                                      刀具选择
G00 X0 Y0 M03 S800;
Z100;
G01 Z50 F100;
CYCLE82 (20., 0, 5., -35., 35., 0.1);      调用钻孔循环
M05;
M02;
```

三、深孔钻削（CYCLE83）

（1）指令格式　CYCLE83（RTP，RFP，SDIS，DP，DPR，FDEP，FDPR，DAM，DTB，DTS，FRF，VARI）。

CYCLE83指令中参数的意义见表3-4。

表3-4　CYCLE83指令中参数的意义

RTP	Real	返回平面（绝对坐标）
RFP	Real	参考平面（绝对坐标）
SDIS	Real	安全高度（无符号输入）
DP	Real	最后钻孔深度（绝对坐标）

（续）

DPR	Real	相对参考平面的最后钻孔深度（无符号输入）
FDEP	Real	第一次钻孔深度（绝对坐标）
FDPR	Real	相对于参考平面的第一次钻孔深度（无符号输入）
DAM	Real	递减量（无符号输入）
DTB	Real	最后钻孔深度时的停顿时间（断屑）
DTS	Real	起始点处和用于排屑的停顿时间
FRF	Real	第一次钻孔深度的进给率系数范围：0.001…1
VARI	Int	加工类型：断屑=0 排屑=1

注：Real表示参数数据类型为实数，Int表示参数数据类型为整数。

（2）功能　刀具以设置的主轴速度和进给率开始钻孔，直至最后钻孔深度。深孔钻削时钻头每次进给指定增量然后退刀排屑，再重复进给直至最后钻孔深度。钻头可以在每次进给深度完以后回到安全距离用于排屑，或者每次退回1mm用于断屑。

（3）操作顺序

1）循环启动前到达位置：钻孔位置在所选平面的两个进给轴中。

2）循环形成以下动作顺序：

① 深孔钻削排屑时（VARI=1），如图3-28所示。

a）使用G00到达安全高度。

b）使用G01移动到第一次钻孔深度，进给率为程序设定的进给率，它取决于参数FRF（进给率系数）。

c）在最后钻孔深度处的停顿时间（参数DTB）。

d）使用G00返回到安全高度，用于排屑。

e）起始点停顿时间（参数DTS）。

f）使用G00回到上次到达的钻孔深度，并保持预留量距离。

g）使用G01钻削到下一个钻孔深度（持续动作顺序直至到达最后钻孔深度）。

h）使用G00移动到返回平面。

② 深孔钻削断屑时（VARI=0）如图3-29所示。

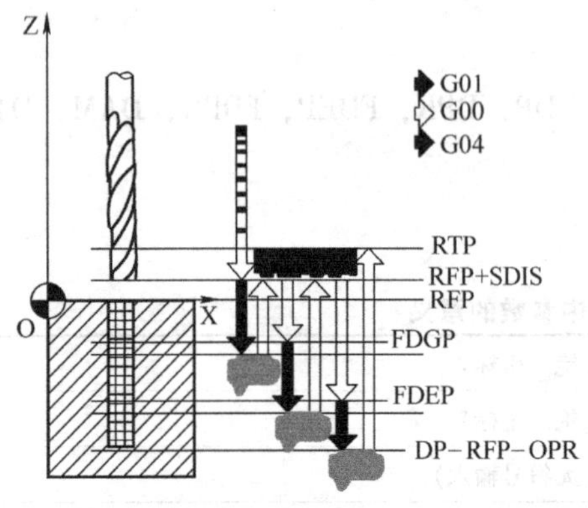

图3-28　深孔钻削排屑（VARI=1）

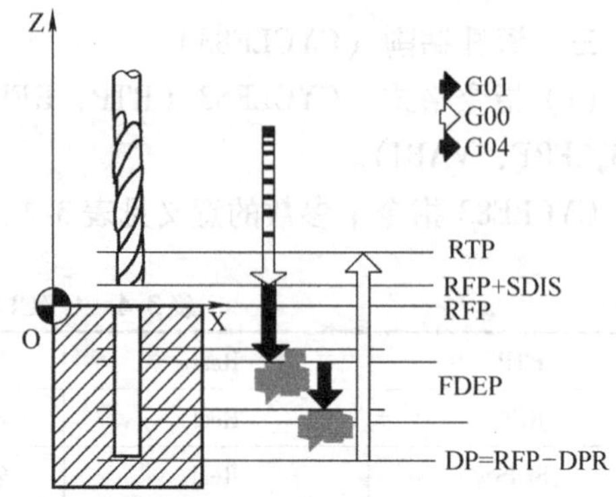

图3-29　深孔钻削断屑（VARI=0）

a）用 G00 到达安全高度。

b）用 G01 钻孔到起始深度，进给率为程序设定进给率×参数 FRF。

c）最后钻孔深度的停顿时间。

d）使用 G01 从当前钻孔深度后退 1mm，采用程序设置的进给率（用于断屑）。

e）使用 G01 执行下一次钻孔切削（该过程一直重复进行，直至到达最终钻削深度）。

f）使用 G00 回到返回平面。

（4）参数说明（图 3-30）

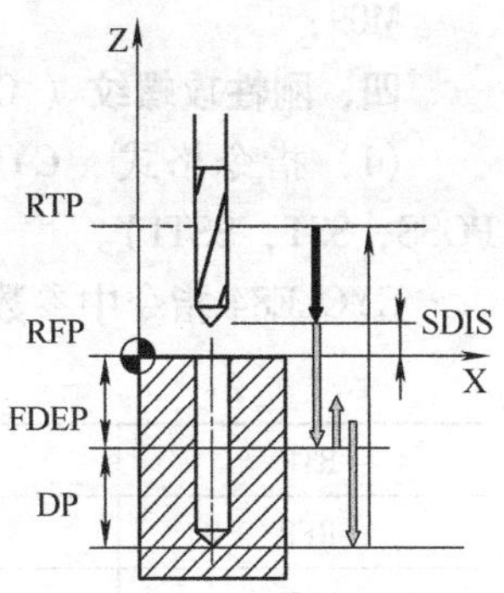

图 3-30 参数说明

1）DTB（停顿时间）：设置到达最终钻深的停顿时间（断屑），单位为 s。

2）DTS（停顿时间）：起始点的停顿时间只在 VARI = 1（排屑）是执行。

3）FRF（进给率系数）：对于此参数，可以输入进给率的系数，该系数只使用于循环中的首次钻孔深度。

4）VARI（加工类型）：

① 如果参数 VARI = 0，钻头在每次到达钻深后退回 1mm 用于断屑。

② 如果参数 VARI = 1（用于排屑），钻头每次移动到参考平面 + 安全高度的位置。

对于参数 RTP，RFP，SDIS，DP，DPR，参见 CYCLE82 指令中的参数说明，要注意以下几点：

a）进行首次钻深，不要超过总的钻孔深度。

b）从第二次钻深开始，冲程是由上一次钻深减去递减量获得的，但要求钻深大于所编程的递减量。

c）当钻削剩余量大于两倍的递减量时，以后钻削量等于递减量。

d）最终的两次钻削行程被平分，所以始终大于一半的递减量。

e）如果第一次的钻深值超过总钻深，则输出错误信息 61107“首次钻深定义错误”而且不执行循环程序。

注意：预期量的大小（每次钻削深度）由循环内部计算所得：

f）如果钻深为 30mm，预期量的值始终是 0.6mm。

g）对于更大钻深，使用公式“钻深/50”（最大值 7mm）。

（5）编程举例（图 3-27）

```
T1 D1;                                    刀具选择
G54 G90 G00 X0 Y0 F200;                   工件基本坐标系设定
Z100.;
G01 Z50 F100;
M03 S1200;
M08;
CYCLE83 (20., 0, 2., -35., 35., -5., 5., 1., 0.1, 0, 0.5, 1); 调用钻孔循环
G00 Z50.;
```

M05；

M09；

四、刚性攻螺纹（CYCLE84）

（1）指令格式 CYCLE84（RTP，RFP，SDIS，DP，DPR，DTB，SDAC，MPIT，PIT，POSS，SST，SST1）。

CYCLE84 指令中参数的意义见表 3-5。

表 3-5 CYCLE84 指令中参数的意义

RTP	Real	返回平面（绝对坐标）
RFP	Real	参考平面（绝对坐标）
SDIS	Real	安全高度（无符号输入）
DP	Real	最后钻孔深度（绝对坐标）
DPR	Real	相对参考平面的最后钻孔深度（无符号输入）
DTB	Real	停顿时间（断屑）
SDAC	Int	循环结束后的旋转方向值：3，4 或 5（用于 M03，M04 或 M05）
MPIT	Real	螺距由螺纹尺寸决定（有符号）范围 3（用于 M03）…48（用于 M48）；符号决定了在螺纹中的旋转方向
PIT	Real	螺纹由螺距决定（有符号）范围：0.001…2000.000mm；符号决定了在螺纹中的旋转方向
POSS	Real	循环中主轴定位停止角度
SST	Real	攻螺纹进给速度
SST1	Real	退回速度

注：Real 表示参数数据类型为实数，Int 表示参数数据类型为整数。

（2）功能 刀具以设置的主轴转速和进给率进行攻螺纹，直至最终螺纹深度，用于刚性攻螺纹。

注意：只有主轴在技术上进行位置控制，才可以使用 CYCLE84。对于带补偿夹具的攻螺纹，需要一个另外的循环 CYCLE840。

（3）操作顺序

1）循环启动前到达位置：孔位置在所选平面的两个进给轴中。

2）循环形成以下动作顺序：

① 使用 G00 到达参考平面 + 安全高度处。

② 主轴定位停止（值在参数 POSS 中）以及将主轴转换为进给轴模式。

③ 攻螺纹至最终深度，速度为 SST。

④ 螺纹深度处停留时间（参数 DTB）。

⑤ 退回到参考平面 + 安全高度处，速度为 SST1 且方向相反。

⑥ 使用 G00 退回到返回平面；通过在循环调用前重新设置有效的主轴速度以及 SDAC 下设置的旋转方向，从而改变主轴模式。

（4）参数说明（图 3-31）对于参数 RTP，RFP，SDIS，DP，DPR，参见 CYCLE82 指令中的参数说明。

1）DTB（停顿时间）：停顿时间以 s 为单位编程。攻螺纹时，建议忽略停顿时间。

2）SDAC（循环结束后的旋转方向）：在 SDAC 下设置循环结束后的旋转方向，循环内部自动执行攻螺纹时的反方向。

3）MPIT 和 PIT（作为螺纹大小或者螺距）：可以将螺纹的值定义为螺纹大小（公称螺纹只在 M2 和 M48 之间）或一个值（螺距）。不需要的参数在调用中省略或赋值为零。

4）右旋（RH）或左旋（LH）螺纹由螺距参数符号定义：正值用右旋，用于 M03，负值为左旋，用于 M04。

如果两个螺纹螺距参数的值有冲突，循环将产生报警 61001 “螺纹螺距错误” 且循环终止。

5）POSS（主轴角度）：攻螺纹前，使用 POSS 命令使主轴准确定位停止并转换成位置控制，POSS 为主轴定位停止角度。

6）SST（速度）：参数 SST 包含用于攻螺纹的主轴转速。

7）SST1（退回速度）：设置攻螺纹完退回的速度。如果该参数的值为零，则按照 SST 下设置的速度退回。

（5）编程举例（图 3-32）

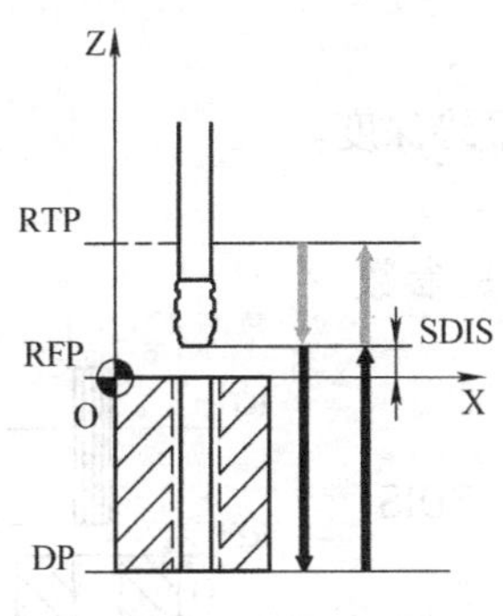

图 3-31　CYCLE84 参数说明

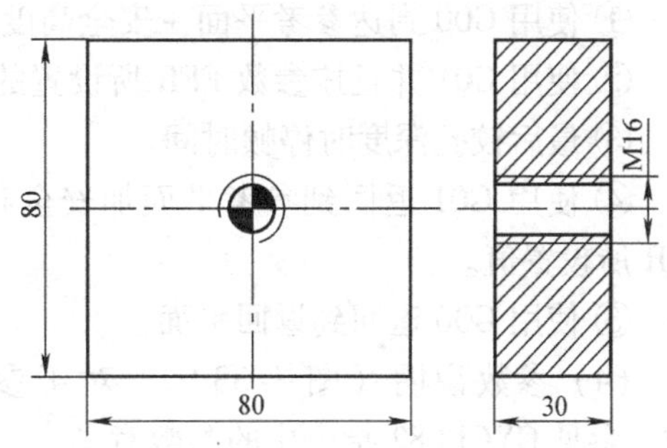

图 3-32　CYCLE84 编程举例

```
T1D1;                                    刀具选择
G54 G90 G00 F200;                        工件基本坐标系设定
X0 Y0;
Z50.;
M03 S300;
M08;
CYCLE84 ( 30., 0, 2., -34.,,, 4, 16.,, 0, 40., 80.); 调用攻螺纹循环
Z50.;
M05;
M09;
M02;
```

五、铰孔（CYCLE85）

（1）指令格式　CYCLE85（RTP，RFP，SDIS，DP，DPR，DTB，FFR，RFF）。

CYCLE85 指令中参数的意义见表 3-6。

表3-6 CYCLE85指令中参数的意义

RTP	Real	返回平面（绝对坐标）
RFP	Real	参考平面（绝对坐标）
SDIS	Real	安全高度（无符号输入）
DP	Real	最后铰孔深度（绝对坐标）
DPR	Real	相对参考平面的最后铰孔深度（无符号输入）
DTB	Real	最后铰孔深度时停顿时间（断屑）
FFR	Real	铰孔进给率
RFF	Real	退回进给率

注：Real表示参数数据类型为实数。

（2）功能 刀具按设置的主轴转速和进给率铰孔直至最后深度。切削和退刀的进给率分别是参数FFR和RFF的值。

（3）操作顺序

1）循环启动前到达位置：铰孔位置在所选平面的两个进给轴中。

2）循环形成以下动作顺序：

① 使用G00到达参考平面+安全高度处。

② 使用G01并且按参数FFR所设置的进给率铰孔至最终深度。

③ 最后铰孔深度时停顿时间。

④ 使用G01返回到参考平面加安全高度处，进给率是参数FFR所设置值。

⑤ 使用G00退回到返回平面。

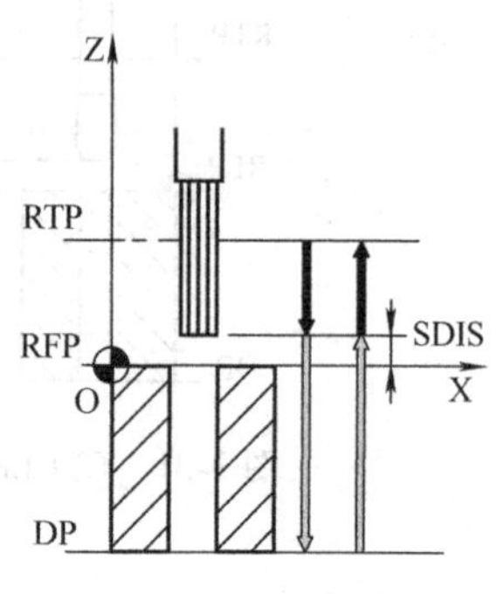

图3-33 参数说明

（4）参数说明（图3-33） 对于参数RTP，RFP，SDIS，DP，参见CYCLE82指令中的参数意义。

1）DTB（停顿时间）：DTB设置到最后铰孔深度时的停顿时间，单位为s。

2）FFR（进给率）：铰孔时FFR下设置的进给率值有效。

3）RFF（退回进给率）：从孔底退回到参考平面+安全高度时，RFF下设置的进给率值有效。

（5）编程举例（图3-27）

```
G54 G90 G17;                                    工件基本坐标系设定
G00 X0 Y0 Z100 M03 S300;
T5D1;                                           刀具选择
Z50.;
CYCLE85 (50.,0,2.,-33.,33.,0.3,40,80); 调用铰孔循环
M05;
M02;
```

六、镗孔（CYCLE86）

（1）指令格式 CYCLE86（RTP，RFP，SDIS，DP，DPR，DTB，SDIR，RPA，RPO，RPAP，POSS）。

CYCLE86 指令中参数的意义见表 3-7。

表 3-7　CYCLE86 指令中参数的意义

RTP	Real	返回平面（绝对坐标）
RFP	Real	参考平面（绝对坐标）
SDIS	Real	安全高度（无符号输入）
DP	Real	最后镗孔深度（绝对坐标）
DPR	Real	相对参考平面的最后镗孔深度（无符号输入）
DTB	Real	到最后镗孔深度时停顿时间（断屑）
SDIR	Int	旋转方向值：3（用于 M03）/4（用于 M04）
RPA	Real	平面中第一轴上的返回路径（增量，带符号输入）
RPO	Real	平面中第二轴上的返回路径（增量，带符号输入）
RPAP	Real	镗孔轴上的返回路径（增量，带符号输入）
POSS	Real	循环中主轴定位停止角度

注：Real 表示参数数据类型为实数，Int 表示参数数据类型为整数。

（2）功能　此循环可以用来镗孔，刀具按照设置的主轴转速和进给率进行镗孔，直至达到最后深度。镗孔时，一旦到达镗孔深度，便激活了主轴定位停止功能。然后，主轴从返回平面快速回到设置的返回位置。

（3）操作顺序

1）循环启动前的到达的位置：钻孔位置在所选平面的两个进给轴中。

2）循环形成以下动作顺序：

① 使用 G00 到达参考平面 + 安全高度处。

② 循环调用前使用 G01 及所设置的进给率移到最终钻孔深度处。

③ 最后镗孔深度处停顿时间。

④ 主轴定位停止在 POSS 下设置的角度。

⑤ 使用 G00 在三个方向上（平面中第一轴、第二轴，镗孔轴）返回。

⑥ 使用 G00 在镗孔轴方向返回到参考平面 + 安全高度处。

⑦ 使用 G00 再退回到返回平面。

（4）参数说明（图 3-34）对于参数 RTP，RFP，SDIS，DP，DPR，参见 CYCLE82 指令中的参数意义。

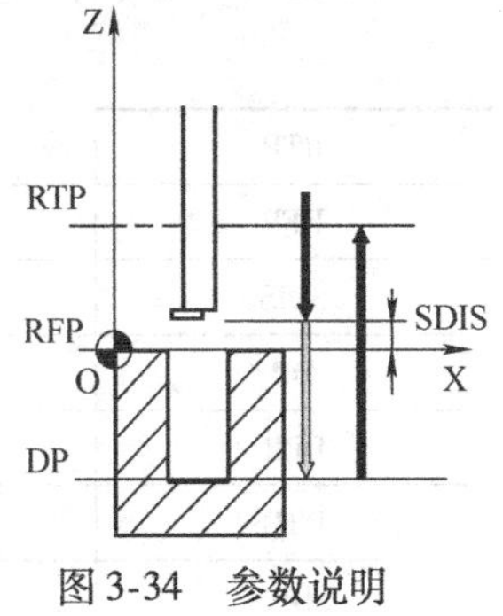

图 3-34　参数说明

1）DTB（停顿时间）：DTB 设置到达最后铰孔深度时的停顿时间，单位为 s。

2）SDIS（旋转方向）：使用此参数，可以定义循环中进行镗孔时的旋转方向。如果参数的值不是 3 或 4（M03/M04），则产生报警 61102“未编程主轴方向”且不执行循环。

3）RPA（第一轴上的返回路径）：使用此参数定义在第一轴上（横坐标）的返回路径，当到达最后镗孔深度并执行了主轴定位停止后执行此返回路径。

4）RPO（第二轴上的返回路径）：使用此参数定义在第二轴上（纵坐标）的返回路径，

当到达最后镗孔深度并执行了主轴定位停止后执行此返回路径。

5）RPAP（镗孔轴上的返回路径）：使用此参数定义在镗孔轴上的返回路径，当到达最后镗孔深度并执行了主轴定位停止后执行此返回路径。

6）POSS（主轴位置）：使用SPOS设置主轴定位停止的角度，该功能在到达最后钻孔深度后执行。

注意：主轴在技术上能够进行角度定位，则可以使用CYCLE86。

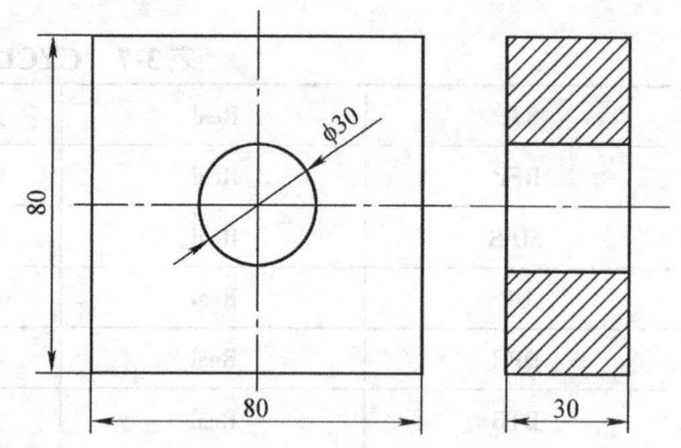

图3-35　镗孔零件

（5）编程举例（图3-35）

```
T1 D1;                            刀具选择
G54 G90 G00 X0 Y0 F200;           基本工件坐标系设定
Z50 M08;
M03 S600;
G01 Z30. F100;
CYCLE86（20.，0，2.，-32.，32.，0.5，3，0，0，0，0）；调用镗孔循环
Z50.;
M05;
M09;
M02;
```

七、带停止镗孔（CYCLE88）

（1）指令格式　CYCLE88（RTP，RFP，SDIS，DP，DPR，DTB，SDIR）。

CYCLE88指令中参数的意义见表3-8。

表3-8　CYCLE88指令中参数的意义

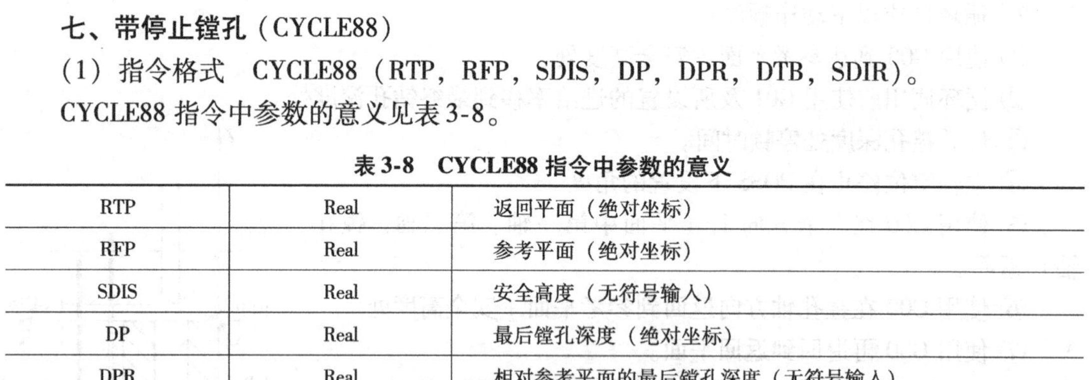

RTP	Real	返回平面（绝对坐标）
RFP	Real	参考平面（绝对坐标）
SDIS	Real	安全高度（无符号输入）
DP	Real	最后镗孔深度（绝对坐标）
DPR	Real	相对参考平面的最后镗孔深度（无符号输入）
DTB	Real	最后镗孔深度时停顿时间（断屑）
SDIR	Int	旋转方向值：3（用于M03）4（用于M04）

注：Real表示参数数据类型为实数，Int表示参数数据类型为整数。

（2）功能　刀具按照设置的主轴转速和进给率进行镗孔，直至到达最后镗孔深度。

（3）操作顺序

1）循环启动前的到达的位置：镗孔位置在所选平面的两个进给轴中。

2）循环形成以下动作顺序：

①使用G00到达参考平面加安全高度处。

② 循环调用前使用 G01 及所设置的进给率进给到最终镗孔深度处。

③ 最终镗孔深度处停顿时间。

④ 使用 G01 返回到参考平面 + 安全距离处。

⑤ 使用 G00 再退回到返回平面。

(4) 参数说明（图 3-36）对于参数 RTP，RFP，SDIS，DP，DPR，参见 CYCLE82 指令中的参数说明。

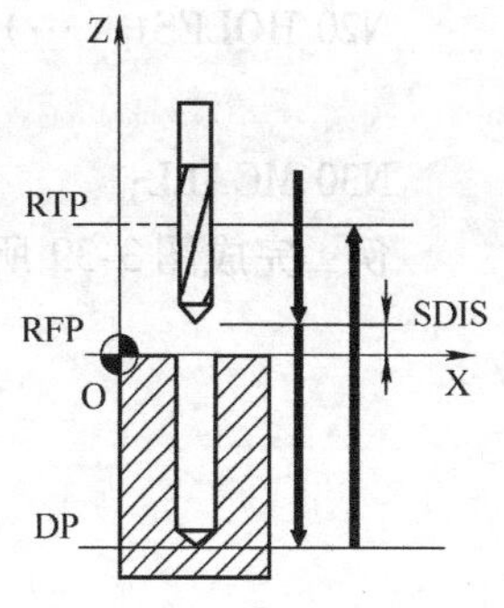

图 3-36　参数说明

1）DTB（停顿时间）：DTB 设置到最后铰孔深度时的停顿时间，单位为 s。

2）SDIS（旋转方向）：所设置的旋转方向对于到最后镗孔深度的距离有效，如果参数的值不是 3 或 4（M03/M04），则产生报警 61102 “未编程主轴方向” 及循环终止。

八、钻孔样式循环

(1) 排孔 HOLES1 编程格式（图 3-37）　HOLES1（SPCA，SPCO，STA1，FDIS，DBH，NUM）

SPCA	参考点横坐标
SPCO	参考点纵坐标
STA1	孔中心轴线与横轴角度
FDIS	从参考点到第一个孔距离
DBH	孔间距
NUM	孔数

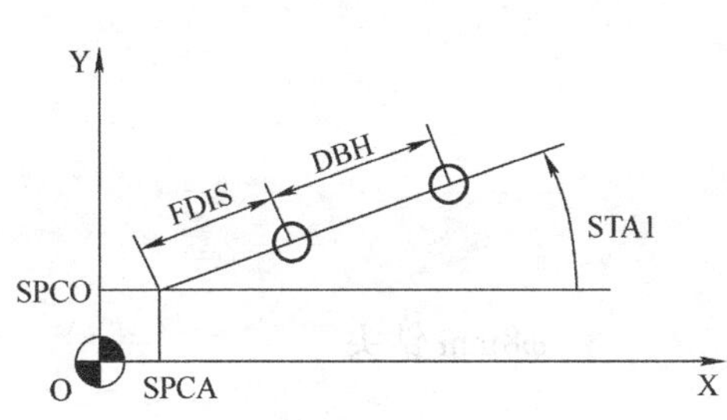

图 3-37　排孔 HOLES1 图

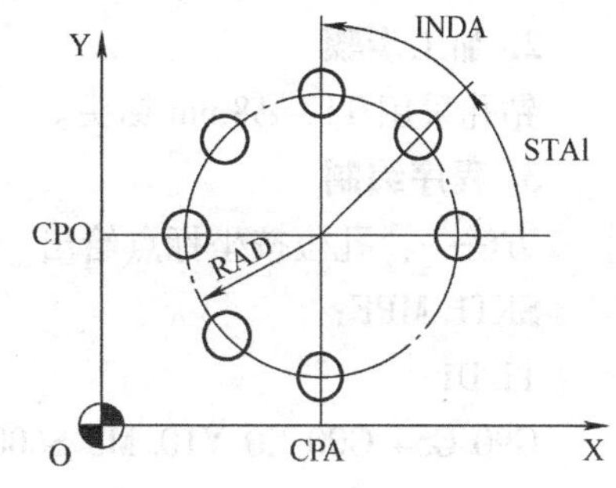

图 3-38　圆周孔 HOLES2

(2) 圆周孔 HOLES2 编程样式（图 3-38）

HOLES2（CPA，CPO，RAD，STA1，INDA，NUM）

CPA	圆周孔中心的横坐标
CPO	圆周孔中心的纵坐标
RAD	圆周孔的半径
STA1	起始角度
INDA	孔的角度增量
NUM	孔数

(3) 编程举例　行孔钻削编程举例：

N10 MCALL CYCLE82（…）； 钻削循环 CYCLE82

N20 HOLES1（…）； 行孔循环，每次到达孔位置之后，使用传送参数执行 CYCLE82（…）循环

N30 MCALL； 结束 CYCLE82（…）的模调用

例 完成图3-39所示零件孔的加工。

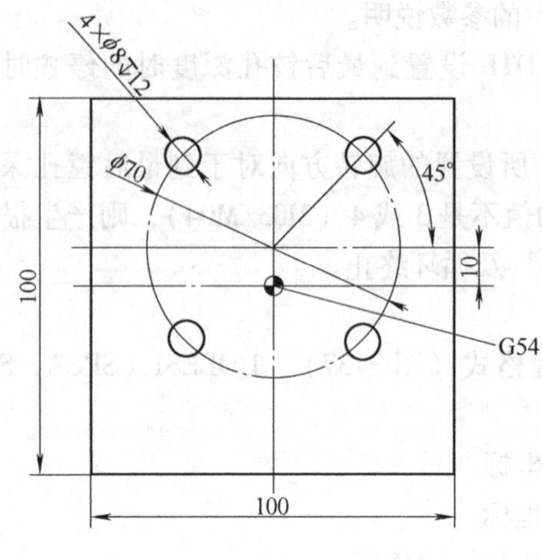

图3-39 零件孔的加工

1. 工艺分析

此例采用三种方法完成孔的加工。由于孔的精度要求不高，故可采用 ϕ8mm 钻头一次钻至尺寸。

2. 加工步骤

钻孔采用 T1，ϕ8mm 钻头。

3. 程序编制

方法一：孔位按坐标点给出

```
SKT1. MPF;
T1 D1;                                      ϕ8mm 钻头
G90 G54 G00 X0 Y10. M3 S600;
Z50. ;
G01 Z10. F100;
MCALL CYCLE82 (10. , 0, 5. , -12. , , 0.1);   模态调用中心钻孔循环
X24. 749 Y34. 749;
X-24. 749;
Y-14. 749;
X24. 749;
MCALL;                                      取消模态调用
G00 Z50. ;
M5;
G74 Z1 =0;
```

M30；

方法二：使用圆周孔模式 HOLES2

```
SKT1. MPF;
T1 D1;                                              φ8mm 钻头
G90 G54 G00 X0 Y10. M3 S600;
Z50. ;
G01 Z10. F100;
MCALL CYCLE82 (10. , 0, 5. , -12. , , 0.1);         模态调用钻孔循环
HOLES2 (0, 10. , 35. , 45. , 90. , 4);              圆周孔模式
MCALL;                                              取消模态调用
G00 Z50. ;
M5;
G74 Z1 =0;
M30;
```

方法三：使用坐标平移、坐标旋转、极坐标确定孔位完成加工

```
SKT1. MPF;
T1 D1;                                              φ8mm 钻头
G90 G54 G00 X0 Y0 M3 S600;
Z50. ;
G01 Z10. F100;
TRANS X0 Y10. ;                                     坐标平移至 X0 Y10.
AROT RPL =45. ;                                     附加旋转 45°
MCALL CYCLE82 (10. , 0, 5. , -12. , , 0.1);         模态调用中心钻孔循环
G111 X0 Y0;                                         极点在 X0 Y0
AP =0 RP =35. ;                                     极角为 0°，极径为 35mm
AP =90. ;
AP =180. ;
AP =270. ;
MCALL;                                              取消模态调用
ROT;
G00 Z50. ;
M5;
G74 Z1 =0;
M30;
```

九、铣槽模式

（1）铣模式圆弧槽 SLOT1 编程样式（图 3-40） SLOT1（RTP，RFP，SDIS，DP，DPR，NUM，LENG，WID，CPA，CPO，RAD，STA1，INDA，FFD，FFP1，MID，CDIR，FAL，VARI，MIDF，FFP2，SSF）。

RTP 返回平面（绝对值）

RFP　　参考平面（绝对值）
SDIS　　安全距离
DP　　圆形槽深度（绝对值）
（DPR）　　圆形槽深度（增量值）
NUM　　圆形槽个数
LENG　　圆形槽的长度
WID　　圆形槽的宽度
CPA　　圆弧槽中心横向坐标
CPO　　圆弧槽中心纵向坐标
RAD　　圆弧槽中心线的半径
STA1　　起始角度
INDA　　增量角度
FFD　　Z 向进给率
FFP1　　切削时进给率
MID　　每次切削进给的最大进给深度
CDIR　　沟槽铣削方向（2：G02；3：G03）
FAL　　精加工余量
VARI　　加工类型：完全/粗加工/精加工（0 = 完全　1 = 粗加工　2 = 精加工）
MIDF　　精加工深度
FFP2　　精加工进给率
SSF　　精加工的转速

图 3-40　铣模式圆弧槽 SLOT1

（2）编程举例　如图 3-41 所示，有四个圆形槽：长 30mm、宽 15mm、深 23mm。安全距离为 1mm，精加工余量为 0.5mm，铣削方向为 G02，最大进给深度为 6mm。完整加工这些槽并在精加工时进给至槽深。

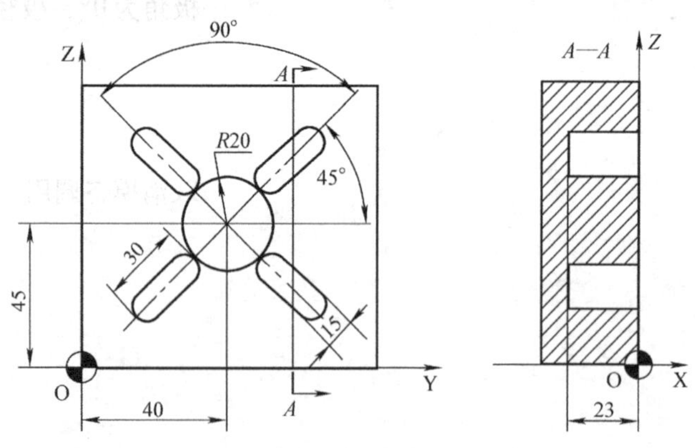

图 3-41　圆形槽

N10 G17 G90 T1 D1 S600 M03；
N20 G00 X20 Y50 Z5；　　　　回到起始位置
N30 SLOT1（5.，0，1.，-23，，4.，30.，15.，40.，45.，20.，45.，90.，50.，60.，

6.，2.，0.5，0,，30.，)；　　循环调用，参数 VARI，MIDF，FFP2 和 SSF 省略

…

N60 M30；　　程序结束

（3）铣模式圆周槽 SLOT2 编程样式（图 3-42）　SLOT2（RTP，RFP，SDIS，DP，DPR，NUM，AFSL，WID，CPA，CPO，RAD，STA1，INDA，FFD，FFP1，MID，CDIR，FAL，VARI，MIDF，FFP2，SSF）。

图 3-42　铣模式圆周槽 SLOT2

RTP	返回平面（绝对值）
RFP	参考平面（绝对值）
SDIS	安全距离
DP	圆周沟槽深度（绝对值）
DPR	圆周沟槽深度（增量值）
NUM	圆周槽个数
AFSL	沟槽的角度
WID	圆周槽宽度
CPA	圆弧槽中心横向坐标
CPO	圆弧槽中心纵向坐标
RAD	圆槽中心线的半径
STA1	起始角度
INDA	增量角度
FFD	Z 向进给率
FFP1	切削时的进给率
MID	每次切削进给的最大进给深度
CDIR	圆弧槽铣削方向（2：G02；3：G03）
FAL	精加工余量
VARI	加工类型：完全/粗加工/精加工（0＝完全　1＝粗加工　2＝精加工）
MIDF	精加工深度
FFP2	精加工进给率
SSF	精加工的转速

（4）编程举例　如图 3-43 所示，此程序可以用来加工分布在圆周上的 3 个圆周槽，该圆周在 XY 平面中的中心点是（X60，Y60），半径是 42mm。圆周槽具有以下尺寸：宽 15mm，槽长对应的角度为 70°，深 23mm。起始角为 0°，增量角为 120°。精加工余量为 0.5mm，Z 轴安全高度为 2mm，最大进给深度为 6mm。执行精加工时进给至深度。

N10 G17 G90 T1 D1 S600 M3；

N20 G00 X60. Y60. Z5.；　　回到起始点

N30 SLOT2（2.，0，2.，－23.,，3.，70.，15.，60.，65.，42.，0，120.，50.，60.，6.，2.，0.5，0,，30.，)；　　循环调用

…

N60 M30；　　程序结束

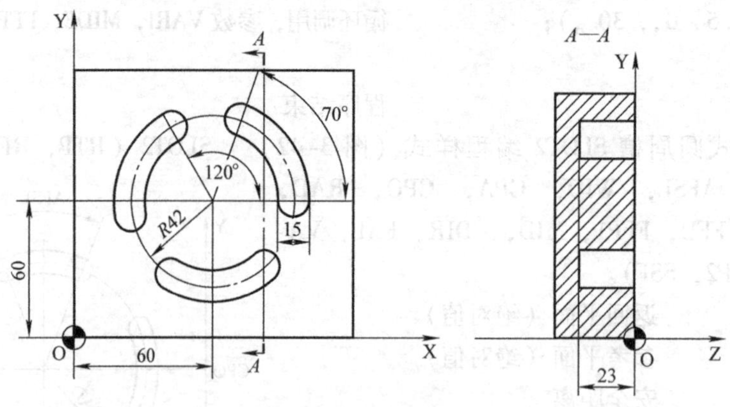

图3-43　圆周槽

第三节　子　程　序

一、子程序的编制方法

原则上讲，主程序和子程序之间并没有什么区别。一般用子程序编写经常重复进行的加工，比如某一确定的轮廓形状。子程序位于主程序中适当的地方，在需要时进行调用、运行，可简化程序编制。一个工件加工中4次使用子程序如图3-44所示。

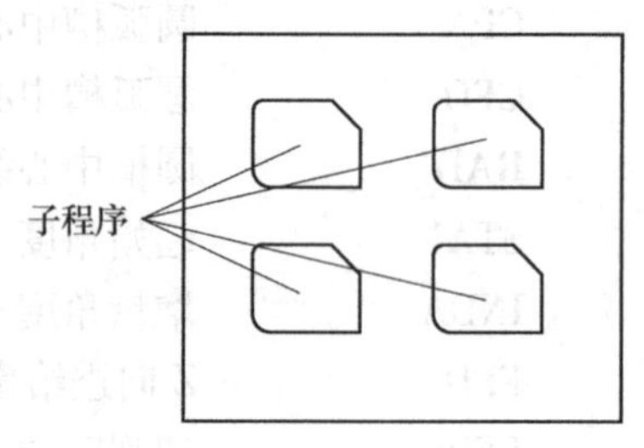

图3-44　一个工件加工中4次使用子程序

子程序的结构与主程序的结构一样，子程序也在最后一个程序段中用M2结束程序运行，子程序结束后返回主程序。

除了用M2指令结束程序外，还可以用RET指令结束子程序。RET要求占用一个单独的程序段，不能和其他内容写在同一行。用RET指令结束子程序时，返回主程序不会中断G64连续路径运行方式，用M2指令则会中断G64运行方式，并进入停止状态。

图3-45是两次调用子程序的示意图。

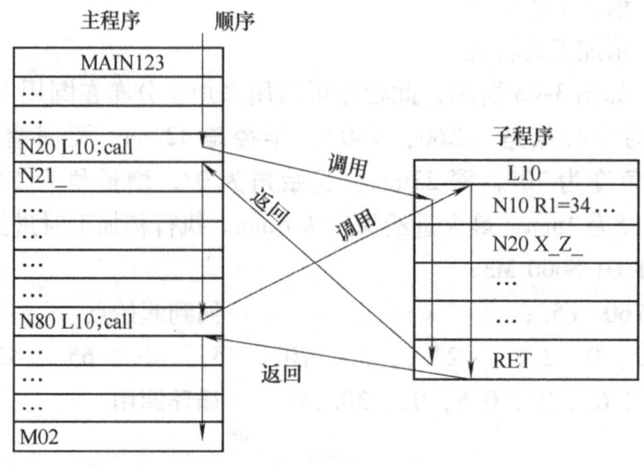

图3-45　两次调用子程序

1. 子程序的调用

在一个程序中（主程序或子程序）可以直接用程序名调用子程序。子程序调用时要求占用一个独立的程序段。

例

```
N10 L785;              调用子程序 L785
N20 LERAME7;           调用子程序 LERAME7
```

2. 程序重复调用次数 P

如果要求多次连续地执行某一子程序，则在编程时必须在所调用子程序的程序名后地址 P 下写入调用次数，最大次数可以为 9999，即 P1 ~ P9999。

SIEMENS 802D 系统循环要求最多 4 级程序。

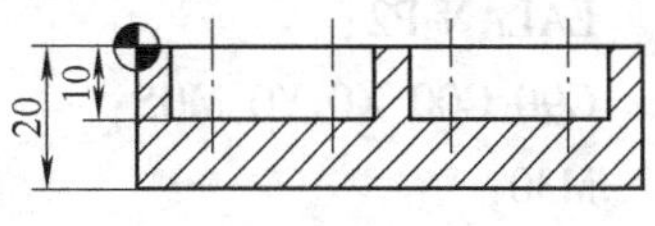

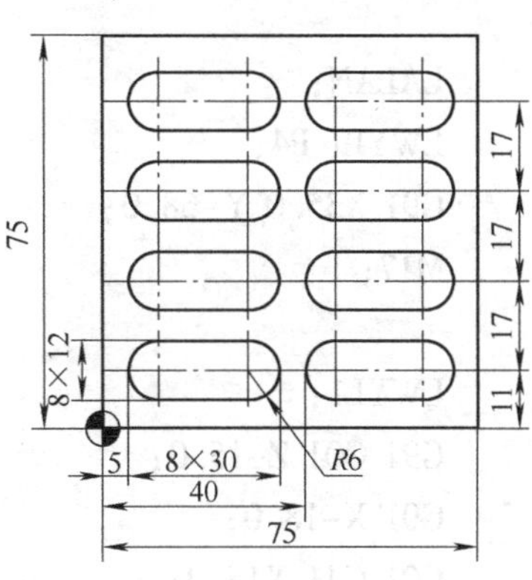

图 3-46　封闭槽的加工

二、加工实例

完成图 3-46 所示 8 × 12mm 封闭槽的加工。

程序如下：

方法一：

```
LX1;                   φ10mm 平底刀
T01 M06;
G90 G54 G00 X29.0 Y11.0 M3 F200;
Z10.0;
LALAN P4;
G90 X64.0 Y11.0;
LALAN P4;
X0 Y0 M05;
M30;
```

```
LALAN;（子程序）
G91 G01 Z-15.0;
G01 X-18.0;
G01 G41 X15.0;
G03 X-6.0 Y6.0 CR =6.0;
G01 X-9.0;
G03 X0 Y-12.0 I0 J-6.0;
G01 X18.0;
G03 X0 Y12.0 I0 J6.0;
G01 X-9.0;
G03 X-6.0 Y-6.0 CR =6.0;
G01 G40 X15.0;
G00 Z15.0;
Y17.0;
```

```
M17;

方法二:
LX2;（子程序嵌套）
G90 G54 G00 X29.0 Y11.0 M03 F200;
Z10.0;
LALAN P2;
G90 G00 X0 Y0 M05;
M30;

LALAN;
LWYL1 P4;
G91 X35.0 Y-68.0;
M17;

LWYL1;
G91 G01 Z-15.0;
G01 X-18.0;
G01 G41 X15.0;
G03 X-6.0 Y6.0 CR=6.0;
G01 X-9.0;
G03 X0 Y-12.0 I0 J-6.0;
G01 X18.0;
G03 X0 Y12.0 I0 J6.0;
G01 X-9.0;
G03 X-6.0 Y-6.0 CR=6.0;
G01 G40 X15.0;
G00 Z15.0;
Y17.0;
M17;
```

第四节　坐标变换指令

一、可编程的零点偏置（TRANS 和 ATRANS）

如果工件上在不同的位置有重复出现的形状要加工，或者选用了一个新的参考点，在这种情况下就需要使用可编程零点偏置。由此产生一个当前工件坐标系，新输入的尺寸均是在该坐标系中的数据尺寸，可以在所有坐标轴中进行零点偏移，如图 3-47 所示。

（1）指令格式

TRANS　X_ Y_ Z_ ;　　　可编程的偏移，清除所有有关偏移、旋转、比例系数、镜像

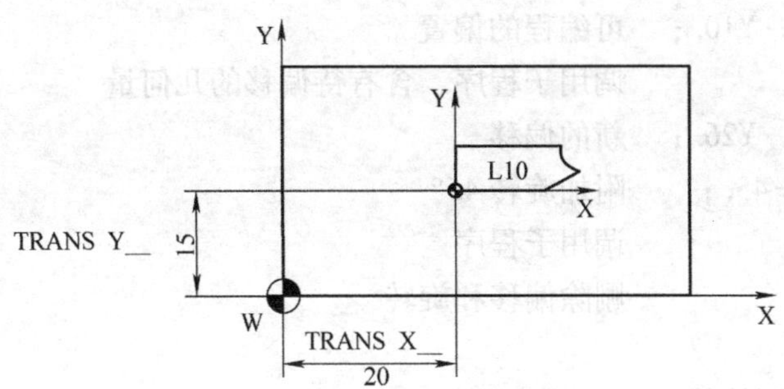

图 3-47 可编程的零点偏移

的指令

ATRANS X_ Y_ Z; 可编程的偏移，附加于当前的指令

TRANS; 不带数值，清除所有有关偏移、旋转、比例系数、镜像的指令

TRANS/ATRANS 指令要求一个独立的程序段。

(2) 编程举例（图 3-47）

N20 TRANS X20. Y15. …; 可编程零点偏移

N30 L10; 子程序调用，其中包含带偏移的几何量

…

N70 TRANS; 取消偏移

…

二、可编程旋转（ROT 和 AROT）

在当前的平面 G17、G18 或 G19 中执行旋转，值为 RPL =_ ，单位是（°），图 3-48 所示为在不同的平面中旋转角正方向的定义。

(1) 指令格式

ROT RPL = _ ; 以 G54 ~ G59 设置的当前有效工作零点为参考的。可编程旋转，删除以前的偏移、旋转、比例系数和镜像指令

AROT RPL_ ; 以当前有效设置或编程的零点为参考的。可编程旋转，附加于当前的指令

ROT; 没有设定值，删除以前的偏移、旋转、比例系数和镜像指令

ROT / AROT指令要求一个独立的程序段。

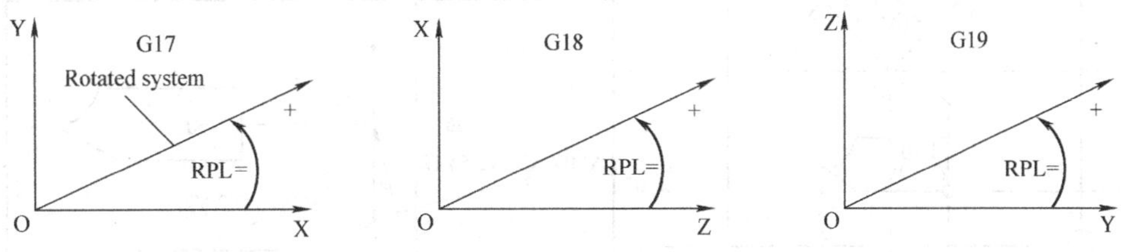

图 3-48 在不同的平面中旋转角正方向的定义

(2) 编程举例（图 3-49）

N10 G17; X/Y 平面

N20 TRANS X20. Y10. ; 可编程的偏置
N30 L10. ; 调用子程序，含有待偏移的几何量
N40 TRANS X30. Y26. ; 新的偏移
N50 AROT RPL = 45. ; 附加旋转45°
N60 L10; 调用子程序
N70 TRANS; 删除偏移和旋转
…

三、可编程的比例缩放（SCALE和ASCALE）

使用SCALE、ASCALE指令，可以为所有坐标轴按编程的比例系数进行缩放，按此比例使所给定的轴放大或缩小若干倍。当前设定的坐标系作为比例缩放的基准。

（1）指令格式

SCALE X_Y_Z_ ; 可编程的比例系数，清除所有有关偏移、旋转、比例系数、镜像的指令

ASCALE X_Y_ Z_ ; 可编程的比例系数，附加于当前的指令

SCALE; 不带数值，清除所有有关偏移、旋转、比例系数、镜像的指令

SCALE/ASCALE指令要求一个独立的程序段。

说明：1）图形为圆时，两个轴的比例系数必须一致。

2）如果在SCALE/ASCALE有效时，编制ATRANS功能，则偏移量也同样被比例缩放。

（2）编程举例（图3-50）

N10 G17; X/Y平面
N20 L10; 编程的轮廓—原尺寸
N30 SCALE X2. Y2. ; X轴和Y轴方向的轮廓放大2倍
N40 L10
N50 ATRANS X2. 5 Y18. ; 值也按比例放大
N60 L10; 轮廓放大和偏置

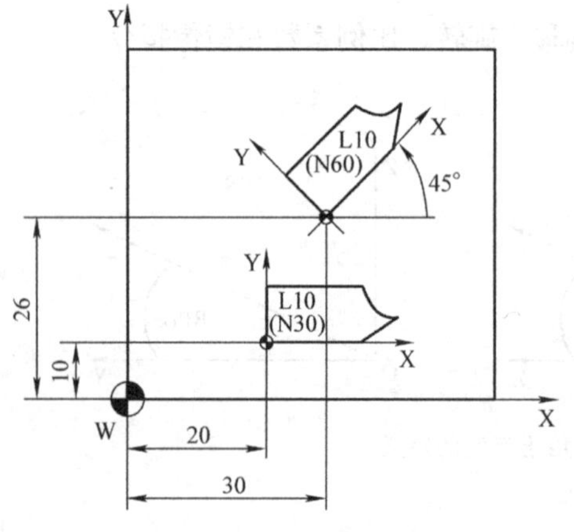

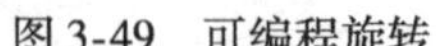
图3-49 可编程旋转

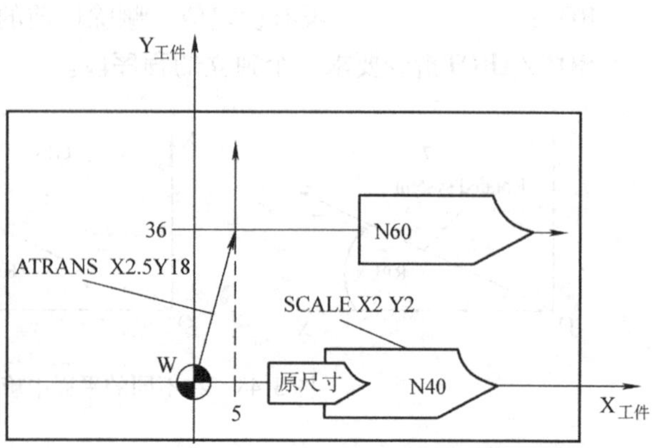

图3-50 可编程的比例缩放

四、可编程的镜像（MIRROR 和 AMIRROR）

用 MIRROR 和 AMIRROR 指令可以使工件镜像加工。编制了镜像加工的坐标轴，其所有运动都以反向运行。

（1）指令格式

MIRROR X0 Y0 Z0;　　以 G54 ~ G59 设置的当前有效坐标系为参考的。可编程的镜像功能，清除所有有关偏移、旋转、比例系数、镜像的指令

AMIRROR X0 Y0 Z0;　　以当前有效设置或编程坐标系为参考基准的。可编程的镜像功能，附加于当前的指令上

MIRROR;　　不带数值，清除所有有关偏移、旋转、比例系数、镜像的指令

MIRROR/AMIRROR 指令要求一个独立的程序段。坐标轴的数值没有影响，但必须要定义一个数值。

说明：1）在镜像功能有效时，已经使用的刀具半径补偿（G41/G42）自动反向。

2）在镜像功能有效时，旋转方向 G02/G03 自动反向。在不同的坐标轴中，镜像功能对使用的刀具半径补偿和 G02/G03 的影响，如图 3-51 所示。

（2）编程举例（图 3-51）

```
…
N10 G17;            X/Y 平面，Z 垂直于该平面
N20 L10;            编程的轮廓，带 G41
N30 MIRROR X0;      在 X 轴上改变方向加工
N40 L10;            镜像的轮廓
N50 MIRROR Y0;      在 Y 轴上改变方向加工
N60 L10;
N70 AMIRROR X0;     在 Y 轴镜像的基础上 X 轴再镜像
N80 L10;            轮廓镜像两次加工
N90 MIRROR;         取消镜像功能
…
```

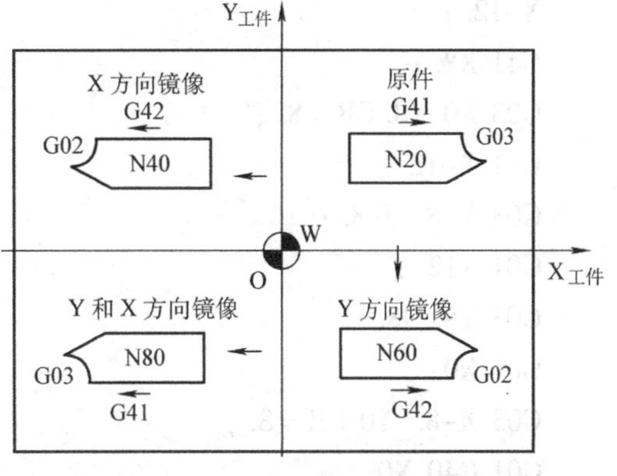

图 3-51　镜像功能举例

五、加工实例

实例 1　完成图 3-52 所示零件封闭槽的加工。

1. 工艺分析

可采用坐标旋转、坐标平移后并调用子程序完成封闭槽的加工。

2. 加工用刀具

铣封闭槽采用 ϕ14mm 平底刀（T1）。

3. 加工方法和程序编制

方法一：采用坐标旋转调用子程序

SKT2. MPF;

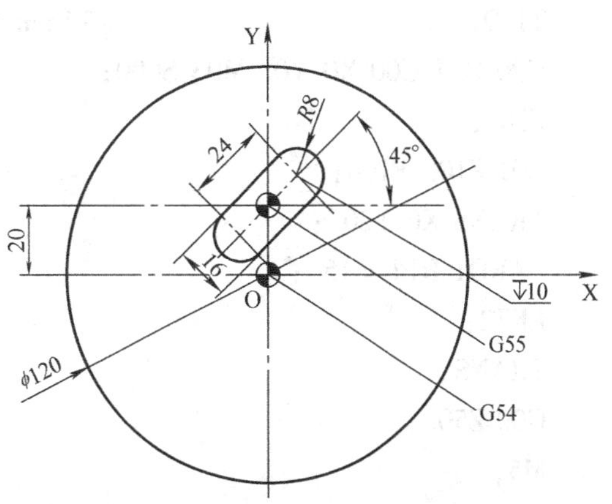

图 3-52　零件封闭槽的加工

```
T1 D1;                          φ14mm 平底刀
G90 G55 G00 X0 Y0 M3 S600;
Z50.;
G01 Z10. F100;
ROT RPL=45.;                    坐标轴旋转45°
LKT2;                           调用子程序LKT2
ROT;                            取消坐标轴旋转
G00 Z50.;
M05;
G74 Z1=0;                       Z轴回零点
M30;

LKT2.SPF;（铣槽子程序）
G00 X12. Y0;
G01 Z-10. F80;
X-12.;
G41 X8.;
G03 X0 Y8. CR=8.;
G01 X-12.;
G03 Y-8. J-8.;
G01 X12.;
G03 Y8. J8.;
G01 X0;
G03 X-8. Y0 CR=8.;
G01 G40 X0;
M17;
```

方法二：采用坐标平移、坐标旋转调用子程序

```
SKT2.MPF;
T1 D1;                          φ14mm 平底刀
G90 G54 G00 X0 Y0. M03 S600;
Z50.;
G01 Z10. F100;
TRANS X0 Y20.;
 AROT RPL=45.;
LKT2;
TRANS;
G00 Z50.;
M5;
G74 Z1=0;
```

```
M30;
LKT2;                         铣槽子程序同方法一
```

实例 2 完成图 3-53 示零件凸台的加工程序编制，毛坯 ϕ70mm×20mm 已加工。粗加工、精加工分别如图 3-54 和图 3-55 所示。

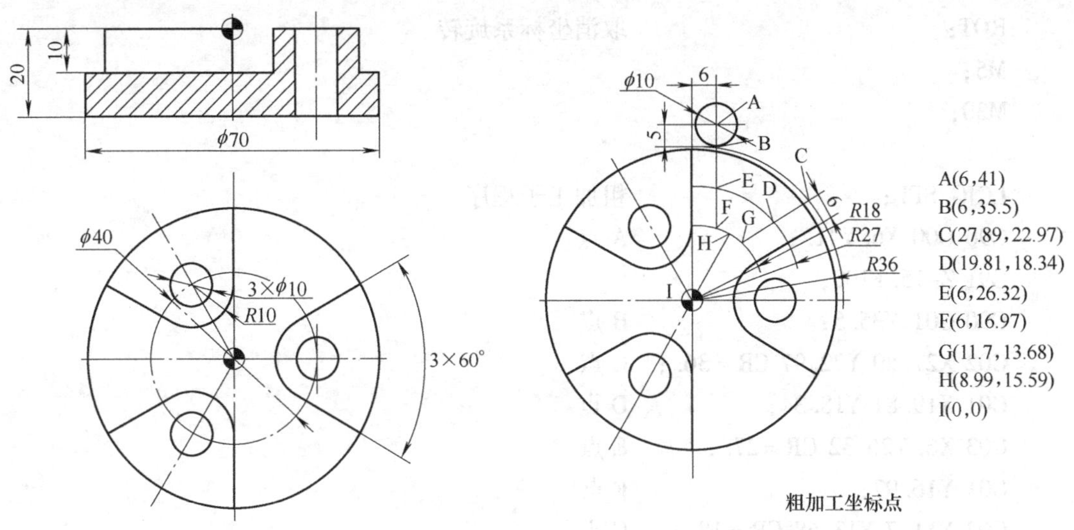

图 3-53 零件凸台的加工（坐标旋转） 图 3-54 粗加工

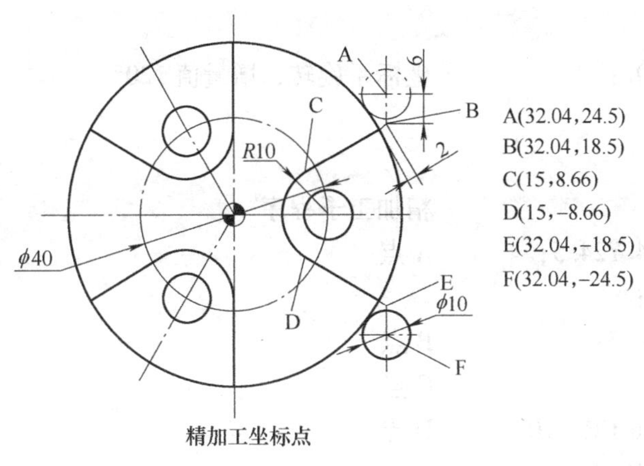

图 3-55 精加工

程序如下：

```
CJG. MPF
T1 D1 M6;                     φ10mm 平底刀
G90 G54 G00 X0 Y0 M3 S600;
G00 Z50;
Z10;
LCJG P3;                      调用 LCJG 子程序 3 次，铣至 5mm 深（粗加工）
```

```
Z5;
LCJG P3;                          调用 LCJG 子程序 3 次，铣至 10mm 深（粗加工）
G00 X0 Y0;
LJJG P3;                          调用 LJJG 子程序 3 次（精加工）
G00 Z50;
ROT;                              取消坐标系旋转
M5;
M30;

LCJG. SPF;                        粗加工子程序
G90 G00 X6. Y41. ;                A 点
G91 Z-15. F100;
G90 G01 Y35. 5;                   B 点
G02 X27. 89 Y22. 97 CR=36. ;      C 点
G01 X19. 81 Y18. 34;              D 点
G03 X6. Y26. 32 CR=27. ;          E 点
G01 Y16. 97;                      F 点
G02 X11. 7 Y13. 68 CR=18. ;       G 点
G01 X8. 99 Y15. 59;               H 点
X0 Y0;                            I 点
G00 Z5. ;
AROT RPL=120. ;                   坐标系旋转，增量值 120°
M17;

LJJG. SPF;                        精加工子程序
G90 G00 X32. 04 Y24. 5;           A 点
G01 Z-10. F100;
G42 X32. 04 Y18. 5;               B 点
G01 X15. Y8. 66;                  C 点
G03 X15. Y-8. 66 CR=10. ;         D 点
G01 X32. 04 Y-18. 5;              E 点
G40 X32. 04 Y-24. 5;              F 点
G00 Z5. ;
AROT RPL=120. ;                   坐标系旋转，增量值 120°
M17;
```

实例 3　完成图 3-56 所示零件凸台的加工，毛坯 ϕ80mm×35mm 已加工。

程序如下：

```
SL3. MPF;
T1 D1;                            调用 1 号刀具，φ20mm 平刀
```

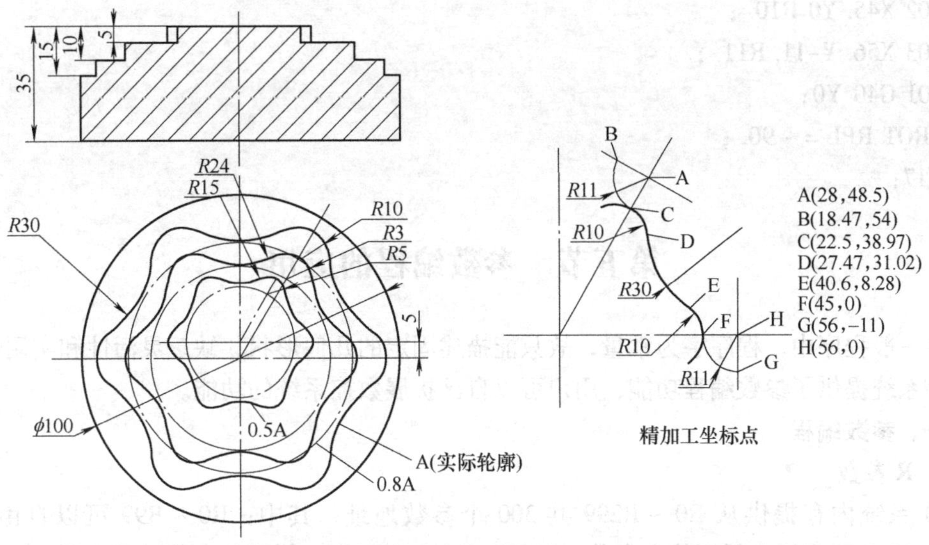

图 3-56　零件凸台的加工（可编程的比例缩放）

```
G90 G54 G00 X28. Y48. 5 M3 S600;
G00 Z50;
Z10. ;
G01 Z-15. F100;
LJX P4;
G01 Z-10. F100;
SCALE X0. 8 Y0. 8;
LJX P4;
SCALE;
G01 Z-5. F100;
TRANS X0 Y5. ;
ASCALE X0. 5 Y0. 5;
LJX P4;
TRANS
G00 Z50. ;
M5;
M30;

LJX. SPF;
G90 G01 X28. Y48. 5 F100;
G40 X18. 47 Y54. D1;
G03 X22. 5 Y38. 97 R11. ;
G02 X27. 47 Y31. 02 R10. ;
G03 X40. 6 Y8. 28 R30. ;
```

```
G02 X45. Y0 R10. ;
G03 X56. Y-11. R11. ;
G01 G40 Y0;
AROT RPL = -90. ;
M17;
```

第五节 参数编程的应用

在一般程序中，程序字为常量，故只能描述固定的几何形状，缺乏灵活性和实用性。为此数控系统提供了参数编程功能，用户可以自己扩展数控系统的功能。

一、参数编程

1. R 参数

1）系统内存提供从 R0 ~ R299 共 300 个参数地址，其中：R0 ~ R99 可以自由使用；R100 ~ R249 用于加工循环传递参数；R250 ~ R299 用于加工循环的内部计算参数。

2）参数地址中存储的内容，可以直接赋值，也可通过运算得出。通过采用数值、算术表达式或 R 参数，对已分配计算参数或参数表达式的数控地址赋值来增加数控程序的通用性。

3）赋值时在地址符之后写入符号“=”。给坐标轴地址（运行指令）赋值时要求有一独立的程序段。

4）计算参数时，遵循通常的数学运算规则。

例：
```
N10 R1 =R1 +1;
N20  R1 = R2 + R3   R4 = R5-R6   R7 = R8 * R9   R10 = R11/R12;
N30  R13 = SIN (25.3);
N40  R14 = R1 * R2 + R3;
N50  R15 = SQRT (R1 * R1 + R2 * R2);
```

5）编程举例：

例：
```
N10  G01  G91  X = R1  Z = R2  F300;
N20  Z = R3;
N30  X = -R4;
N40  Z = -R5;
  ...
```

2. 程序跳转

（1）标记符——程序跳转目标

1）标记符或程序段号用于标记程序中所跳转的目标程序段，用跳转功能可以将程序进行分支。

2）标记符须由 2 ~ 8 个字母或数字组成。在一个程序段中，标记符不能含有其他意义。

3）编程举例：

```
N10  MARKE1: G01 X20;          MARKE1 为标记符，跳转目标程序段
```

…

TR789：G00 X10 Z20；　　　TR789 为标记符，跳转目标程序段没有段号

N100…；　　　程序段号可以是跳转目标

（2）绝对跳转

1）程序在运行时可以通过插入程序段跳转指令改变执行顺序。

2）跳转目标只能是有标记符的程序段，此程序段必须位于该程序之内。

3）绝对跳转指令必须占用一个独立的程序段。

4）编程：

GOTOF Label；　　　向前跳转（向程序结束的方向跳转）

GOTOB Label；　　　向后跳转（向程序开始的方向跳转）

Label 为所选用的标记符或程序段号的字符串。

5）绝对跳转举例：

N10 G00 X_ Z_ ；

…

N20 GOTOF MARKE0；　　　跳转到标记 MARKE0

…

MARKE0：R1 = R2 + R3；

N51 GOTOF MARKE1；　　　跳转到标记 MARKE1

…

MARKE2：X_ Z_ ；

N100 M2；　　　结束程序

MARKE1：X_ Z_ ；

…

N150 GOTOB MARKE2；　　　跳转到标记 MARKE2

（3）有条件跳转

1）用 IF—条件语句表示有条件跳转。如果满足跳转条件（也就是值不等于零），则进行跳转。

2）跳转目标只能是有标记符的程序段，此程序段必须位于该程序之内。

3）有条件跳转指令必须占用一个独立的程序段。

4）编程：

IF 条件 GOTOF Label；　　　向前跳转

IF 条件 GOTOB Label；　　　向后跳转

5）运算符

= =	等于	< >	不等
>	大于	<	小于
> =	大于或等于	<=	小于或等于

6）比较运算编程举例：

① N10 IF R1 >1 GOTOF MARKE1；

② N10 IF R45 = = R7 +1 GOTOB MARKE2；

③ 一个程序段中有多个条件跳转：

N20 IF R1 = =1 GOTOB MA1 IF R1 = =2 GOTOF MA2；

注释：第一个条件实现后就进行跳转。

二、编程实例

实例1 完成圆弧上点的移动，如图3-57所示。

参数设定：起始角 R1 =30°；圆弧半径 R2 =32mm；位置间隔 R3 =10°；点数 R4 =12；圆心位置，X 方向 R5 =60mm；圆心位置，Y 方向 R6 =50mm。

程序：

```
N10 R1 =30   R2 =32   R3 =10   R4 =12   R5 =60   R6 =50；
N20 MA1：G00 X = R2 * COS(R1) + R5   Y = R2 * SIN(R1) + R6；
N30 R1 = R1 + R3   R4 = R4-1；
N40 IF R4 >0 GOTOB MA1；
N50 M2；
```

实例2 铣削圆孔，如图3-58所示。

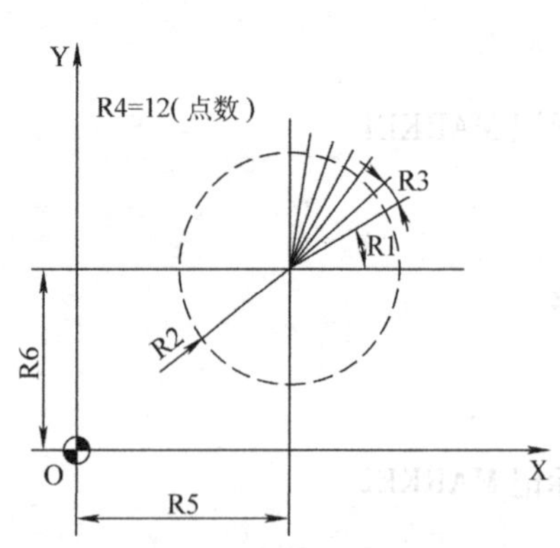

图3-57 圆弧上点的移动

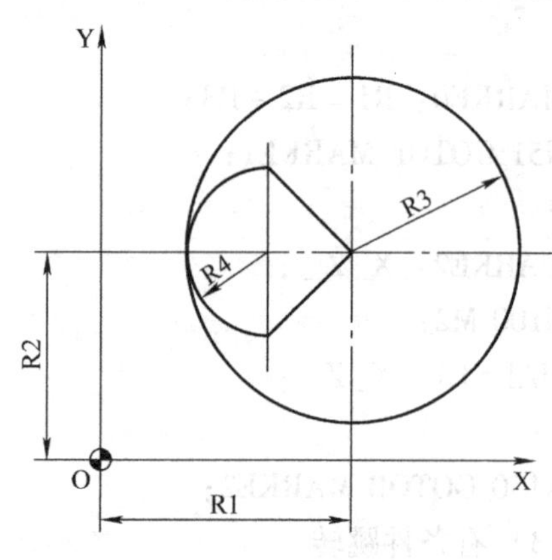

图3-58 铣削圆孔

参数设定：圆心 X 轴坐标值为 R1，圆心 Y 轴坐标值为 R2，圆孔半径为 R3，接近圆弧半径为 R4，起始平面为 R5，安全平面为 R6，圆孔深为 R7。

```
LXYK. SPF；
G00 X = R1 Y = R2；
Z = R5；
Z = R6；
G01 Z = -R7 F100；
R10 = R3-R4；
R11 = R1-R10；
R12 = R2 + R4；
G41 X = R11 Y = R12；
R13 = R1-R3；
```

```
G03 X = R13 Y = R2 J = -R4;
G03 I = R3;
R14 = R2-R4;
G03 X = R11 Y = R14 I = R4;
G01 G40 X = R1 Y = R2;
G00 Z = R5;
M17;
```

例如：精铣中心为（100，50），半径为 40mm，深为 20mm 的圆孔。刀具为 ϕ25mm 平铣刀时，参数设定程序为：

```
XYK. MPF;
T1 D1 M6;
G90 G54 G00 X0 Y0 M03 S400;
R1 = 100. ;
R2 = 50. ;
R3 = 40. ;
R4 = 20. ;
R5 = 50. ;
R6 = 10. ;
R7 = 20. ;
LXYK;
M05;
M30;
```

实例 3　倒 R 面加工

1. 加工 *R*5（图 3-59）

程序如下：

```
O300;
T1 D1;
M3 S1500;
G90 G54 G00 X0 Y0;
Z50. M8;
Z10. ;
G01 Z0 F1000;
G01 X17. ;                                  17 = 19 + 5 - 7
R1 = 0;
R2 = -5. ;
N10 R3 = 5. + R1;
R4 = SQRT (5 * 5-R3 * R3);
R5 = 17. - R4;
G01 X = R5 Y0 Z = R1;
```

```
G02 I = -R5 ;
R1 = R1-0.1;
IF R1 > = R2 GOTO 10;
G00 Z50. ;
M5;
M30;
```

2. 加工 *SR28* （图3-60）

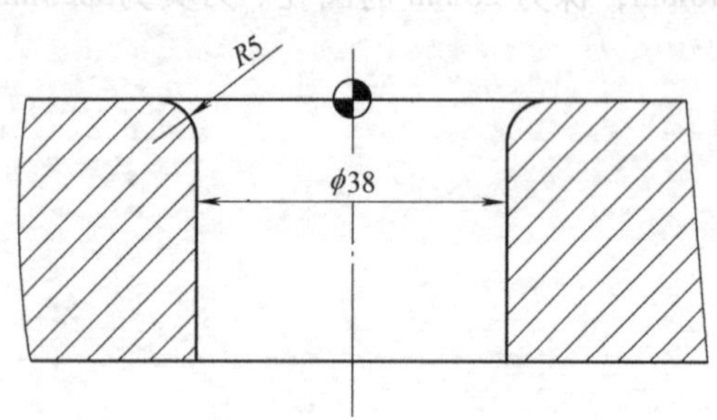

图3-59　倒*R*面加工

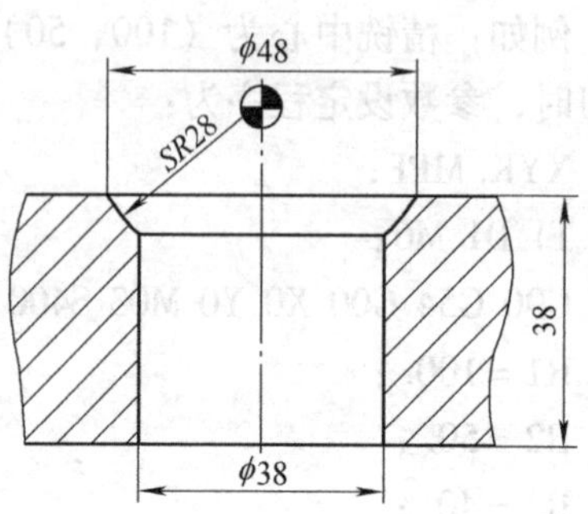

图3-60　倒*R*面加工

程序如下：

```
O310;
T1 D1;
M3 S1500;
G90 G54 G00 X0 Y0;
G00 Z50. M8;
Z10. ;
G01 Z-13. F1000;
R1 = -14.422;                        14.422 = √(28² - 24²)
R2 = -20.567;                        20.567 = √(28² - 19²)
N10 R3 = SQRT (28 * 28-R1 * R1) ;
R4 = R3-8. ;
G01 Z = R1;
X = R4;
G02 I =-R4;
R1 = R1-C0.1;
IF R1 > = R2 GOTO 10;
G00 Z50. ;
M5;
M30;
```

实例4　斜面加工

1. 标准矩形周边外斜面加工 （图3-61）

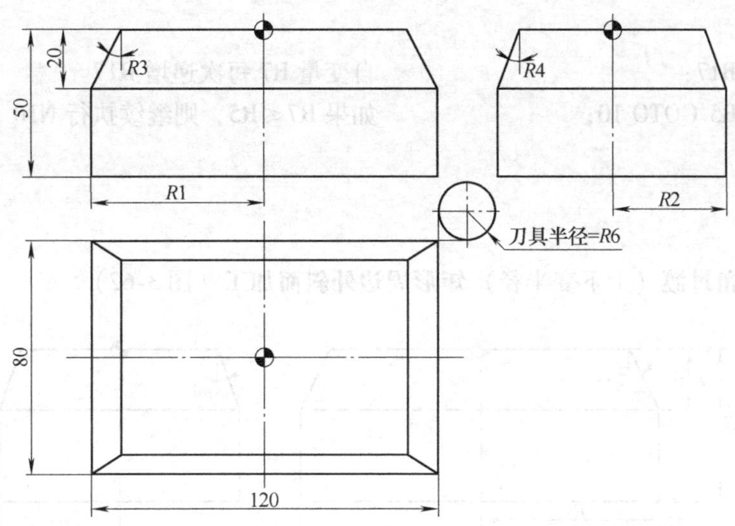

图 3-61 标准矩形周边外斜面加工

程序如下：

```
O600;
T1 M6;                                φ20mm 平底刀
S1000 M3;
G90 G54 G00 X0 Y0 ;
Z50. ;
R1 =60. ;                             X 向大端 1/2 尺寸
R2 =40. ;                             Y 向大端 1/2 尺寸
R3 =30. ;                             斜面与 Z 轴的夹角（ZX 平面）
R4 =20. ;                             斜面与 Z 轴的夹角（YZ 平面）
R5 =20. ;                             斜面高度
R6 =10. ;                             刀具半径
R7 =0;                                高度设为自变量，赋初值为 0
R17 =0.1;                             自变量 R7 的每次递增量（等高）
R8 = R1 + R6;                         首轮初始刀位点到原点的距离（X 方向）
R9 = R2 + R6;                         首轮初始刀位点到原点的距离（Y 方向）
G00 X = R8 Y = R9;                    快速移动至首轮初始刀位点
G01 Z =-R5 F200;                      下降至斜面底部
N10 R10 = R8-R7 * TAN （R3）;         次轮初始刀位点到原点的距离（X 方向）
R11 = R9-R7 * TAN ［R4］;             次轮初始刀位点到原点的距离（Y 方向）
G01 X = R10 Y = R11 F300;             进至次轮初始刀位点
Z = －R5 + R7;                        进至 Z 向切削位置
Y =-R11;
X =-R10;
Y = R11;
```

```
X = R10;
R7 = R7 + R17;                    自变量 R7 每次递增 R17
IF R7 <= R5 GOTO 10;              如果 R7≤R5，则继续执行 N10
GO Z50. ;
M5;
M30 ;
```

2. 四角圆角过渡（上下变半径）**矩形周边外斜面加工**（图 3-62）

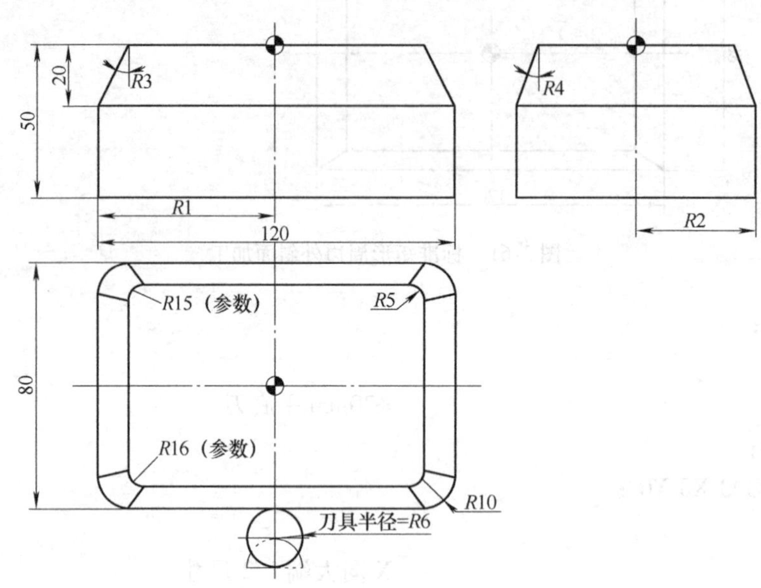

图 3-62 四角圆角过渡（上下变半径）矩形周边外斜面加工

程序如下：

```
O610;
T1 D1;                            φ20mm 平底刀
S1000 M3;
G90 G54 G00 X0 Y0 ;
Z50. ;
R1 =60. ;                         X 向大端 1/2 尺寸
R2 =40. ;                         Y 向大端 1/2 尺寸
R3 =30. ;                         斜面与 Z 轴的夹角（ZX 平面）
R4 =20. ;                         斜面与 Z 轴的夹角（YZ 平面）
R5 =20. ;                         斜面高度
R6 =10. ;                         刀具半径
R7 =0;                            高度设为自变量，赋初值为 0
R15 =10. ;                        矩形四周圆角过渡半径（下面大端）
R16 =5. ;                         矩形四周圆角过渡半径（上面小端）
R17 =0. 1;                        自变量 R7 的每次递增量（等高）
```

```
R18 = 11. ;                              1/4 圆弧切入和圆弧切出
R8 = R1 + R6;                            首轮初始刀位点到原点的距离（X 方向）
R9 = R2 + R6;                            首轮初始刀位点到原点的距离（Y 方向）
R20 = R15 + R6;                          首轮刀具轨迹四周圆角半径
G00 X0 Y = - R9-R18;                     快速移动至首轮初始刀位点
G01 Z =-R5 F200;                         下降至斜面底部
N10 R10 = R8-R7 * TAN (R3);              次轮初始刀位点到原点的距离（X 方向）
R11 = R9-R7 * TAN (R4);                  次轮初始刀位点到原点的距离（Y 方向）
R30 = R20-(R15-R16) * R7/R5;             次轮刀具轨迹四周圆角半径
X = R18 Y =-R11-R18;                     移动至首轮圆弧切入点
G01 Z = - R5 + R7;
G03 X0 Y = - R11 CR = R18;               1/4 圆弧切入进刀
G01 X = - R10 RND = R30 F300;
Y = R11 RND = R30;
X = R10 RND = R30;
Y = - R11 RND = R30;
X0;
G03 X = - R18 Y = - R11-R18 CR = R18;    1/4 圆弧切入退刀
G01 X0;
R7 = R7 + R17;                           自变量 R7 每次递增 R17
IF R7 <= R5 GOTO 10;                     如果 R7≤R5，则继续执行 N10
G00 Z50. ;
M5;
M30;
```

实例 5　使用 R 参数完成零件综合铣削加工。如图 3-63 所示。

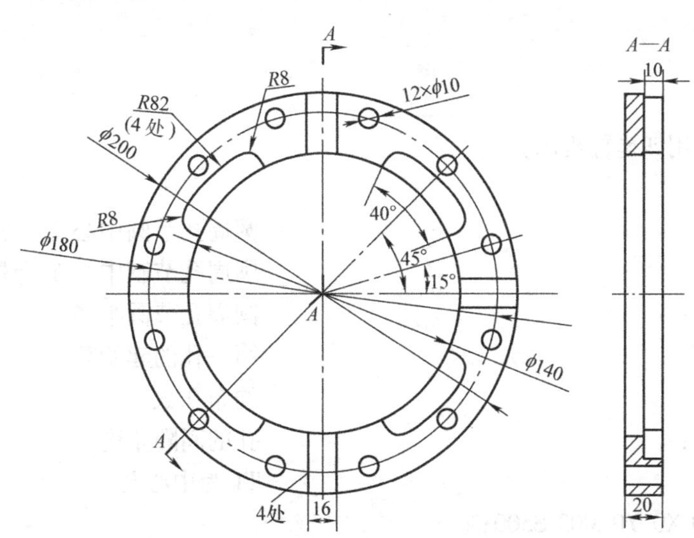

图 3-63　零件综合加工

(1) 孔加工程序

程序一：

```
YZK. MPF;
R1 =0;                                          圆周孔节圆中心 X 坐标
R2 =0;                                          圆周孔节圆中心 Y 坐标
R3 =180/2;                                      圆周孔节圆半径
R4 =15.;                                        第一孔的起始角
R5 =12;                                         均布孔数
R6 =360/12;                                     孔的间隔角度
T1 D1 M6;                                       T1 为中心钻
G90 G54 G00 X0 Y0 M03 S500;
Z50.;
F50 M08;
MCALL CYCLE82 (20., 0, 5., -4., , 0.1);         中心钻孔循环
H0LES2 (R1, R2, R3, R4, R6, R5);                加工一圈孔
MCALL;
G00 Z50. M5;
M09;
T2 D1 M06;                                      T2 为 φ10mm 钻头
G90 G54 G00 X0 Y0 M03 S500;
Z50.;
F100 M08;
MCALL CYCLE83 (20., 0, 5., -25., , -6., , 1., 0, 0.1, 1);
H0LES2 (R1, R2, R3, R4, R6, R5);
MCALL;
G00 Z50. M5;
M9;
M30;
```

程序二：(采用四坐标机床)

```
YZK. MPF;
R1 =0;                                          圆周孔节圆中心 X 坐标
R2 =0;                                          圆周孔节圆中心 Y 坐标
R3 =180./2.;                                    圆周孔节圆半径
R4 =15;                                         第一孔的起始角
R5 =12;                                         均布孔数
R6 =360/12.;                                    孔的间隔角度
T1 D1 M6;                                       T1 为中心孔
G90 G54 G00 X0 Y0 M03 S500;
Z50.;
```

```
TRANS X=R1 Y=R2;                                  坐标平移
G00 X0 Y0;
C=R4;                                             C 盘（第 4 轴）
R10=0;
MA1: R13=R4+R6*R10;
G00 C=R13;
F50 M08;
CYCLE82 (20., 0, 5., -4., , 0.1);
R10=R10+1;
IF R10<R5 GOTOB MA1;
TRANS;                                            取消坐标平移
G00 Z50. M5;
M09;
T2 D1 M6;                                         T2 为 φ10mm 钻头
G90 G54 G00 X0 Y0 M03 S300;
Z50.;
TRANS X=R1 Y=R2;
G00 X0 Y0;
C=R4;
R10=0;
MA1: R13=R4+R6*R10;
G00 C=R13;
F50 M08;
CYCLE83 (20., 0, 5., -25., , -6., , 1., 0, 0.1, 1);
R10=R10+1;
IF R10<R5 GOTOB MA1;
TRANS;
G00 Z50. M5;
M9;
M30;
```

（2）4 处 16mm 宽直槽加工程序

```
QZC.MPF;                                          铣直槽
R1=70.;                                           直槽内侧半径
R2=100.                                           直槽外侧半径
R3=-10.;                                          加工槽深
R4=0;                                             第一槽中心的起始角
R5=4;                                             槽的个数
R6=360/4;                                         槽的间隔角度
R7=16.;                                           槽宽
```

```
R8 = 7.;                              铣刀半径
R9 = 5;                               粗铣分层切削次数
T3 D1 M6;                             φ14mm 平底刀
G90 G54 G00 X0 Y0 M03 S500;
Z50.;
Z10. M8;
Z0.2 M8;
ROT RPL = R4;
LCXC P = R5;                          粗铣 4 直槽
G00 Z50. M5;
M09;
T4 D1 M06;                            T4 为 φ14mm 平底刀
G90 G54 G00 X0 Y0 M03 S500;
Z50.;
Z10.
LJXC P = R5;                          精铣 4 直槽
ROT;                                  取消坐标旋转
G00 Z50. M5;
M09;
M30;

LCXC.SPF;                             粗铣槽坐标旋转子程序
Z0.2;
LCXC1;
Z10.;
AROT RPL = R6;                        坐标旋转
M17;

LCXC1.SPF;                            粗铣槽分层切削子程序
LCXC2 P = R9;                         分层铣 5 次
M17;

LCXC2.SPF;                            粗铣槽子程序
R10 = R1-R8;
R11 = R2 + R8;
R12 = R3/R9;
R13 = R12/2;
G90 X = R10 Y0;
G91 G01 Z = R13 F200;
```

```
G90 X=R11 F100;
G91 Z=R13 F200;
G90 X=R10 F100;
M17;

LJXC.SPF;                         精铣槽坐标旋转子程序
LJXC1;
AROT RPL=R6;                      坐标旋转
M17;

LJXC1.SPF;                        精铣槽子程序
R10=R1-R8;
R11=R2+R8;
R14=R7/2-R8;
G01 X=R10 Y=-R14 F200;
Z=R3;
X=R11 F100;
Y=R14;
X=R10;
Z5.;
M17;
```

（3）切 4 处 40°型槽

```
QXC.MPF;
R1=70.;                           槽内侧半径
R2=82.;                           槽外侧半径
R3=-10.;                          加工槽深
R4=45.;                           第一槽中心的起始角
R5=4;                             槽的个数
R6=360/4;                         槽的间隔角度
R7=40.;                           槽宽夹角
R8=7.;                            铣刀半径
R9=5.;                            粗铣分层切削次数
R10=27.587;                       两 R8 圆弧与槽外侧 R82 圆弧切点处
                                  夹角（由绘图法求出）
R19=73.57;                        两 R8 圆弧与槽侧（40°斜面）切点处
                                  半径值（由绘图法求出）
T3 D1 M6;                         φ14mm 平底刀
G90 G54 G00 X0 Y0 M03 S500;
Z50.;
```

```
Z10. ;
ROT RPL = R4;
LCXXC P = R5;                        粗铣4型槽
G00 Z50. M5;
M09;
T4 D1 M06;                           T4为φ14mm平底刀
G90 G54 G00 X0 Y0 M3 S500;
Z50. ;
Z10. ;
LJXXC P = R5;                        精铣4型槽
ROT;                                 取消坐标旋转
G00 Z50. M5;
M09;
M30;

LCXXC. SPF;                          粗铣型槽坐标旋转子程序
Z0.2;
LCXXC1;
Z10. ;
AROT RPL = R6;                       坐标旋转
M17;

LCXXC1. SPF;                         粗铣型槽分层切削子程序
LCXXC2 P = R9;                       分层铣5次
M17;

LCXXC2. SPF;                         粗铣型槽子程序
R11 = R1-R8-1;
R12 = R2-R8-1;
R13 = R3/R9;
R14 = R10/2;
G90 G01 RP = R11 AP =-R14 F200;
G91 Z = R13;
G90 RP = R12 F100;
G03 AP = R14;
G01 RP = R11;
M17;

LJXXC. SPF;                          精铣槽坐标旋转子程序
```

```
LJXXC1;
AROT RPL=R6;                                    坐标旋转
M17;

LJXXC1.SPF;                                     精铣型槽子程序
R15=R1-R8-5;
R16=R1-1;
R17=R7/2;
R18=R10/2;
G01 RP=R15 AP=0 F200;                           极坐标
Z=R3;
G41 RP=R16 AP=-R17;
RP=R19 F100;
G03 X=R2*COS (R18)   Y=-R2*SIN (R18) CR=8;
G03 Y=R2*SIN (R18)   CR=R2;
G03 X=R19*COS (R17)   Y=R19*SIN (R17) CR=8;
G01 X=R16*COS (R17)   Y=R16*SIN (R17);
G40 X=R15   Y=0;
G00 Z5.;
M17;
```

第六节　常用指令的综合应用

课题一　图 3-64 所示零件的凸台及型腔的加工程序。

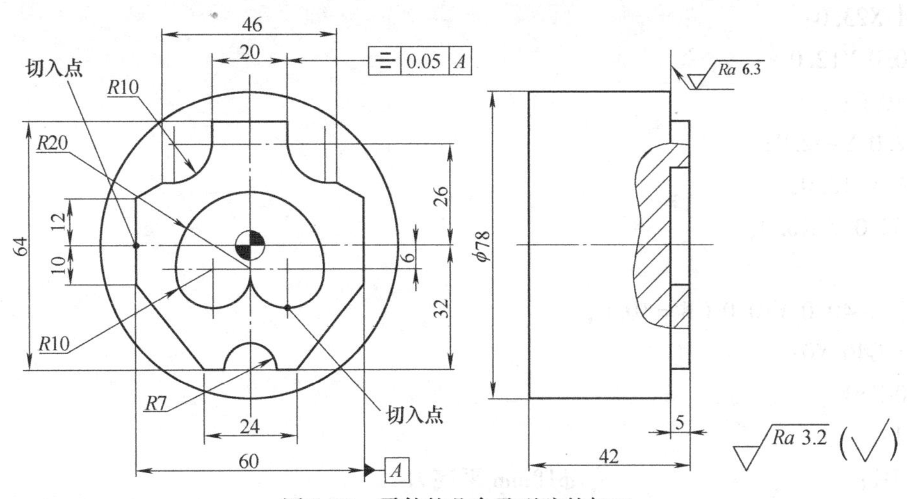

图 3-64　零件的凸台及型腔的加工

1. 工艺分析

此零件加工内容为凸台和槽。凸台加工余量较小，采用 ϕ18mm 平底刀一次性完成加工

（*R*7 圆弧处可先不加工）。槽加工先用 ϕ18mm 平底刀去余量，再进行精加工。采用 ϕ12mm 平底刀（由 *R*7 圆弧决定刀具）完成凸台处 R7 圆弧加工。

2. 加工步骤

（1）凸台加工　T1，ϕ18mm 平底刀。

（2）槽加工　T2，ϕ18mm 平底刀。

（3）凸台 *R*7 圆弧加工　T3，ϕ12mm 平底刀。

3. 加工程序

```
KT1. MPF;
T1 D1;                          φ18mm 平底刀
G90 G54 G00 X-50. 0 Y0 M3 S700;
G00 Z50. 0;
Z10. 0;
G01 Z-5. 0 F60;
X-40. 0;
G41 Y-10. 0;
G03 X-30. 0 Y0 CR = 10. 0;
G01 Y12. 0;
X-23. 0 Y16. 0;
X-20. 0;
G03 X-10. 0 Y26. 0 CR = 10. 0;
G01 Y32. 0;
X10. 0;
Y26. 0;
G03 X20. 0 Y16. 0 CR = 10. 0;
G01 X23. 0;
X30. 0 Y12. 0;
Y-10. 0;
X12. 0 Y-32. 0;
G01 X-12. 0;
X-30. 0 Y-10. 0;
Y0;
G03 X-40. 0 Y10. 0 CR = 10. 0;
G01 G40 Y0;
G00 Z50. ;
M01;
T2 D1;                          φ18mm 平底刀
M3 S600;
G90 G54 G00 X-10. 0 Y-6. 0;
G00 Z50. 0;
```

```
Z10.0;
G01 Z-5.0 F100;
G02 X10.0 Y-6.0 Z10.0 J0;
G41 X0.5;
G03 X10.0 Y-16.0 CR=9.5;
G03 X20.0 Y-6.0 CR=10.0;
G03 X-20.0 Y-6.0 I-20.0 J0;
G03 X0 Y-6.0 I10.0 J0;
G03 X10.0 Y-16.0 CR=10.0;
G03 X19.5 Y-6.5 CR=9.5;
G01 G40 X10.0;
G00 Z50.;
M01;
T3 D1;                              T3，φ12mm 平底刀
G90 G54 G00 X0 Y-33.0 M3 S900;
G00 Z50.0;
Z10.0;
G01 Z-5.0 F60;
G41 X7.0;
Y-32.0;
G03 X-7.0 Y-32.0 I-7.0 J0;
G01 Y-33.0;
G01 G40 X0;
G00 Z50.;
M5;
M30;
```

课题二　加工如图 3-65 所示的凸台和槽。毛坯 ϕ78mm×35mm，已车至尺寸。

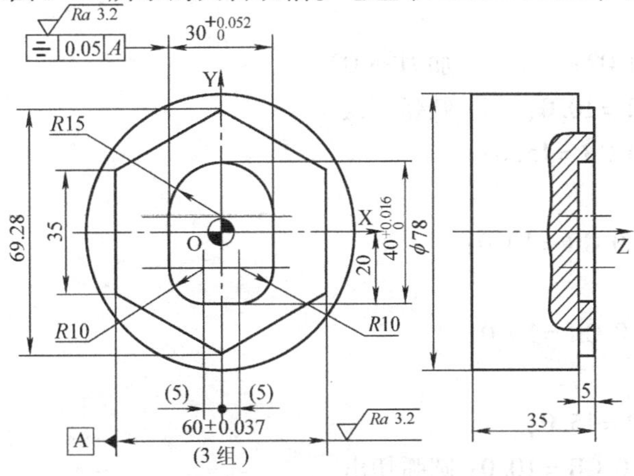

图 3-65　课题二图

1. 工艺分析

完成此零件凸台和槽的加工，切削深度为5mm。由于余量较小，凸台可直接加工至尺寸（可改变刀补保证）；内槽分粗、精铣。

2. 加工用刀具

铣凸台、铣封闭槽采用 ϕ16mm 平底刀。

3. 程序编制

```
KT5. MPF;
T1 D1;                          φ16mm 平底刀
M03 S700;                       铣凸台
G90 G54 G00 G40 X50.0 Y0;       下刀点
Z50.0;
Z10.0;
G01 Z-5.0 F100;
G41 Y20.0 D1;                   加刀补 D1
G03 X30.0 Y0 CR =20.;           圆弧切入
G01 Y-17.5;
X0 Y-34.64;
X-30.0 Y-17.5;
Y17.5;
X0 Y34.64;
X30.0 Y17.5;
Y0;
G03 X50.0 Y-20.0 CR =20.;       圆弧切出
G01 G40 Y0;                     去刀补
G00 Z50.0;                      抬刀
X0 Y-10.0;                      铣内槽，下刀点
G01 Z-5.0 F100;
Y5.0;
G41 X10.0 Y10.0 D2;             加刀补 D2
G03 X0 Y20.0 CR =10.0;          圆弧切入
G03 X-15.0 Y5.0 CR =15.0;
G01 Y-10.0;
G03 X-5.0 Y-20.0 CR =10.0;
G01 X5.0;
G03 X15.0 Y-10.0 CR =10.0;
G01 Y5.0;
G03 X0 Y20.0 CR =15.0;
G03 X-10.0 Y10.0 CR =10.0;      圆弧切出
G01 G40 X0 Y5.0;                去刀补
```

```
G00 Z50.0;
G00 X50.0 M05;
M30;
```

注：此例 T1 刀具采用两个刀补，即 D1 用于加工凸台，D2 用于加工内槽，以保证不同的尺寸公差要求。

课题三　完成图 3-66 所示零件凸台及槽的加工。毛坯尺寸为 ϕ80mm×30mm，已车至尺寸。

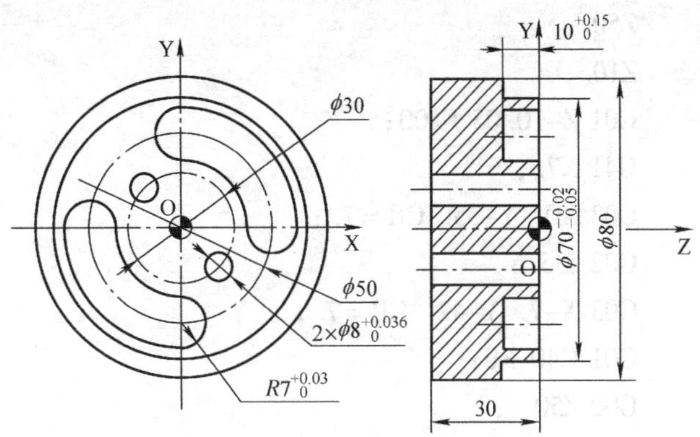

图 3-66　零件凸台及槽的加工

1. 工艺分析

此零件加工内容为凸台、圆弧槽和孔。圆弧槽属于对称轮廓，故可采用镜像或坐标旋转来调用子程序完成加工。由于零件轮廓存在壁厚较薄（圆弧槽处为 3mm），加工时应采取措施以减小变形，因此加工时先除去凸台、圆弧槽的加工余量，再进行凸台、圆弧槽精加工。孔加工略。

2. 加工用刀具

（1）粗加工　T1，ϕ12mm 平底刀。

（2）凸台精加工　T2，ϕ12mm 平底刀。

（3）圆弧槽精加工　T3，ϕ12mm 平底刀。

3. 程序编制

```
SKT6.MPF;
N1;粗加工
T1 D1;                              φ12mm 平底刀
G90 G54 G00 X0. Y25. M03 S600;
Z50.;
Z10.;
G01 Z-9.9 F100;
G02 X25. Y0. CR=25.;
G00 Z10.;
X-25. Y0.;
G01 Z-9.9 F100;
G03 X0 Y-25. CR=25.;
G00 Z10.;
Y-42.;
G01 Z-9.9 F100;
G02 J42.;
G00 Z50.;
```

```
M05;
N2：凸台精加工
T2 D1;
G90 G54 G00 X0. Y-42. M03 S600;
Z50. ;
Z10. ;
G01 Z-10.05 F100;
G41 X7. ;
G03 X0. Y-35. CR = 7. ;
G02 J35. ;
G03 X-7. Y-42. CR = 7. ;
G01 G40 X0;
G00 Z50. ;
M05;
N3:
T3 D1;
G90 G54 G00 X0. Y-25. M03 S600;
Z50. ;
Z10. ;
LB1;
ROT RPL = 180. ;        坐标旋转   或   MIRROR X0 Y0;（镜像指令，关于原点对称）
LB1;                                    LB1;
ROT;                    取消旋转        MIRROR;（取消镜像）
G00 Z50. ;
M05;
G74 Z1 = 0;
M30;

LB1. SPF;                               铣槽子程序
G00 X0 Y-25. ;
G01 Z-10.05 F100;
G41 X0.5 Y-31.5;
G03 X7. Y-25. CR = 6.5;
X0 Y-18. CR = 7. ;
G02 X-18. Y0 CR = 18. ;
G03 X-32. I7. ;
X0 Y-32. CR = 32. ;
X7. Y-25. CR = 7. ;
G03 X0.5 Y-18.5 CR = 6.5;
```

```
G01 G40 X0 Y-25. ;
G00 Z10. ;
M17;
```

课题四 完成图 3-67 所示零件凸台、槽的加工程序编制，毛坯 70mm × 50mm × 19mm 已加工。

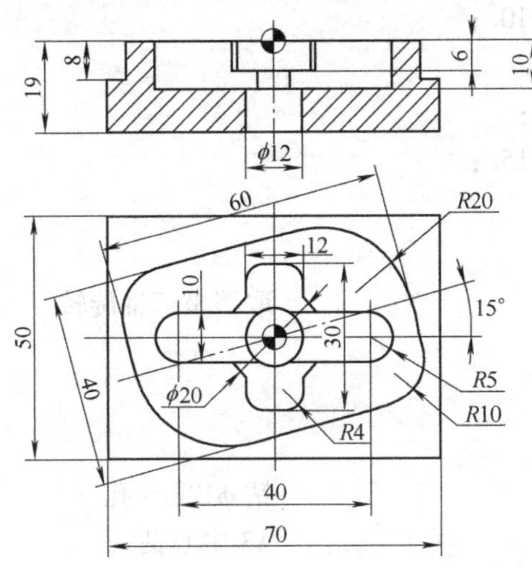

图 3-67 零件凸台、槽的加工

1. 工艺分析

此零件加工包括凸台、槽和孔。凸台加工可采用坐标旋转指令简化编程，槽的加工分粗、精铣，并应注意刀具的合理选择。

2. 加工步骤

（1）铣凸台 ϕ18mm 平底刀。

（2）钻 ϕ12mm 孔 A3 中心钻，ϕ12mm 钻头。

（3）铣 ϕ20mm 圆槽 ϕ18mm 平底刀。

（4）粗铣 10mm 宽直槽、12mm 宽直槽 ϕ8mm 平底刀。

（5）精铣 10mm 宽直槽 ϕ8mm 平底刀。

（6）精铣 12mm 宽直槽 ϕ6mm 平底刀。

3. 加工程序

```
XTT. MPF                              铣凸台
T1 D1;                                φ18mm 平底刀
G90 G54 G00 X45. Y0 M3 S600;
G00 Z50. ;
Z10. ;
ROT RPL = 15. ;                       坐标系旋转 15°
G01 Z-8. F100;
G01 G41 Y15. ;
G03 X30. Y0 CR = 15. ;
```

```
G01 Y-10. ;
G02 X20. Y-20. CR=10. ;
G01 X-10. ;
G02 X-30. Y0 CR=20. ;
G01 Y10. ;
G02 X-20. Y20. CR=10. ;
G01 X10. ;
G02 X30. Y0 CR=20. ;
G03 X45. Y-15. CR=15. ;
G01 G40 Y0;
G00 Z50. ;
ROT;                                    取消坐标轴旋转
M5;
M30;

JGK. MPF;                               钻 φ12mm 孔
T2 D1;                                  A3 中心钻
G90 G54 G00 X0 Y0 M3 S800;
G00 Z50. ;
G01 Z10. F100;
CYCLE81 (10. , 0, 5. , -6. ,);          调用中心钻孔循环
G00 Z50. ;
T3 D1;                                  φ12mm 钻头
G00 X0 Y0;
G00 Z50. ;
G01 Z10. F100;
CYCLE82 (10. , 0, 5. , -26. ,, 0.1);    调用钻孔循环
G00 Z50. ;
M5;
M30;

XYC. MPF;                               铣 φ20mm 圆槽
T1 D1;                                  φ18mm 平底刀
G90 G54 G00 X0 Y0 M3 S600;
G00 Z50. ;
Z10. ;
G01 Z-6. F100;
G01 G41 X10. ;
G03 I-10. ;
```

```
G01 G40 X0;
G00 Z50. ;
M5;
M30;

CXZC. MPF;                          粗铣 10mm 宽直槽、12mm 宽直槽，φ8mm 平底刀
T4 D1;                              φ8mm 平刀
G90 G54 G00 X-20. Y0 M3 S600;
G00 Z50. ;
Z10. ;
G01 Z-9. 8 F100;
X20. ;
Z2. ;
X1. F300;
Z-6. F100;
Y10. ;
X-1. ;
Y-10. ;
X1. ;
Y0;
G00 Z50. ;
M5;
M30;

JXZC. MPF;
T4 D1;                              精铣 10mm 宽直槽，φ8mm 平底刀
G90 G54 G00 X0 Y0 M3 S600;
G00 Z50. ;
Z10. ;
G01 Z-10. F100;
G01 G41 Y5. ;
G01 X-20. ;
G03 Y-5. J-5. ;
G01 X20. ;
G03 Y5. J5. ;
G01 X0;
G40 Y0;
M01;
T5 D1;                              精铣 12mm 宽直槽　φ6mm 平底刀
```

```
G90 G54 G00 X0 Y0 M3 S800;
G00 Z50.;
Z10.;
G01 Z-6. F100;
G01 G41 X6.;
Y11.;
G03 X2. Y15. CR=4.;
G01 X-2.;
G03 X-6. Y11. CR=4.;
G01 Y-11.;
G03 X-2. Y-15. CR=4.;
G01 X2.;
G03 X6. Y-11. CR=4.;
G01 Y0;
G40 X0;
G00 Z50.;
M5;
M30;
```

课题五 完成图3-68所示零件凸台和槽的加工程序编制，毛坯70mm×50mm×20mm已加工。

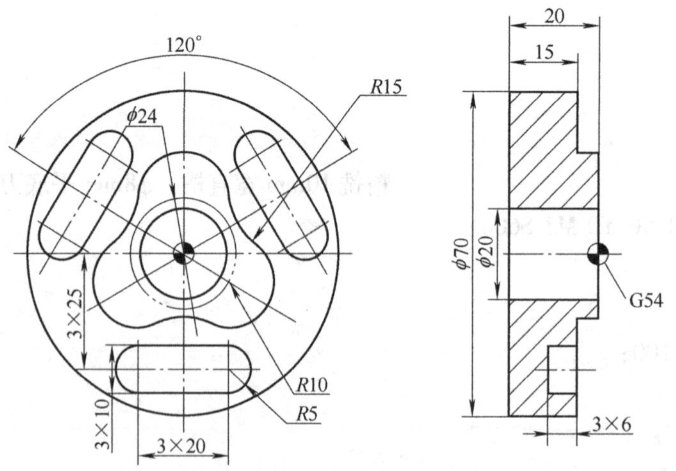

图3-68 零件凸台和槽的加工

1. 工艺分析

此零件加工包括凸台、槽和孔的加工。凸台粗加工可先铣至ϕ46mm×5mm圆台，再采取变换刀补完成型台加工。3mm×10mm直槽可采用坐标旋转指令简化编程。ϕ20mm孔采用铣削加工。铣凸台坐标点如图3-69所示。

2. 加工步骤

（1）钻 ϕ10mm 通孔　ϕ10mm 钻头。

（2）铣凸台　ϕ18mm 平底刀。

（3）铣 ϕ20mm 孔　ϕ18mm 平底刀。

（4）铣 3×10 均布直槽　ϕ8mm 平底刀。

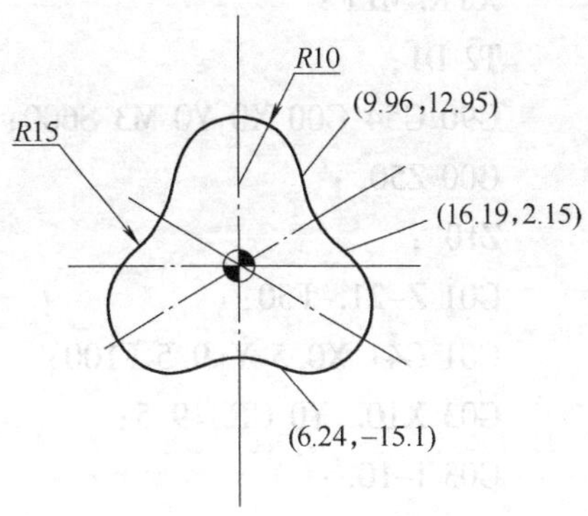

图 3-69　铣凸台坐标点

3. 加工程序

```
ZK. MPF;
T1 D1;                                  φ10mm 钻头
G90 G54 G00 X0 Y0 M3 S600;
G00 Z50. ;
G01 Z10.  F100;
CYCLE82 (10. , 0, 5. , -26. ,, 0.1);   调用钻孔循环
G00 Z50. ;
M5;
M30;

XTT. MPF;                               铣凸台
T2 D1;                                  φ18mm 平底刀
G90 G54 G00 X0 Y45.  M3 S600;
G00 Z50. ;
Z10. ;
G01 Z-5.  F100;
Y32. ;
G02 J-32. ;                             加工 φ46mm 整圆去余量
G01 G41 X-10. ;                         加刀补
G03 X0 Y22.  CR=10. ;                   圆弧切入
G02 X9.96 Y12.95 CR=10. ;
G03 X16.19 Y2.15 CR=15. ;
G02 X6.24 Y-15.1 CR=10. ;
G03 X-6.24 Y-15.1 CR=15. ;
G02 X-16.19 Y2.15 CR=10. ;
G03 X-9.96 Y12.95 CR=15. ;
G02 X0 Y22.  CR=10. ;
G03 X10.  Y32.  CR=10. ;                圆弧切出
G01 G40 X0;
G00 Z50. ;
M5;
M30;
```

```
XYK. MPF;                              铣 φ20mm 孔
T2 D1;                                 φ18mm 平刀
G90 G54 G00 X0 Y0 M3 S600;
G00 Z50. ;
Z10. ;
G01 Z-21. F50;
G01 G41 X0. 5 Y-9. 5 F100;
G03 X10. Y0 CR=9. 5;
G03 I-10. ;
G03 X0. 5 Y9. 5 CR=9. 5;
G01 G40 X0 Y0;
G00 Z50. ;
M5;
M30;

XJBC. MPF;                             铣 3×10mm 均布直槽，采用 φ8mm 平刀
T3 D1;
G90 G54 G00 X0 Y0 M3 S800;
G00 Z50. ;
Z5. ;
LZC P3;                                调用 LZC 子程序 3 次
G00 Z50. ;
ROT;                                   取消坐标旋转
M5;
M30;

LZC. SPF;                              铣 10mm 直槽子程序
G00 X-10. Y-25. ;
G01 Z-11. F50;
X10. ;
G01 G41 X5. 5 Y-25. 5;
G03 X10. Y-30. CR=4. 5;
G03 X10. Y-20. J5. ;
G01 X-10. ;
G03 X-10. Y-30. J-5. ;
G01 X10. ;
G03 X14. 5 Y-25. 5 CR=4. 5;
G01 G40 X10. Y-25. ;
G00 Z5. ;
```

```
AROT RPL=120. ;                    坐标旋转 120°，附加于当前坐标轴
M17;
```

课题六　完成图 3-70 所示零件凸台及槽的加工。

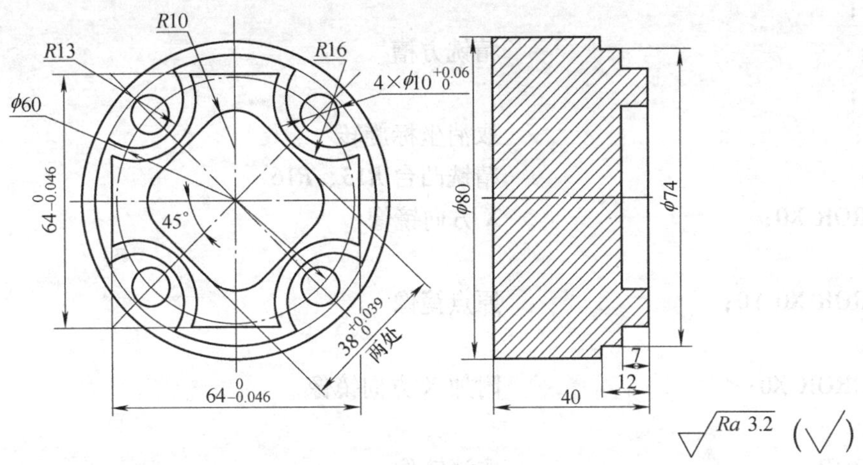

图 3-70　零件凸台及槽的加工

1. 工艺分析

此零件加工内容为凸台、方槽和孔。凸台由深 12mm、深 7mm 两处组成，其中 *R*13、*R*16 圆弧为对称轮廓，故可采用镜像或坐标旋转来调用子程序完成加工。加工方槽时，由图样可以看出其轮廓与坐标轴呈 45°角，可采用坐标旋转调用子程序来完成。加工时应分粗精加工，孔加工程序略。

2. 加工步骤

（1）粗加工　T1，ϕ20mm 平底刀

（2）精加工　T2，ϕ18mm 平底刀

3. 程序编制

```
SKT3. MPF;
N1; 去余量
T1 D1;                             ϕ20mm 平底刀
G90 G54 G00 X0. Y0 M3 S500;
Z50. ;
Z10. ;
LC1 P4;                            去 R13 余量
ROT;                               取消旋转
G00 X0 Y0;
ROT RPL=45. ;                      坐标旋转
LC3;                               去方槽余量
G00 Z50. ;
N2; 精加工
```

```
T2 D1;                              φ18mm 平底刀
G90 G54 G00 X0. Y0. M3 S600;
Z50.;
Z10.;
LC4;                                精铣方槽
Z10.;
ROT;                                取消坐标旋转
LC5;                                精铣凸台 R13、R16
MIRROR X0;                          X 方向镜像
LC5;
MIRROR X0 Y0;                       原点镜像
LC5;
AMIRROR X0;                         附加 X 方向镜像
LC5;
MIRROR;                             取消镜像
G00 Z5.;
G00 X22. Y-47.;                     加工 64mm×64mm 方台
G01 Z-7.02 F100;
G41 Y-32. D2;
X-32.;
Y32.;
X32.;
G40 Y-47.;
G01 Z-12. F100;                     加工 φ74mm 圆台
X0;
G41 X10.;
G03 X0 Y-37. CR=10.;
G02 J37.;
G03 X-10. Y-47. CR=10.;
G01 G40 X0;
G00 Z50.;
M5;
G74 Z1=0;
M30;

LC1.SPF; 坐标旋转子程序
LC2;
AROT RPL=90.;
M17;
```

```
LC2. SPF; 去 R13 余量子程序
G90 G00 X36. Y36. ;
G01 Z-11.9 F100;
X26.163 Y26.163;
G00 Z5. ;
X36. Y36. ;
M17;

LC3. SPF; 去方槽余量子程序
G00 X-8. Y-8. ;
G01 Z-7.02 F100;
X8. ;
Y8. ;
X-8. ;
M17;

LC4. SPF; 精铣方槽子程序
G00 X0 Y0;
Y9. ;
G01 Z-7.02 F100;
G41 X10. ;
G03 X0 Y19. CR=10. ;
G01 X-9. ;
G03 X-19. Y9. CR=10. ;
G01 Y-9. ;
G03 X-10. Y-19. CR=10. ;
G01 X10. ;
G03 X19. Y-9. CR=10. ;
G01 Y9. ;
G03 X9. Y19. CR=10. ;
G01 X0;
G03 X-10. Y9. CR=10. ;
G01 G40 X0 Y0;
M17;

LC5. SPF; 精铣凸台子程序
G00 X26.163 Y26.163;
G01 Z-12. F100;
G41 X16.971 Y35.355 D2;          D2 刀补
```

```
G03 X35.355 Y16.971 CR=13.;
G01 G40 X26.163 Y26.163;
G01 Z-7.02;
G41 X11.697 Y33.;
G03 X33. Y11.697 CR=16.;
G01 G40 X26.163 Y26.163;
G00 Z5.;
M17;
```

课题七 完成如图3-71所示零件的加工。零件材料为45钢，毛坯尺寸为120mm×120mm×30mm，已铣削至尺寸。现完成零件图中凸台、圆弧槽及孔的加工。

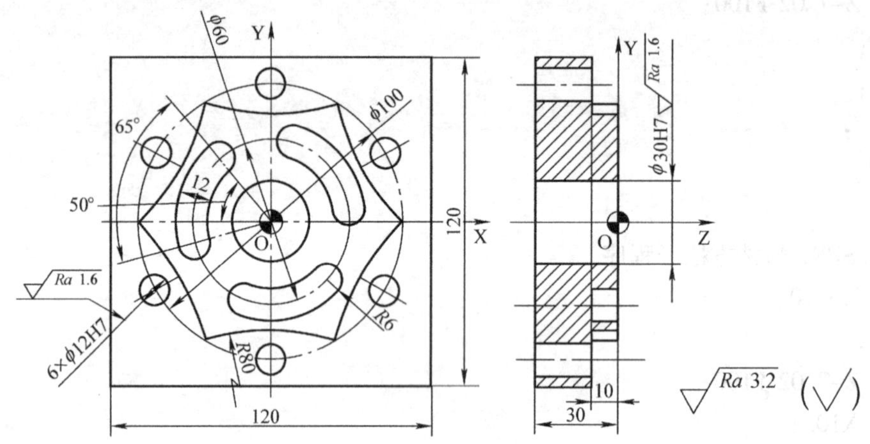

图3-71 零件凸台、圆弧槽及孔的加工

1. 工艺分析

零件毛坯为规则六面体，零件表面上有凸台、圆弧槽及孔。孔根据不同的精度要求，分别采用钻、铰或钻、扩、镗完成。加工中可采用相应的固定循环来完成加工。零件零点如图3-71所示。

2. 确定加工工序和选择刀具

(1) 粗铣凸台 T1，ϕ20mm平底刀（切深至尺寸，其余各面留余量）。

(2) 精铣凸台 T2，ϕ20mm平底刀。

(3) 铣圆弧槽 T3，ϕ10mm平底刀（采用圆弧槽铣削循环）。

(4) ϕ30H7孔 T4，ϕ10mm钻头；T5，ϕ26mm钻头；T6，18~50mm镗刀。

(5) 6×ϕ12H7孔 T7，A3中心钻；T8，ϕ8mm钻头；T9，ϕ11.7mm钻头；T10，ϕ12H7铰刀。

3. 加工程序

(1) 粗铣凸台

```
CXTT.MPF；粗铣凸台
T1 D1;                                ϕ20mm平底刀
M03 S600;
```

```
G90 G54 G00 X0 Y0;
Z50.;
G00 X75. Y0;
Z10.;
G00 Z0;
L1000 P5;                         调用 L1000 子程序 5 次
G00 Z50.;
M05;
M30;

L1000.SPF;
G01 X75. Y0 F400;
G91 Z-2. F200;
G90 G03 I-75.;
G01 X61.;
G03 I-61.;
M17;
```

(2) 精铣凸台

```
JXTT.MPF;                         精铣凸台
T2 D1;                            φ20mm 平底刀
M03 S800;
G90 G54 G00 X61. Y0;
Z50.;
D1 L1010;
D2 L1010;
G00 Z50.;
M05;
M30;

L1010.SPF;
G00 X61. Y0;
G01 Z-10. F200;
G01 G41 Y11.;
G03 X50. Y0 CR=11.;
G03 X25. Y-43.301 CR=80.;
X-25. Y-43.301 CR=80.;
X-50. Y0 CR=80.;
X-25. Y43.301 CR=80.;
X25. Y43.301 CR=80.;
```

X50. Y0 CR=80. ;

G03 X61. Y-11. CR=11. ;

G01 G40 Y0;

M17;

（3）铣圆弧槽 T3，ϕ10mm 平底刀（采用圆弧槽铣削循环）。

XYHC. MPF；铣圆弧槽

T3 D1; ϕ10mm 平底刀

M03 S600;

G90 G54 G00 X0 Y0;

Z50. ;

Z20. ;

SLOT2（20，0，2.，-10.，10.，3.，65.，12.，0，0，30.，130.，120.，60.，100.，2.，3.，0.2，0，0.2，100.，1000.）； 圆弧槽铣削循环

G00 Z50. ;

M05;

M30;

（4）铣 ϕ30H7 孔

ZK10. MPF; 钻 ϕ10mm 孔

T4 D1; ϕ10mm 钻头

M03 S500;

G90 G54 G00 X0 Y0;

Z50. ;

G01 Z40. F80;

CYCLE82（20.，0，5.，-35.，35.，0.1）；

G00 Z50. ;

M05;

M30;

注：因为是数控铣床，所以，此时可以更换刀具（T5，ϕ26mm 钻头），将程序中 T4 改为 T5，并重新对 Z 向零点坐标，修改后，调用程序完成扩孔加工。亦可用以下程序完成加工。

ZK26. MPF; 扩孔至 ϕ26mm

T5 D1; ϕ26mm 钻头

M03 S500;

G90 G54 G00 X0. Y0. ;

Z50. ;

G01 Z40. F80;

CYCLE82（20.，0，5.，-35.，35.，0.1）；

G00 Z50. ;

M05;

```
M30;

TK30. MPF;                                      主程序，镗孔至尺寸
T6 D1;                                          选用 18 ~ 50mm 镗刀
M03 S500;
G90 G54 G00 X0. Y0. ;
Z50. ;
G01 Z40. F80;
CYCLE86 (20. , 0, 5. , -35. , 35. , 0.1, 3. , 0.5, 0,, 0);
G00 Z50. ;
M05;
M30;
```

（5）铣 6 × ϕ12H7 孔

```
ZXK. MPF;                                       主程序，钻中心孔
T7 D1;                                          A3 中心钻
G54 G90 G00 X0. Y0. M03 S1000;
Z50. M08;
Z10. ;
G01 Z20. F200;
G111 X0. Y0 . ;
MCALL CYCLE82 (10. , -10. , 5. , -35. , 35. , 0.1);
L1020;                                          孔位子程序
MCALL;
G00 Z50. ;
M05;
M30;

ZK8. MPF;                                       主程序，钻 φ8mm 孔
T8 D1;                                          φ8mm 钻头
G54 G90 G00 X0 Y0 M03 S500;
Z50. M08;
Z10. ;
G01 Z20. F200;
G111 X0 Y0 ;
MCALL CYCLE82 (10. , -10. , 5. , -35. , 35. , 0.1);
L1020;                                          孔位子程序
MCALL;
G00 Z50. ;
M05;
```

```
M30;

KK12.MPF;                                    主程序，扩孔至φ11.7mm
T9 D1;                                       φ11.7mm 钻头
G54 G90 G00 X0 Y0 M03 S600;
Z50. M08;
Z10.;
G01 Z20. F200;
G111 X0 Y0 ;
MCALL CYCLE82 (10., -10., 5., -35., 35, 0.1);
L1020;                                       孔位子程序
MCALL;
G00 Z50.;
M05;
M30;

JK12.MPF;                                    主程序，铰孔至φ12mm
T10D1;                                       φ12mm 铰刀
G54 G90 G00 X0 Y0 M03 S200;
Z50.;
Z10. M8;
G01 Z5. F200;
G111 X0 Y0 ;
MCALL CYCLE85 (10., -10., 5., -35., 35, 0.1, 60., 200.);
L1020;                                       孔位子程序
MCALL;
G00 Z50.;
M05;
M30;

L1020.SPF;                                   孔位子程序
G00 AP=30 RP=50;
G00 AP=90;
G00 AP=150;
G00 AP=210;
G00 AP=270;
G00 AP=330;
M17;
```

注：也可采用圆周钻孔模式完成圆周均布孔的加工。例：

```
ZK8. MPF;                                   主程序，钻 φ8mm 孔
T8D1;                                       φ8mm 钻头
G54 G90 G00 X0. Y0. M03 S1000;
Z50. ;
Z10 M08;
G01 Z5. F200;
G111 X0. Y0. ;
MCALL CYCLE82 (10, -10. , 5. , -35. , 35. , 0.1);
HOLES2 (0, 0, 50. , 30. , 60. , 6. );       孔圆形排列模式
MCALL;
G00 Z50. ;
M05;
M30;
```

第七节　典型零件的加工

综合实例一　平面凸轮加工

如图 3-72 所示，零件材料为 45 钢，外形及内孔已加工至尺寸。现编制程序完成凸轮槽的加工。

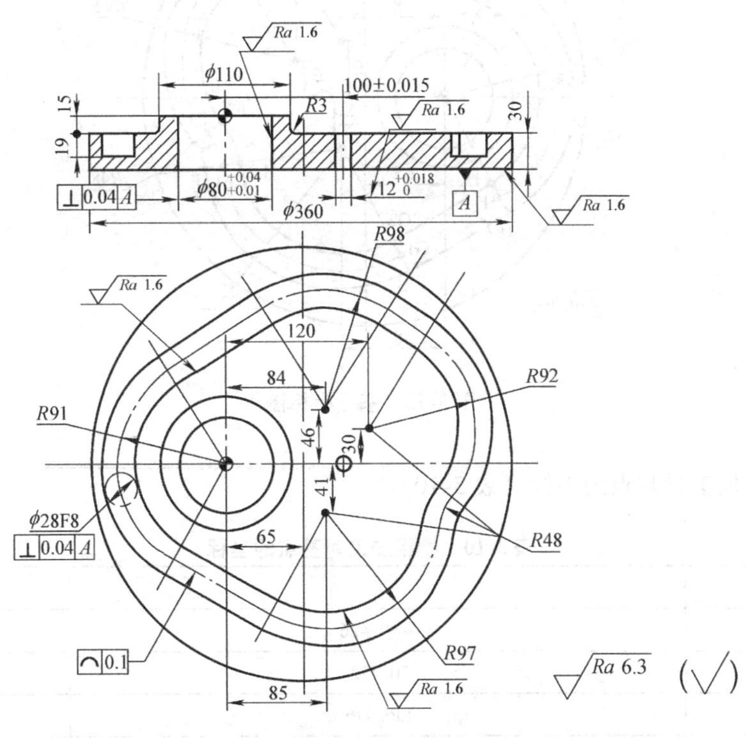

图 3-72　平面凸轮

1. 工艺分析

此零件凸轮槽由直线和圆弧组成，槽两侧面表面粗糙度值较小。槽侧面要求与 ϕ360mm 底面垂直，槽的轮廓度公差为 0.1mm。根据零件图样要求，此零件采用两孔一面定位装夹（批量生产）或螺钉压板装夹（单件生产）。零点设置如图3-72所示。

2. 确定加工步骤和选择刀具（表3-9）

表 3-9　刀具及刀具补偿值

刀具号	刀具名称	半径补偿
T1	ϕ25mm 平底刀	D1
T2	ϕ20mm 平底刀	D1

零件加工步骤：

（1）粗铣槽　铣槽深至 18.8mm，槽宽 25mm，选用 ϕ20mm 平底刀（T1）。

（2）精铣槽　铣槽深至 19mm，槽宽至尺寸，选用 ϕ25mm 平底刀（T2）。

3. 基点坐标

根据零件图所给定的尺寸和几何图形，利用“基点的直接计算”和 CAD 作图测量的方法，求出基点的坐标值。基点坐标图如图 3-73 所示。

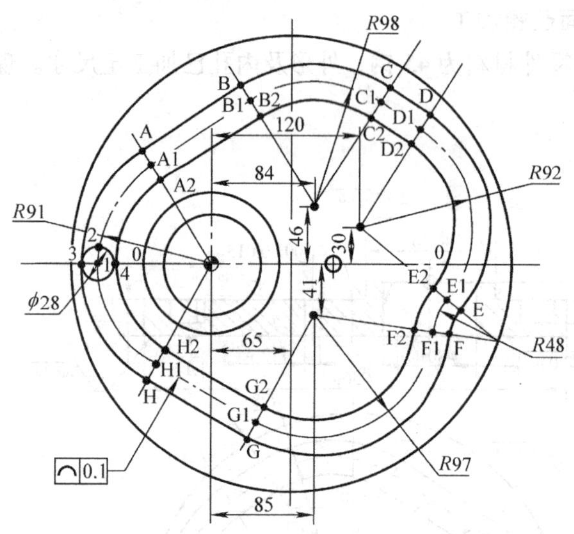

图 3-73　基点坐标图

（1）槽粗加工时基点的坐标（表 3-10）

表 3-10　槽粗加工时基点的坐标

基点	X	Y
A1	-49.426	76.408
B1	30.772	128.285
C1	136.976	128.447
D1	169.733	107.399

（续）

基点	X	Y
E1	191.641	-27.719
F1	181.344	-52.261
G1	37.389	-125.511
H1	-44.666	-79.284

（2）槽精加工基点的坐标　加工轨迹：1 点下刀，2 点加刀补（左刀补 G41），3 点圆弧切入，依次加工外侧轮廓（H-G-F-E-D-C-B-A-3）。然后圆弧切入 4 点，再依次加工内侧轮廓（A2-B2-C2-D2-E2-F2-G2-H2 -4），圆弧切出至 2 点，回 1 点去刀补。1、2、3、4 点的坐标分别为 1（-91.0，0），2（-91.0，14.0），3（-105.0，0），4（-77.0，0）。外侧和内侧轮廓基点的坐标分别见表 3-11、表 3-12。

表 3-11　外侧轮廓基点的坐标

基点	X	Y
A	-57.029	88.163
B	23.169	140.04
C	144.544	140.225
D	177.301	119.177
E	202.543	-36.503
F	195.249	-53.886
G	30.517	-137.709
H	-51.538	-91.481

表 3-12　内侧轮廓基点的坐标

基点	X	Y
A2	-41.822	64.653
B2	38.376	116.53
C2	129.408	116.69
D2	162.165	95.621
E2	180.739	-18.936
F2	167.439	-50.636
G2	44.26	-113.314
H2	-37.795	-67.086

4. 加工程序

（1）粗铣槽

```
%_N_ TLCJG_ MPF;                    主程序
T1 D1;                              φ25mm 平底刀
```

```
M03 S600;
G90 G54 G00 X0. Y0. ;
Z50. ;
X-91. Y0;                                 下刀点
Z10. ;
Z0.2;
L100 P5 ;                                 调用子程序 L100 5 次
G00 Z50. ;
X0. Y0. ;
M05;
M30;

%_N_ L100_ SPF;                           子程序
G91 G01 Z-3.8 F50;                        铣5刀，每次切削深度为3.8mm（增量值）
G90 G02 X-49.426 Y76.408 CR=91.0 F100;    切至 A1 点（绝对值）
G01 X30.772 Y128.285 ;                    B1
G02 X136.976 Y128.447 CR=98. ;            C1
G01 X169.733 Y107.399;                    D1
G02 X191.641 Y-27.719 CR=92. ;            E1
G03 X181.344 Y-52.261 CR=48. ;            F1
G02 X37.389 Y-125.511 CR=97. ;            G1
G01 X-44.666 Y-79.284 ;                   H1
G02 X-91. Y0 CR=91. ;                     下刀点
M17;                                      子程序结束
```

（2）精铣槽

方法1：

```
%_N_TLCJJG1_ MPF
T2 D1;                                    φ20mm 平底刀
M03 S700;
G90 G54 G00 X0. Y0. ;
Z50. ;
G00 X-91. Y0;                             下刀点 1 点
Z10. ;
G01 Z-19. F80;                            切深 19mm
G41 Y14.0 F120;                           加刀补 2 点
G03 X-105. Y0. CR=14. ;                   圆弧切入 3 点
X-51.538 Y-91.481 CR=105. ;               切至 H 点
G01 X30.517 Y-137.709;                    G 点
G03 X195.249 Y-53.886 CR=111. ;           F 点
```

```
G02 X202.543 Y-36.503 CR=34.;          E 点
G03 X177.301 Y119.177 CR=106.;         D 点
G01 X144.544 Y140.225;                 C 点
G03 X23.169 Y140.04 CR=112.;           B 点
G01 X-57.029 Y88.163;                  A 点
G03 X-105. Y0 CR=105.;                 3 点
G03 X-77. Y0. I14. J0;                 4 点
G02 X-41.822 Y64.653 CR=77.;           A2 点
G01 X38.376 Y116.53;                   B2 点
G02 X129.408 Y116.69 CR=84.;           C2 点
G01 X162.165 Y95.621;                  D2 点
G02 X180.739 Y-18.936 CR=78.;          E2 点
G03 X167.439 Y-50.636 CR=62.;          F2 点
G02 X44.26 Y-113.314 CR=83.;           G2 点
G01 X-37.795 Y-67.086;                 H2 点
G02 X-77. Y0. CR=77.;                  4 点
G03 X-91. Y14. CR=14.;                 2 点
G01 G40 Y0.;                           去刀补 1 点
G00 Z50.;                              抬刀
X0. Y0.;
M05;
M30;
```

方法 2：

```
%_N_TLCJJG2_MPF;
T2 D1;                                 φ20mm 平底刀
M3 S700;
G90 G54 G00 X0. Y0.;
Z50.;
Z10.;
L110 D1;                               调用子程序 L110，刀补 D1（10mm）
L110 D2;                               调用子程序 L110，刀补 D2（18mm）
G00 Z50.;
M05;
M30;

%_N_L110_SPF;                          子程序
G00 G41 X-105. Y0.;                    加刀补 3 点
G01 Z-19. F80;                         切削深度 19mm
```

```
G03 X-51.538 Y-91.481 CR=105.;        切至 H 点
G01 X30.517 Y-137.709;                G 点
G03 X195.249 Y-53.886 CR=111.;        F 点
G02 X202.543 Y-36.503 CR=34.;         E 点
G03 X177.301 Y119.177 CR=106.;        D 点
G01 X144.544 Y140.225;                C 点
G03 X23.169 Y140.04 CR=112.;          B 点
G01 X-57.029 Y88.163;                 A 点
G03 X-105. Y0. CR=105.;               3 点
G00 Z50.;
G00 G40 X-90.0;                       去刀补
M17;                                  子程序结束
```

注意：方法2采用变换刀补，调用子程序完成精加工。优点在于程序简单，但在加刀补点处下刀会留有刀痕。

综合实例二　组合件加工

组合件加工1：如图3-74所示的零件，材料为45钢，外形尺寸为150mm×150mm×35mm，零件六面均已加工，并符合尺寸与表面粗糙度要求。

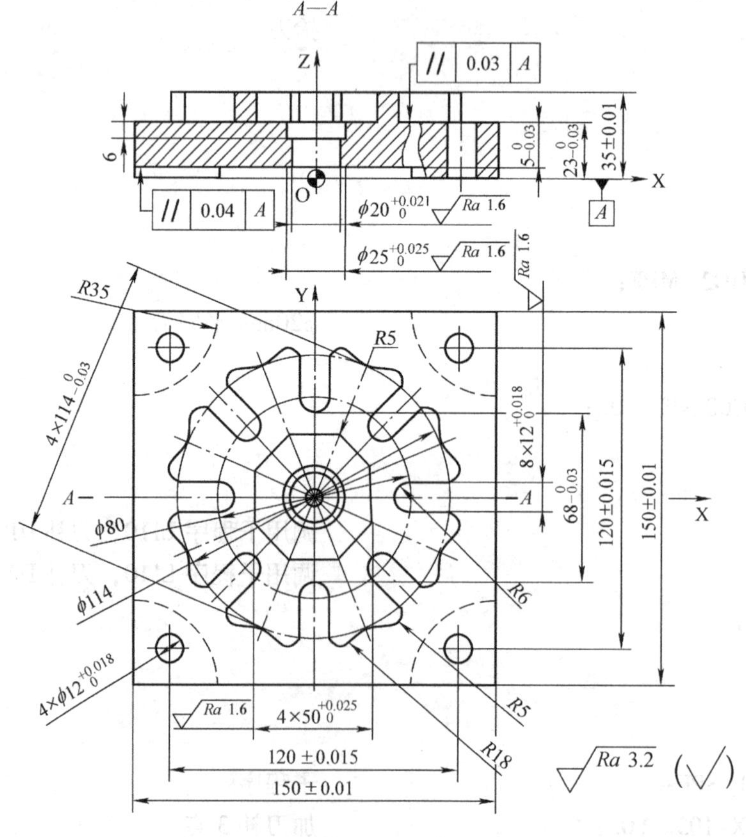

图3-74　组合件1

1. 工艺分析

该零件外形规则，被加工部分的各尺寸、几何精度要求较高，表面粗糙度值要求较低。图中包含了内外轮廓、槽、钻孔、铰孔、镗孔等加工。零件采用机用虎钳装夹。根据图样要求，零点设置如图 3-74 所示。

2. 确定加工步骤和选择刀具

根据零件图样要求确定的加工工序和选择刀具如下：

（1）正面加工

1）粗铣外轮廓、内八边形，用 ϕ20mm 平底刀（T1）。

2）粗铣 $8\times12^{+0.018}_{0}$mm 槽，用 ϕ10mm 平底刀（T2）。

3）粗铣 ϕ20mm、ϕ25mm 孔，留精镗余量 0.4mm，用 ϕ18mm 平底刀（T3）。

4）精铣梅花形轮廓，用 ϕ10mm 平底刀（T4）。

5）精铣 $8\times12^{+0.018}_{0}$mm 槽，用 ϕ10mm 平底刀（T5）。

6）精铣八边形槽，用 ϕ8mm 平底刀（T6）。

7）钻、铰 $4\times\phi12^{+0.018}_{0}$mm 孔，用 A3 中心钻、$\phi$8mm 钻头、$\phi$11.7mm 钻头、$\phi$12mm 铰刀（T7）。

8）镗孔，可调节镗刀加工 ϕ20mm、ϕ25mm 孔（T8）。

（2）反面加工（零件调头装夹）

1）粗加工，用 ϕ25mm 平底刀（T9）。

2）精加工，用 ϕ20mm 平底刀（T10）。

各工序用刀具见表 3-13。

表 3-13　各工序用刀具及刀补

刀具号	刀具名称	半径补偿
T1	ϕ20mm 平底刀	D1
T2	ϕ10mm 平底刀	D1
T3	ϕ18mm 平底刀	D1
T4	ϕ10mm 平底刀	D1
T5	ϕ10mm 平底刀	D1
T6	ϕ8mm 平底刀	D1
T7	A3 中心钻、ϕ8mm 钻头、ϕ11.7mm 钻头、ϕ12mm 铰刀	
T8	可调节镗刀，ϕ20mm、ϕ25mm 孔	
T9	ϕ25mm 平底刀	D1
T10	ϕ20mm 平底刀	D1

3. 基点坐标

此例基点坐标在加工程序中体现，这里不一一给出。

4. 加工程序

（1）正面加工　零点在零件下表面对称中心处。

1）粗铣外轮廓和内八边形，选用 ϕ20mm 平底刀（T1）。基点坐标图如图 3-75 所示，坐标值见表 3-14。

表 3-14 粗铣外轮廓和内八边形基点坐标

基点	X	Y
1	87.0	0
2	71.0	0
3	71.0	71.0
4	50.2	50.2
12	14.0	0

程序如下：

```
%_N_CX_MPF;                    主程序
T1 D1;                         φ20mm 平底刀
M03 S700;
G90 G54 G00 X87. Y0. ;         下刀点
Z85. ;
Z45. ;
Z35. ;
L10 P6;                        粗铣外轮廓，分 6 刀，每刀切削深度为 2mm
G00 Z85. ;                     抬刀
X0.  Y0. ;                     下刀点
Z45. ;
Z35. ;
L20 P6;                        粗铣内八边形轮廓，分 6 刀，每刀切削深度为 2mm
G00 Z85. ;
M05;
M30;

%_N_L10_ SPF;                  子程序（粗铣外轮廓）
G91 G01 Z-2. F60;
G90 X71.  F200;
Y71. ;
X50.2 Y50.2;
X71.  Y71. ;
X-71. ;
X-50.2 Y50.2;
X-71.  Y71. ;
Y-71. ;
X-50.2 Y-50.2;
X-71.  Y-71. ;
X71. ;
X50.2 Y-50.2;
```

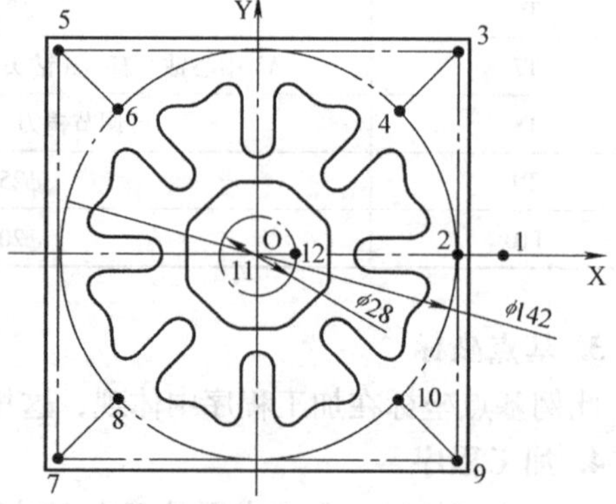

图 3-75 粗铣外轮廓和内八边形的基点坐标图

```
X71. Y-71. ;
Y0;
G03 I-71. ;
M17;
```

注意：加工路径为1-2-3-4-3-5-6-5-7-8-7-9-10-9-2-2（整圆弧）

```
%_N_L20_SPF;              子程序（粗铣内八边形轮廓）
X0. Y0;
G91 G01 Z-2. F60;
G90 X14. F200;
G03 I-14. ;               整圆弧
M17;
```

2）粗铣 $8\times12^{+0.018}_{0}$mm 槽，选用 $\phi10$mm 平底刀（T2）。基点坐标图如图 3-76 所示，坐标值见表 3-15。

表 3-15 粗铣 $8\times12^{+0.018}_{0}$mm 槽的基点坐标值

基点	X	Y
1	67.0	0
2	40.0	0

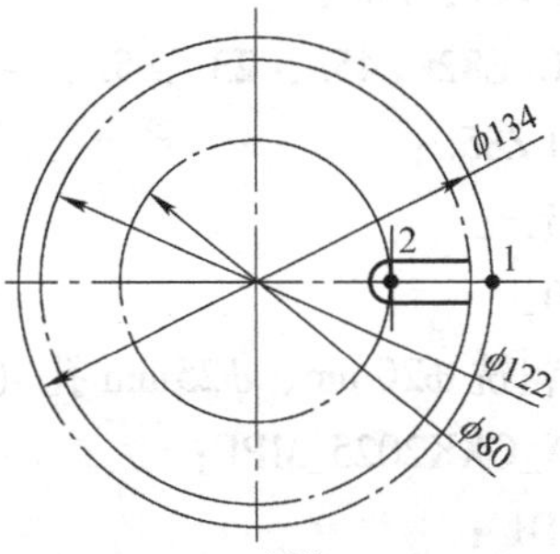

图 3-76 粗铣 $8\times12^{+0.018}_{0}$mm 槽的基点坐标图

程序如下：

```
%_N_CXZC_MPF;             主程序
T2 D1 ;                   φ10mm 平底刀
M03 S800;
G90 G54 G00 X67. Y0. ;    下刀点
Z85. ;
Z45. ;
Z35. ;
L30 P3;                   粗铣直槽 1，分 6 刀，每刀切削深度为 2mm
G90 G00 Z45. ;
L100 P7;                  粗铣直槽 2 ~ 8
ROT;
G90 G00 Z85. ;
M05;
M30;

%_N_L30_ SPF;             子程序
G90 X67. Y0;              点 1
G91 G01 Z-2. F60;
X-27. F150;               点 2
```

```
Z-2. F60;
X27. F150 ;                  点1
M17;

%_N_L100_SPF;                子程序
G90 X67. Y0. ;
AROT RPL =45. ;              附加坐标轴旋转，每次45°
Z35. ;
L30 P3;                      粗铣直槽，分6刀，每刀切削深度为2mm
G90 Z45. ;
M17;
```

3）粗铣 ϕ20mm、ϕ25mm 孔，留精镗余量 0.4mm，选用 ϕ18mm 平底刀（T3）。

① 钻孔程序：

```
%_N_ZK10_MPF;                主程序
T7 D1;                       φ8mm 钻头
M03 S600;
G90 G54 G00 X0. Y0. ;        下刀点
Z85. ;
G01 Z60. F60;
CYCLE82 (45. , 23. , 5. , -5. , 28. , 0.1);
G00 Z85. ;
M05;
M30;
```

② 粗铣 ϕ20mm、ϕ25mm 孔（留精镗余量为 0.4mm）程序：

```
%_N_CXK2025_MPF;             主程序
T3 D1 ;                      φ18mm 平底刀
M03 S600;
G90 G54 G00 X0. Y0. ;        下刀点
G00 Z85. ;
Z35. ;
G01 Z17. F100;
X3.3;
G03 I-3.3;                   圆弧去余量
G01 X0. ;
Z-2. ;
X0.8;
G03 I-0.8;                   圆弧去余量
G01 X0. ;
G00 Z85. ;
```

```
M05;
M30;
```

4）精铣梅花形轮廓，选用 ϕ10mm 平底刀（T4）。基点坐标图如图 3-77 所示，坐标值见表 3-16。

表 3-16　精铣梅花形轮廓基点坐标值

基点	X	Y
1	42.854	42.854
2	34.369	34.369
3	42.854	34.369
4	51.375	30.37
5	57.798	14.848
6	54.605	6.0
7	48.605	0
8	60.605	0

程序如下：

```
%_N_ JXMH_MPF;                主程序
T4 D1;                        φ10mm 平底刀
M03 S800;
G90 G54 G00 X0. Y0.;
G00 Z85.;
Z45.;
L40 P8;                       调用 L40 子程序 8 次
ROT;                          取消坐标旋转
G00 Z85.;
M05;
M30;

%_N_L40_SPF;                  子程序
G00 X42.854 Y42.854;          点 1
G01 Z23. F100;
G41 X34.369 Y34.369;          点 2
G03 X42.854 Y34.369 CR=6.;    点 3
G02 X51.375 Y30.37 CR=5.;     点 4
G03 X57.798 Y14.848 CR=18.;   点 5
G02 X54.605 Y6. CR=5.;        点 6
G03 X48.605 Y0. CR=6.;        点 7
G01 G40 X60.605;              点 8
G00 Z40.;
```

```
AROT RPL=45.;                    附加坐标轴旋转45°
M17;
```

5）精铣 $8\times12^{+0.018}_{0}$ mm 槽，ϕ10mm 平底刀（T5）。基点坐标图如图 3-78 所示，坐标值见表 3-17。

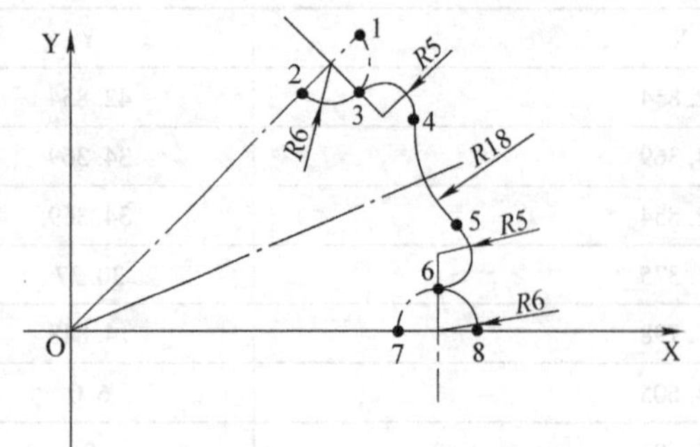

图 3-77　精铣梅花形轮廓基点坐标图

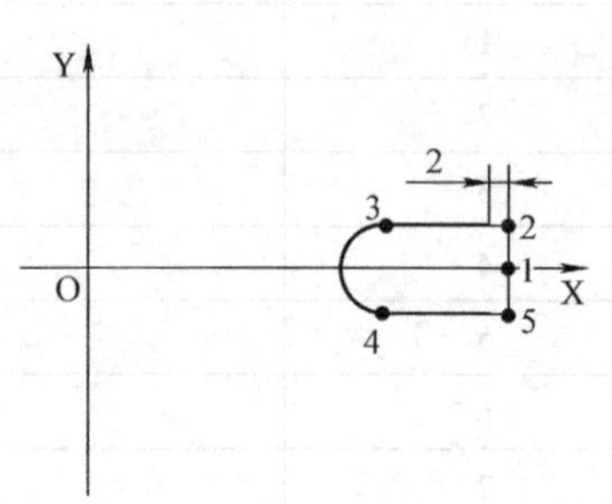

图 3-78　精铣 $8\times12^{+0.018}_{0}$ mm 槽基点坐标图

表 3-17　精铣 $8\times12^{+0.018}_{0}$ mm 槽基点坐标值

基点	X	Y
1	56.605	0
2	56.605	6.0
3	40.0	6.0
4	40.0	-6.0
5	56.605	-6.0

程序如下：

```
%_N_JXMH_MPF;                    主程序
T5 D1;                           φ10mm平底刀
M03 S800;
G90 G54 G00 X0. Y0.;
G00 Z85.;
Z45.;
L50 P8;                          调用L50子程序8次
ROT;                             取消坐标旋转
G00 Z85.;
M05;
M30;

%_N_L50_SPF;                     子程序
```

```
G00 X56.605 Y0;                    点 1
G01 Z23. F100;
G41 Y6.;                           点 2
X40.;                              点 3
G03 Y-6. CR=6.;                    点 4
G01 X56.605;                       点 5
G01 G40 Y0.;                       点 1
G00 Z40.;
AROT RPL=45.;                      附加坐标轴旋转 45°
M17;
```

6）精铣八边形槽，ϕ8mm 平底刀（T6）。基点坐标如图 3-79 所示。

```
%_N_BBXC_MPF;                      主程序
T6 D1;                             φ8mm 平底刀
M03 S800;
G90 G54 G00 X19. Y0.;              下刀点
G00 Z85.;
Z45.;
G01 Z23. F100.;
G41 G01 Y-6.;                      加刀补
G03 X25. Y0. CR=6.;                圆弧切入
L60;                               调用 L60 子程序
G03 X19. Y6. CR=6.;                圆弧切出
G40 G01 Y0.;                       去刀补
G00 Z85.;
M05;
M30;

%_N_L60_SPF;                       子程序加工轨迹
G01 X25. Y8.284;
G03 X23.536 Y11.82 CR=5.;
G01 X11.82 Y23.536;
G03 X8.284 Y25. CR=5.;
G01 X-8.284 Y25.;
G03 X-11.82 Y23.536 CR=5.;
G01 X-23.536 Y11.82;
G03 X-25. Y8.284 CR=5.;
G01 X-25. Y-8.284;
G03 X-23.536 Y-11.82 CR=5.;
G01 X-11.82 Y-23.536;
```

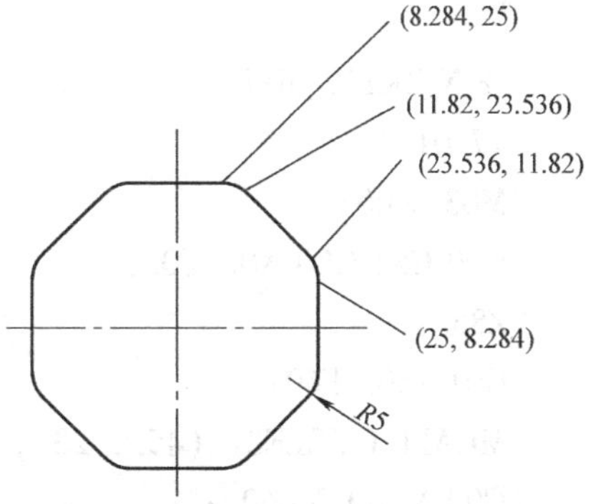

图 3-79　精铣八边形槽基点坐标图

```
G03 X-8.284 Y-25. CR=5.;
G01 X8.284 Y-25.;
G03 X11.82 Y-23.536 CR=5.;
G01 X23.536 Y-11.82;
G03 X25. Y-8.284 CR=5.;
G01 X25. Y0;
M17;
```

注:%_N_L60_SPF 子程序将在加工件2时使用，所不同的是那时采用 G42 指令。

7）钻、铰 $4\times\phi12^{+0.018}_{0}$ 孔，A3 中心钻、ϕ8mm 钻头、ϕ11.7mm 钻头、ϕ12mm 铰刀(T7)。

此例采用钻夹分别装夹 A3 中心钻、ϕ8mm 钻头、ϕ11.7mm 钻头、ϕ12mm 铰刀完成孔的加工。

① 钻孔程序：

```
%_N_ZK121_MPF;                                    主程序
T7 D1;                                            A3 中心钻
M03 S600;
G90 G54 G00 X0. Y0.;
Z85.;
G01 Z60. F60;
MCALL CYCLE82 (45., 23., 5., 19., 4., 0.1);     模态调用钻孔循环
G00 X-60. Y-60.;                                  孔中心点坐标
X60.;                                             孔中心点坐标
Y60.;                                             孔中心点坐标
X-60.;                                            孔中心点坐标
MCALL;                                            取消模态调用
G00 Z85.;
M05;
M30;

%_N_ZK122_MPF;                                    主程序
T7 D1 ;                                           ϕ8mm 钻头、ϕ11.7mm 钻头
M03 S600;
G90 G54 G00 X0. Y0.;
Z85.;
G01 Z60. F60;
MCALL CYCLE82 (45., 23., 5., -5., 28., 0.1);    模态调用钻孔循环
G00 X-60. Y-60.;
X60.;
Y60.;
```

```
X-60. ;
MCALL;
G00 Z85. ;
M05;
M30;
```

② 铰孔程序:

```
%_N_ZK123_MPF;                                   主程序
T7 D1;                                           φ12mm 铰刀
M03 S300;
G90 G54 G00 X0.  Y0. ;
Z85. ;
G01 Z60.  F60;
MCALL CYCLE85 (45. , 23. , 5. , -6. , 29. ,
              0.1, 100. , 200. );                模态调用铰孔循环
G00 X-60.  Y-60. ;
X60. ;
Y60. ;
X-60. ;
MCALL;
G00 Z85. ;
M05;
M30;
```

8）镗孔，可调节镗刀加工 φ20mm、φ25mm 孔，选用镗刀（T8）。

程序:

```
%_N_TK2025_MPF;                                  主程序
T8 D1 ;                                          镗刀
M03 S500;
G90 G54 G00 X0 Y0;
Z85. ;
G01 Z60.  F60;
CYCLE85 (45. , 23. , 5. , -6. , 29. , 0.1, 100, 200);  调用镗孔循环
G00 Z85. ;
M05;
M30;
```

此程序为 φ25mm 孔的加工，加工 φ20mm 孔时，可调节镗刀，并将程序修改为 CYCLE85（45.，23.，5.，17.，6.，0.1，100，200），调用镗孔循环即可。

（2）反面加工（零件掉头装夹）零点在零件上表面对称中心处。

1）粗加工，选用 φ25mm 平底刀（T9）。基点坐标图如图 3-80 所示，坐标值见表 3-18。

表3-18 反面粗加工基点坐标

基点	X	Y
1	88.0	27.0
2	75.0	27.0
3	75.0	-27.0
4	88.0	-27.0
5	58.0	0
6	48.0	0
7	38.0	0
8	28.0	0
9	18.0	0
10	0	0

程序如下：

```
%_N_FMCX_MPF;            主程序
T9 D1 ;                  φ25mm 平刀
M03 S600;
G90 G54 G00 X0 Y0;
Z50. ;
Z10. ;
L70 P4;                  调用 L60 子程序 4 次
G01 Z-4.98 F100;
G01 X58. ;               点 5
G03 I-58. ;              φ58mm 整圆弧（刀具中心）
G01 X48. ;               点 6
G03 I-48. ;              φ48mm 整圆弧
G01 X38. ;               点 7
G03 I-38. ;              φ38mm 整圆弧
G01 X28. ;               点 8
G03 I-28. ;              φ28mm 整圆弧
G01 X18. ;               点 9
G03 I-18. ;              φ18mm 整圆弧
G01 X0;                  点 10
G00 Z50. ;
ROT;                     取消坐标轴旋转
M05;
M30;

%_N_L70_SPF;             子程序
```

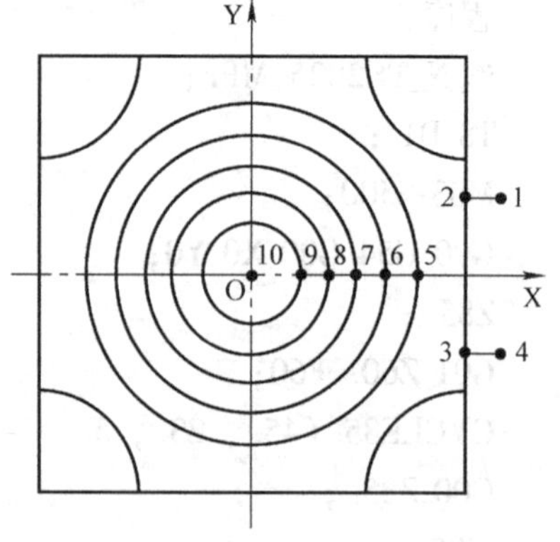

图3-80 反面粗加工基点坐标图

```
G00 X88. Y27. ;              点 1
G01 Z-4.98 F100;
X75. ;                       点 2
Y-27. ;                      点 3
X88. ;                       点 4
G00 Z5. ;
AROT RPL=90. ;               坐标轴旋转，每次 90°
M17;
```

注：保证深度尺寸 $5_{-0.03}^{\ 0}$时，可采用变换刀具长度补偿解决。

2）精加工，选用 ϕ20mm 平底刀（T10），精铣 4 × R35 凸台。基点坐标图如图 3-81 所示，坐标值见表 3-19。

表 3-19 反面精加工基点坐标

基点	X	Y
1	80.0	28.0
2	80.0	40.0
3	75.0	40.0
4	40.0	75.0
5	40.0	80.0
6	28.0	80.0

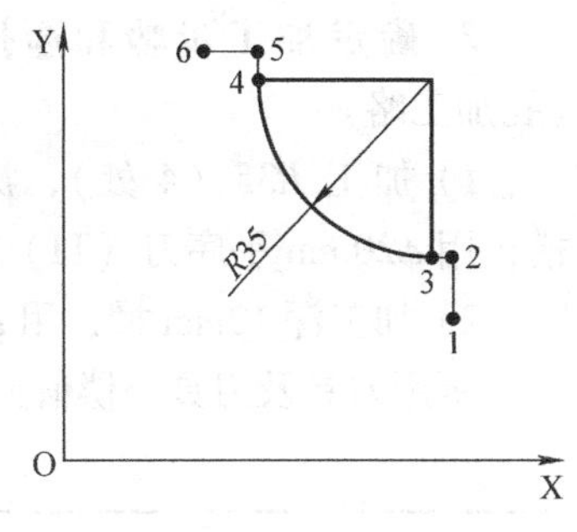

图 3-81 反面精加工基点坐标图

程序如下：

```
%_N_FMJX_MPF;                主程序
T10 D1 ;                     φ20mm 平刀
M03 S700;
G90 G54 G00 X0 Y0;
Z50. ;
Z10. ;
L80 P4;                      调用 L80 子程序 4 次
G00 Z50. ;
ROT;                         取消坐标轴旋转
M05;
M30;

%_N_L80_SPF;                 子程序
G00 X80. Y28. ;              点 1
G01 Z-4.98 F100;
G41 Y40. ;                   点 2
```

```
X75. ;                          点 3
G03 X40. Y75. CR=35. ;          点 4
G01 Y80. ;                      点 5
G40 X28. ;                      点 6
G00 Z5. ;
AROT RPL=90. ;                  坐标轴旋转，每次 90°
M17;
```

组合件加工 2：如图 3-82 所示零件，材料为 45 钢，外形尺寸为 150mm×150mm×20mm，零件六面均已加工，并符合尺寸与表面粗糙度要求。

技术要求：与图 3-74 所示的零件配合间隙不大于 0.06mm，且活动灵活。

1. 工艺分析

该零件外形规则，被加工部分的各尺寸、几何精度要求较高，表面粗糙度值要求较低。加工内容包含了内外轮廓、槽、钻孔、铰孔、镗孔等加工。零件采用机用虎钳装夹。根据图样要求，零点设置如图 3-82 所示。

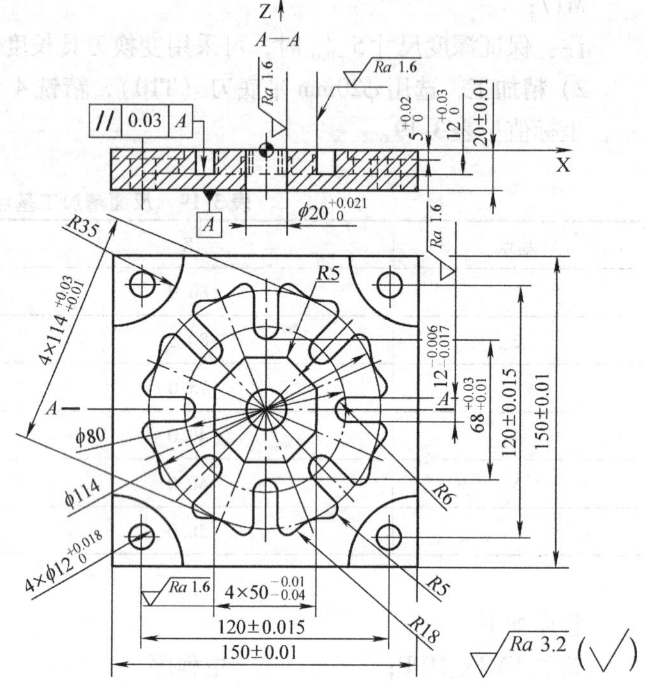

图 3-82 组合件 2

2. 确定加工步骤和选择刀具（孔加工略）

1）加工 R35（4 处），深 5mm 槽，用 ϕ20mm 平底刀（T1）。

2）加工深 12mm 槽，用 ϕ8mm 平底刀（T2、T3）。

所用刀具及刀具补偿值见表 3-20。

表 3-20 各工序用刀具及刀具补偿值

刀具号	刀具名称	半径补偿
T1	ϕ20mm 平底刀	D1
T2	ϕ8mm 平底刀	D1
T3	ϕ8mm 平底刀	D1

3. 基点坐标

此处基点坐标在加工程序中体现，这里不一一给出。

4. 加工程序

1）加工 R35（4 处），深 5mm 槽，选用 ϕ20mm 平底刀（T1）。基点坐标图如图 3-83 所示，坐标值见表 3-21。

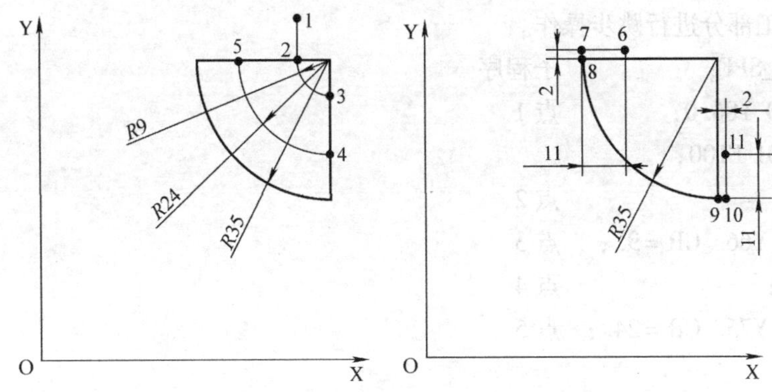

图 3-83　加工 5mm 深槽基点坐标图

表 3-21　加工 5mm 深槽的基点坐标

基点	X	Y
1	66.0	86.0
2	66.0	75.0
3	75.0	66.0
4	75.0	51.0
5	51.0	75.0
6	51.0	77.0
7	40.0	77.0
8	40.0	75.0
9	75.0	40.0
10	77.0	40.0
11	77.0	51.0

程序如下：

```
%_N_YHC_MPF;          主程序
T1 D1 ;               φ20mm 平刀
M03 S700;
G90 G54 G00 X0 Y0;
Z50. ;
Z10. ;
/L100 P4;             调用 L100 子程序 4 次，粗加工
L110 P4;              调用 L110 子程序 4 次，精加工
G00 Z50. ;
ROT;                  取消坐标轴旋转
M05;
M30;
```

注：/L100 P4；此处这样编程，使用的是跳步指令，即精加工（变换刀补保证尺寸）

时，可将粗加工部分进行跳步操作。

```
%_N_L100_SPF;                子程序
G00 X66.0 Y86.0;             点1
G01 Z-5.01 F100;
Y75.;                        点2
G03 X75. Y66. CR=9.;         点3
G01 Y51.;                    点4
G02 X51. Y75. CR=24.;        点5
G00 Z5.;
AROT RPL=90.;                坐标轴旋转，每次90°
M17;

%_N_L110_SPF;                子程序
G00 X51. Y77.;               点6，下刀点
G41 X40.;                    点7，加刀补
Y75.;                        点8
G03 X75. Y40. CR=35.;        点9
G01 X77.;                    点10
G40 Y51.;                    点11，去刀补
G00 Z5.;;
AROT RPL=90.;                坐标轴旋转，每次90°
M17;
```

2）加工深12mm槽，选用ϕ8mm平底刀。

① 粗加工，用ϕ8mm平底刀（T2）。基点坐标图如图3-84所示，坐标值见表3-22。八边形采用极坐标完成，程序如下：

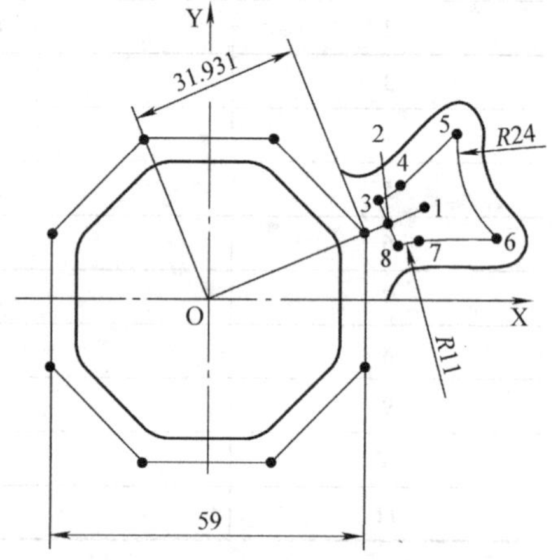

图3-84 粗加工深12mm槽的基点坐标图

表3-22 粗加工深12mm槽的基点坐标

基点	X	Y
1	41.576	17.216
2	33.642	13.928
3	31.991	17.916
4	36.062	20.506
5	46.39	30.834
6	54.605	11.0
7	40.0	11.0
8	35.294	9.942

```
%_N_NCCJG_MPF;                          主程序
T2 D1 ;                                 φ8mm 平刀
M03 S800;
G90 G54 G00 X0 Y0;
Z50. ;
Z10. ;
G111 X0 Y0;                             极点在 X0Y0
G00 AP=22.5 RP=31.931 F100;             AP 为极角，RP 为极径
G01 Z0.05 F100;
L200 P6;                                调用 L200 子程序 6 次，粗加工
L210 P8;                                调用 L210 子程序 8 次，粗加工
G00 Z50. ;
ROT;                                    取消坐标轴旋转
M05;
M30;

%_N_L200_SPF;                           子程序，粗加工八边形
G91 Z-2.01 F50;                         每次切削深度 2.01mm，共 6 次
AP=45. F100;
AP=45. ;
AP=45. ;
AP=45. ;
AP=45. ;
AP=45. ;
AP=45. ;
M17;

%_N_L210_SPF;                           子程序，粗加工梅花形轮廓
G00 X41.576 Y17.216;                    点 1，下刀点
G01 Z0.05 F100;
L220 P6;                                调用 L220 子程序 6 次
G00 Z5. ;
AROT RPL=45. ;                          附加坐标轴旋转，每次转 45°
M17;

%_N_L220_SPF;                           子程序
G91 Z-2.01 F60;
G90 X33.642 Y13.928 F100;               点 2
X31.991 Y17.916;                        点 3
```

```
G03 X36.062 Y20.506 CR=11.;   点4
G01 X46.39 Y30.834;           点5
G03 X54.605 Y11. CR=23.;      点6
G01 X40. Y11.;                点7
G03 X35.294 Y9.942 CR=11.;    点8
M17;
```

② 精加工，选用 ϕ8mm 平底刀（T3）。基点坐标图如图 3-85 所示，基点坐标值见表3-23。

表 3-23　精加工深 12mm 槽的基点坐标

基点	X	Y
1	29.5	0
2	29.5	-4.5
3	34.0	0
4	40.0	6.0
5	54.605	6.0
6	57.798	14.848
7	51.368	30.37
8	42.854	34.369
9	32.527	24.042
10	24.042	24.042
11	17.678	24.042
12	20.86	20.86

精加工八边形轮廓可调用件 1 加工时的八边形轮廓子程序。程序如下：

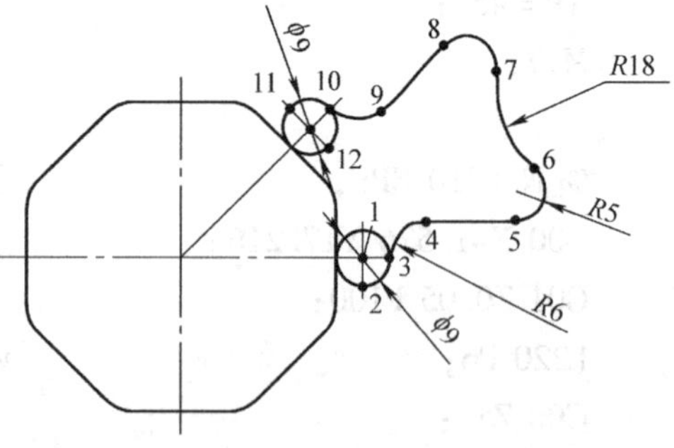

图 3-85　精加工深 12mm 槽的基点坐标图

```
%_N_NCJJG_MPF;                主程序
T3 D1;                        ϕ8mm 平底刀
M03 S800;
G90 G54 G00 X29.5. Y0;        下刀点
G00 Z50.;
Z10.;
G01 Z-12.01 F100;
G42 G01 Y-4.5;                加刀补
G02 X25. Y0 CR=4.5;           圆弧切入
L60;                          调用 L60 子程序，加工八边形轮廓
G02 X29.5 Y4.5 CR=4.5;        圆弧切出
G40 G01 Y0;                   去刀补
G00 Z5.;
```

```
D2 L300 P8;                        调用 L300 子程序，加工梅花形轮廓
ROT;
M05;
M30;
%_N_L60_SPF;                       子程序加工轨迹
G01 X25. Y8.284;
G03 X23.536 Y11.82 CR=5.;
G01 X11.82 Y23.536;
G03 X8.284 Y25. CR=5.;
G01 X-8.284 Y25.;
G03 X-11.82 Y23.836 CR=5.;
G01 X-23.536 Y11.82;
G03 X-25. Y8.284 CR=5.;
G01 X-25. Y-8.284;
G03 X-23.536 Y-11.82 CR=5.;
G01 X-11.82 Y-23.536;
G03 X-8.284 Y-25. CR=5.;
G01 X8.284 Y-25.;
G03 X11.82 Y-23.536 CR=5.;
G01 X23.536 Y-11.82;
G03 X25. Y-8.284 CR=5.;
G01 X25. Y0;
M17;

%_N_L300_SPF;                      子程序
G00 X29.5 Y0;                      点 1
G01 Z-12.01 F100;
G01 G41 X29.5 Y-4.5;               点 2
G03 X34.0 Y0 CR=4.5;               点 3
G02 X40. Y6. CR=6.;                点 4
G01 X54.605 Y6.;                   点 5
G03 X57.798 Y14.848 CR=5.;         点 6
G02 X51.368 Y30.37 CR=18.;         点 7
G03 X42.854 Y34.369 CR=5.;         点 8
G01 X32.527 Y24.042;               点 9
G02 X24.042 Y24.042 CR=6.;         点 10
G03 X17.678 Y24.042 CR=4.5;        点 11
G01 G40 X20.86 Y20.86;             点 12
G00 Z5.;
```

AROT RPL=-45.
M17;

第八节 SIEMENS系统数控铣床的操作

一、系统操作

1. 机床操作面板（图3-86）

SIEMENS 802D操作面板的功能见表3-24。

2. 系统控制面板（图3-87）

用系统控制面板上的操作键盘结合显示屏可以进行数控系统操作。数字/字母键（图3-88）用于输入数据到输入区，系统自动判别取字母还是取数字。系统控制面板上各键的功能见表3-25。

表3-24 SIEMENS 802D操作面板的功能

按钮	名称	功能简介
	紧急停止	紧急状态下（如危及人身、机床、刀具、工件安全时）按下此按钮，驱动系统断电，各类动作停止
	手动操作方式（JOG）	用于手动控制机床动作
	半自动运行操作方式（MDA）	通过一个或数个程序段控制机床动作
	自动运行操作方式（AUTO）	通过程序的自动运行来控制机床动作
	复位	按下此按钮，取消当前程序的运行；监视功能信息被清除（除了报警信号，电源开关、启动和报警确认）；通道转向复位状态
	单段	当此按钮被按下时，运行程序时每次执行一条数控指令
	循环保持	程序运行暂停，在程序运行过程中，按下此按钮运行暂停。按 恢复运行
	运行开始	程序运行开始
	主轴正转	按下此按钮，主轴开始正转
	主轴停止	按下此按钮，主轴停止转动
	主轴反转	按下此按钮，主轴开始反转
+Z -Y +X -X +Y -Z	移动按钮	按下按钮，坐标轴按按钮指示方向连续运动。 按钮与相关按钮配合可实现快速运动

（续）

按　钮	名　称	功能简介
	返回参考点回零	在 JOG 方式下，机床必须首先执行返回参考点操作，然后才可以运行
	主轴倍率	调节数控程序自动运行时的主轴速度倍率，调节范围为 50%~120%
	进给倍率	调节数控程序自动运行时的进给速度倍率，调节范围为 0~120%

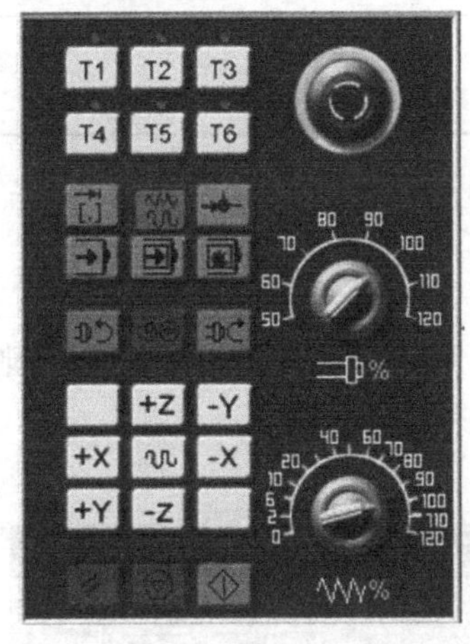

图 3-86　SIEMENS 802D 操作面板

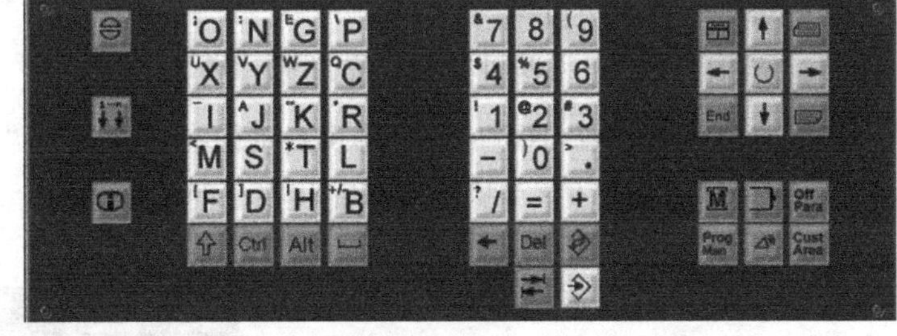

图 3-87　SIEMENS 802D 系统控制面板

表 3-25　数控系统控制面板上各键的功能

报警应答键	通道转换键
信息键	上挡键
控制键	ALT 键
空格键	删除键（退格键）
删除键	插入键
制表键	回车/输入键
加工操作区域键	程序操作区域键

（续）

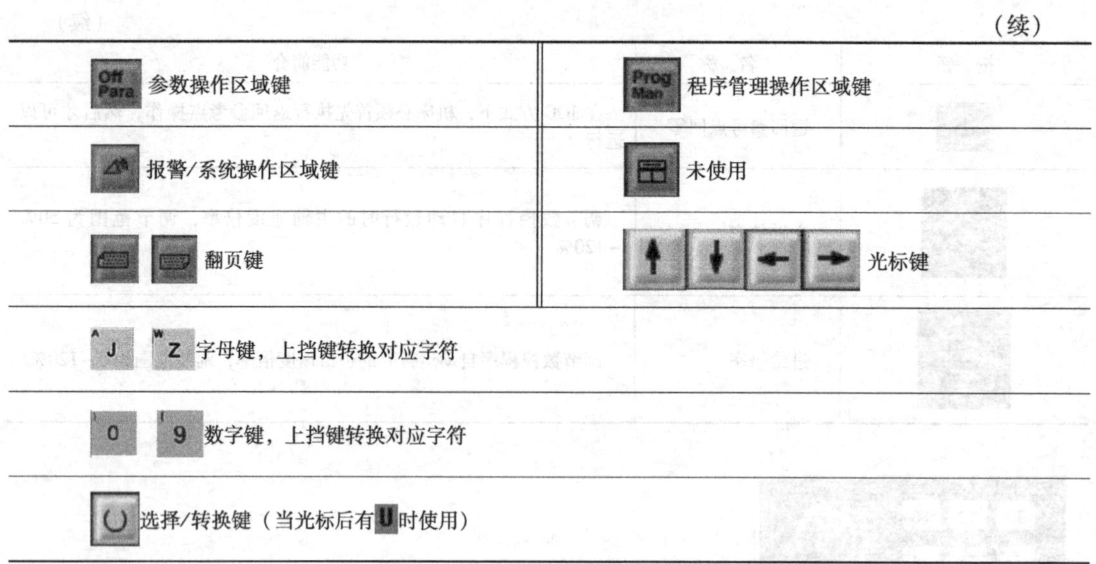

Off Para 参数操作区域键	Prog Man 程序管理操作区域键
报警/系统操作区域键	未使用
翻页键	光标键
J　Z 字母键，上挡键转换对应字符	
0　9 数字键，上挡键转换对应字符	
选择/转换键（当光标后有U时使用）	

3. 机床回零操作方式

1）按下手动按钮和返回参考点按钮。

2）按顺序单击 +Z　+X　+Y，即可自动回参考点。在“返回参考点”窗口中显示则表明坐标已到达参考点。机床回零界面状态如图3-89所示。

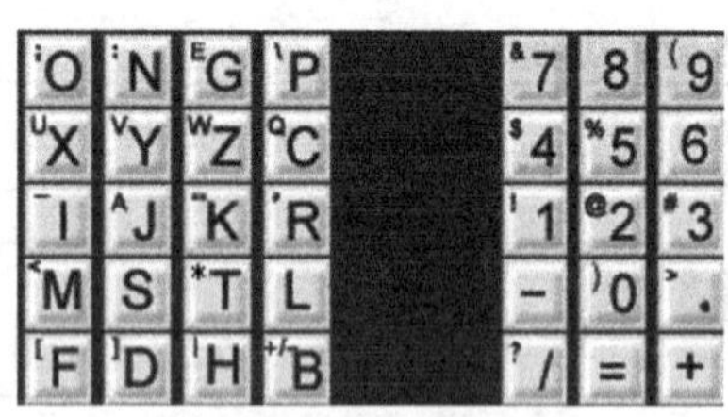

图3-88　数字/字母键

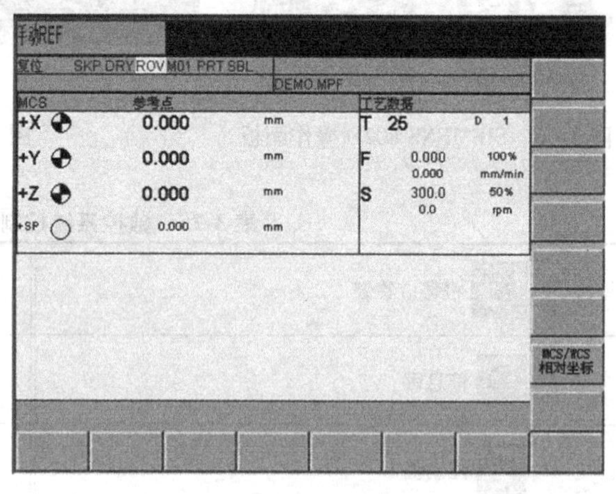

图3-89　机床回零界面

4. 自动加工操作方式

1）先将机床回零。

2）选择一数控程序。

3）设置运行程序时的控制参数。按下操作面板上的自动运行方式键，若CRT当前界面为加工操作区，则系统显示出如图3-90所示的界面，否则，仅在左上角显示当前操作模式(“自动”)而界面不变。

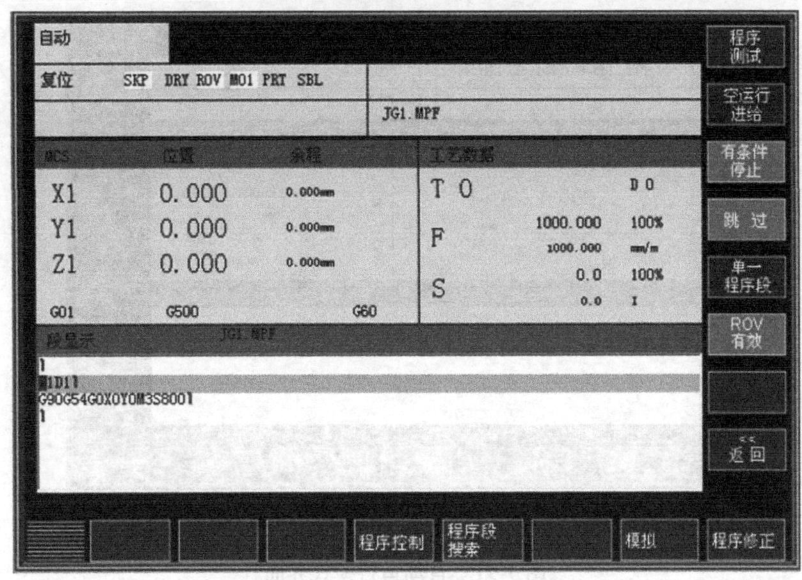

图 3-90　运行程序时的控制参数

软键“程序控制”可设置程序运行的控制选项，如图 3-90 所示。按软键[返回]返回前一界面。竖排软键对应的状态说明见表 3-26。

表 3-26　程序控制中竖排软键对应的状态说明

软键	显示	状态说明
程序测试	PRT	在程序测试方式下所有到进给轴和主轴的给定值被禁止输出，机床不动，但显示运行数据
空运行进给	DRY	进给轴以空运行设定数据中的设定参数运行，执行空运行进给时编程速率无效
有条件停止	M01	程序在执行到有 M01 指令的程序时停止运行
跳过	SKP	前面有斜线标志的程序在程序运行时跳过不予执行，如：/N100G…
单一程序段	SBL	此功能生效时零件程序按如下方式逐段运行：每个程序段逐段解码，在程序段结束时有一暂停，但在没有空运行进给的螺纹程序段时为一例外，只有在螺纹程序段运行结束后才会产生一暂停。单段功能只有处于程序复位状态时才可以选择
ROV 有效	ROV	按快速修调键，修调开关对于快速进给也生效

4）在控制面板上按下[→]，进入自动加工模式。

5）通过执行[◇]、暂停[⊙]命令来控制程序的运行、停止，同时状态栏也随之变化。

6）在自动加工时，如果按下[手动]，使机床进入手动操作模式，将出现警告框[016913]，此时按[⊖]可取消警告，继续操作。

7）也可以按[单段]进入单行执行状态，每按[◇]一次，执行一行程序。

8）按复位键[复位]可使程序重置。

自动运行模式界面如图 3-91 所示。

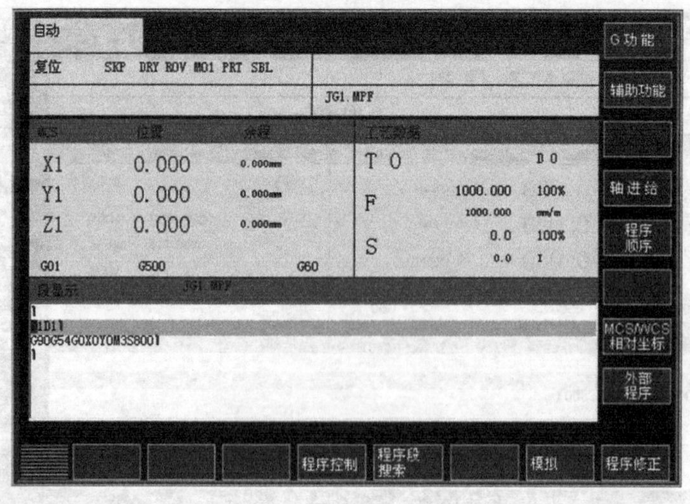

图 3-91　自动运行模式界面

5. 手动/连续加工操作方式

1）按下切换机床进入手动操作模式。

2）按下 -X -Y -Z +X +Y +Z 可向相应方向调节机床位置。

3）连续按键，在显示屏幕左上方显示增量的距离：1INC，10INC，100INC，1000INC（1INC = 0.001mm），三轴以增量移动。

4）单击机床主轴手动控制按钮，来控制主轴的正反转和停止。

6. 手动/单步加工操作方式

1）在手动/连续加工时或在对基准时，需精确调节机床，可采用单步方式。

2）连续按下单步点动按钮，可在点动距离0.001mm、0.01mm、0.1mm、1mm间切换，同样也是配合控制X、Y、Z轴的按钮来移动机床进行微调，使其达到要求的位置。

3）选择“HAND” 手轮方式 改变手轮移动的轴，摇动手轮使机床移动。

4）按下机床主轴手动控制按钮，来控制主轴的正反转和停止。

5）再次单击，可重新回到连续加工。手轮方式窗口如图3-92所示 。

7. MDA（手动数据输入）**操作方式**

1）切换操作面板，按下进入MDA模式，进行程序编辑操作。

2）输入数控程序，按执行程序。

3）按软键“语句区放大”，显示已运行、正在运行和将要运行的程序。

4）按复位键可清除数据。MDA模式界面如图3-93所示。

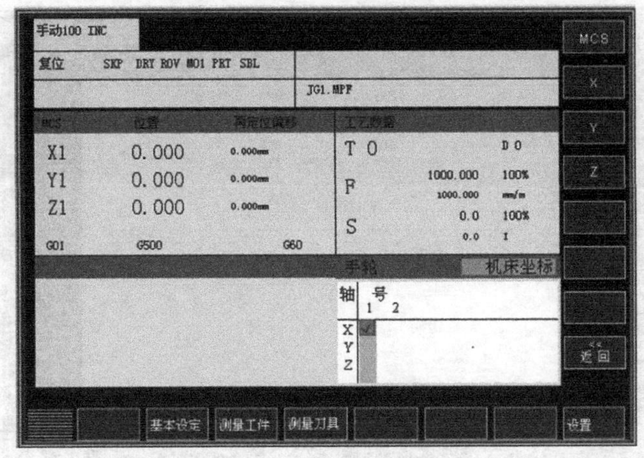

图3-92　手轮方式窗口

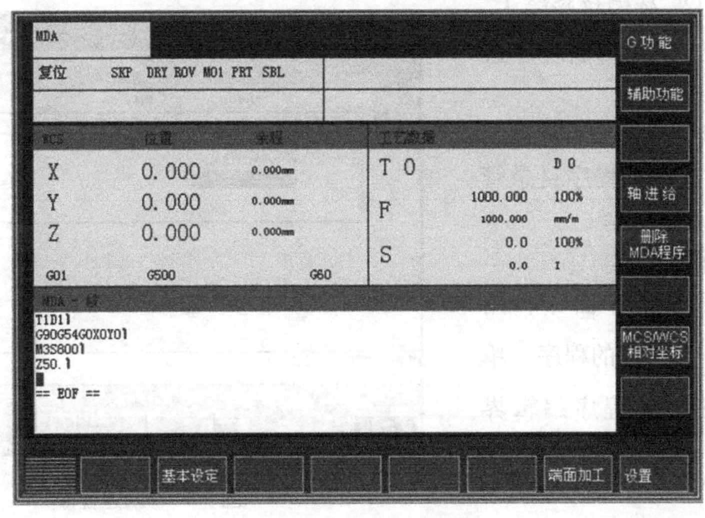

图3-93　MDA模式界面

二、数控程序处理

1. 程序管理

1）单击“程序管理”键，进入程序管理界面，如图3-94所示。

2）单击软键“程序”，用以及光标移动键找到需要的程序。

3）可以对所选程序进行“执行”、“打开”、“复制”、“删除”和“重命名”的操作，或者新建一程序。

2. 新建一个程序

1）在“程序管理”中，单击“新程序”软键，弹出对话框，填入程序名（以两个英文字母开头），按回车确定，如图3-95所示。

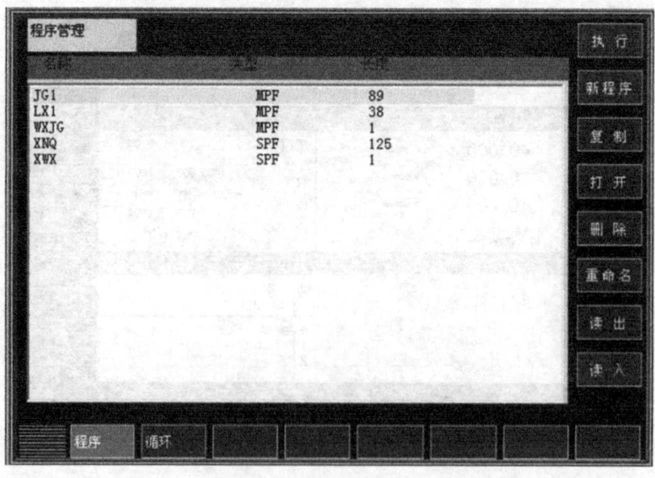

图3-94　程序管理界面

2）按“确认”软键接受输入，生成新程序文件，即可对新程序进行编辑。

3）按“中断”软键结束程序的编制，这样才能返回到程序目录管理层。

3. 编辑程序

1）在程序管理界面中，用找到要修改的程序，单击“打开”软键进入程序编辑界面，对程序进行编辑和修改；在“手动”、“自动”或“MDA”状态下，单击“程序”键，也可进入当前已打开的程序，进行编辑和修改。程序编辑界面如图3-96所示。

2）按方向键移动光标；按数字/字母键将数据输入；按键删除字符。

3）在编辑菜单中，按下“标记”软键，用方向键移动光标，可选择一个文本程序段，此时可对所选程序段进行“删除”、“复制”和“粘贴”等操作。

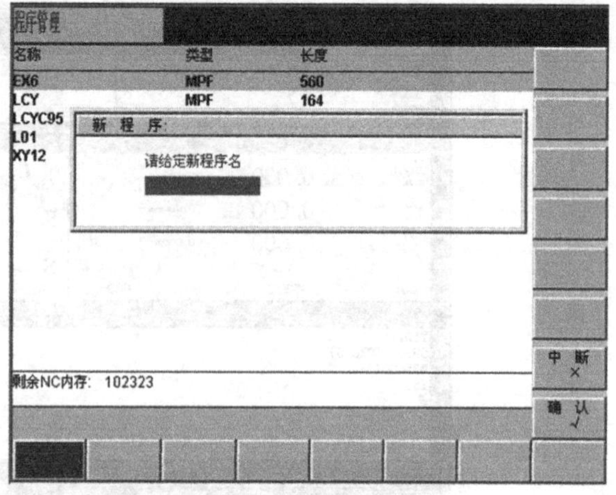

图3-95　新建程序

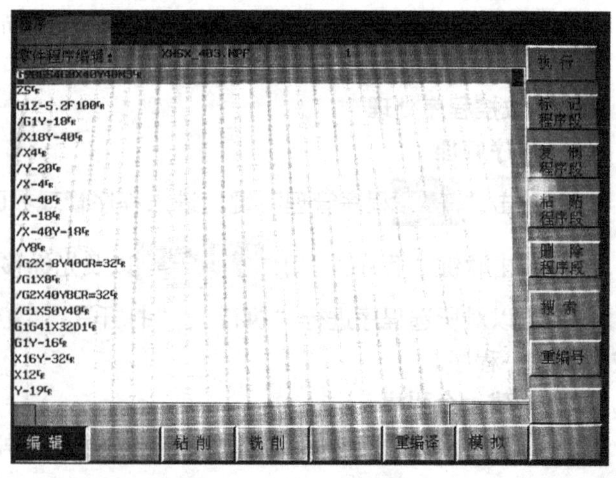

图3-96　程序编辑界面

4. 插入固定循环

1）在程序编辑界面中，可看到 铣削 与 钻削 软键，单击 铣削 进入如图 3-97 所示的铣削程序界面，单击相应的 端面铣削 、 轮廓铣削 、 矩形孔铣削 、 圆形孔铣削 软键，则可插入不同的铣削加工循环，如图 3-98 所示为端面铣削循环界面。

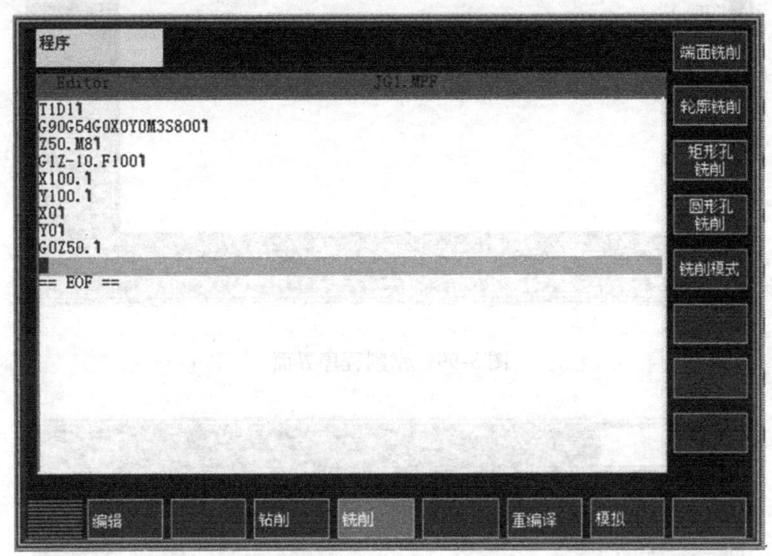

图 3-97　铣削程序界面

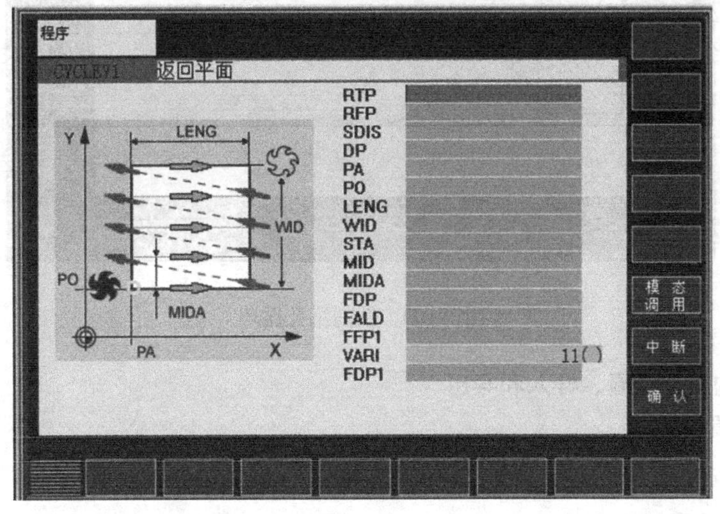

图 3-98　端面铣削循环界面

2）在程序界面中单击 钻削 进入如图 3-99 所示的钻削程序界面，单击相应的 镗孔 、 钻削沉孔 、 深孔钻 、 刚性攻丝 、 非刚性攻丝 等，不同程序类型对应的软键，则可插入不同的钻削加工循环，如图 3-100 所示为钻削沉孔循环界面。

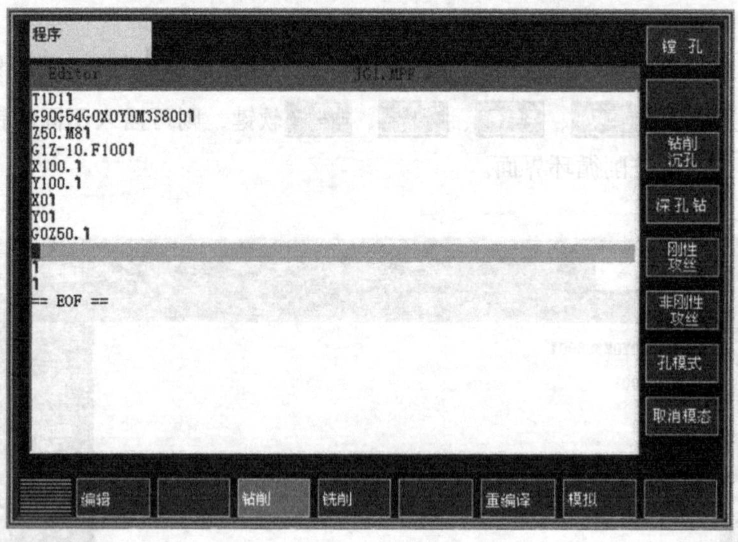

图 3-99　钻削程序界面

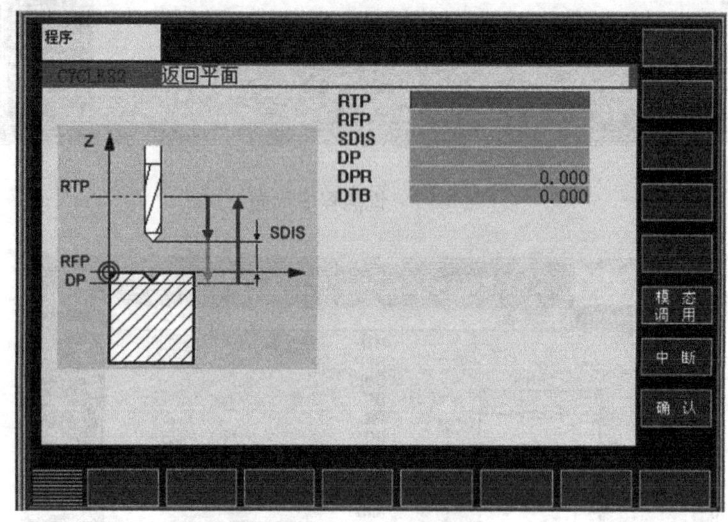

图 3-100　钻削沉孔循环

三、程序的轨迹查看、导入和导出

1. 轨迹查看

1）用[自动键]切换到自动运行操作方式，程序控制界面如图 3-101 所示。

2）单击 CRT 面板上的“程序控制”软键，按下“程序测试”和“空运行进给”选项。

3）选择一数控程序自动运行或在 MDA 下运行程序，单击“模拟”软键即可观察运行轨迹，界面如图 3-102 所示。

4）通过暂停[暂停键]、执行[执行键]命令来控制程序的停止和运行。

5）按复位键[复位键]可使程序重置。

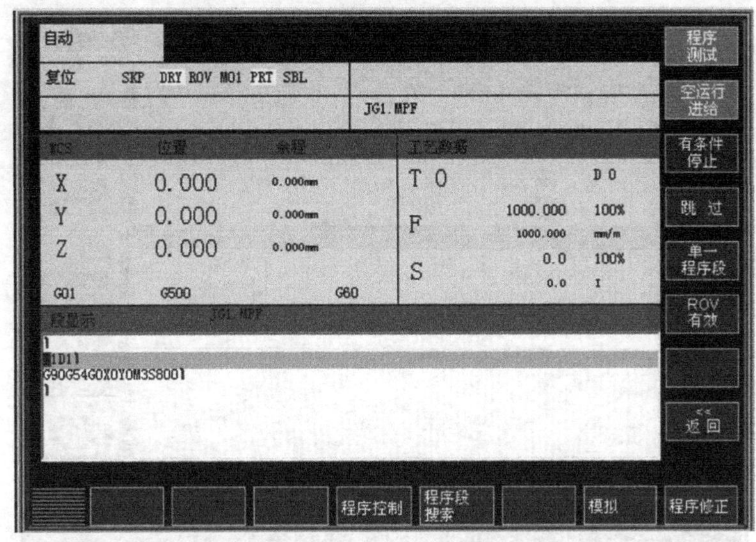

图 3-101　自动运行操作方式控制界面

2. 程序导入和导出

程序导入和导出是通过控制系统的 RS232 接口把机床数据（比如零件程序、系统参数等）读出并保存到外部设备中，同样也可以从外部设备把数据读入系统中。当然，RS232 接口必须与外部设备相匹配。

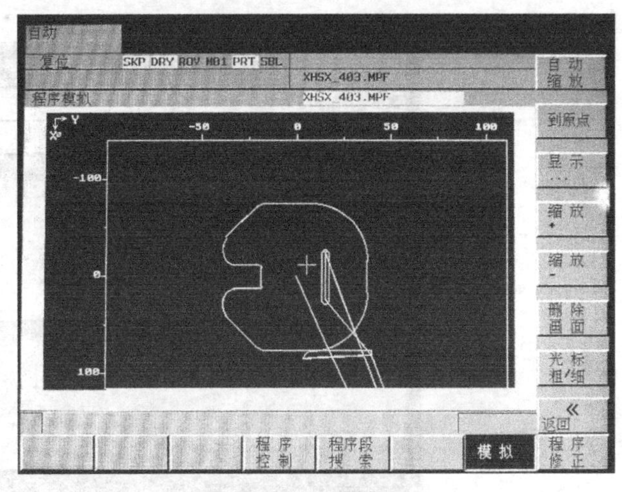

图 3-102　程序模拟界面

操作步骤是按下“PROGRAM MANAGER”软键打开“程序管理器”，进入数控程序主目录，按“读出”软键可读出存储零件程序；按“读入”软键可装载零件程序；按“启动”软键可启动输入、输出过程；按“全部文件”软键可选择所有的文件；按“停止”软键可终止操作。程序导入和导出界面如图 3-103 所示。

四、参数设置

1. 零偏参数设置

（1）基本设定　在相对坐标系中设定临时参考点（相对坐标系的基本零偏）。然后，进入“基本设定”界面。

1）按切换到手动操作方式（JOG）或按切换到半自动运行操作方式（MDA）下。

2）单击软键“基本设定”后，系统便进入到如图 3-104 所示的基本设定界面。

3）设置基本零偏有两种方式，即“设置关系”软键被按下的方式和“设置关系”没有被按下的方式。

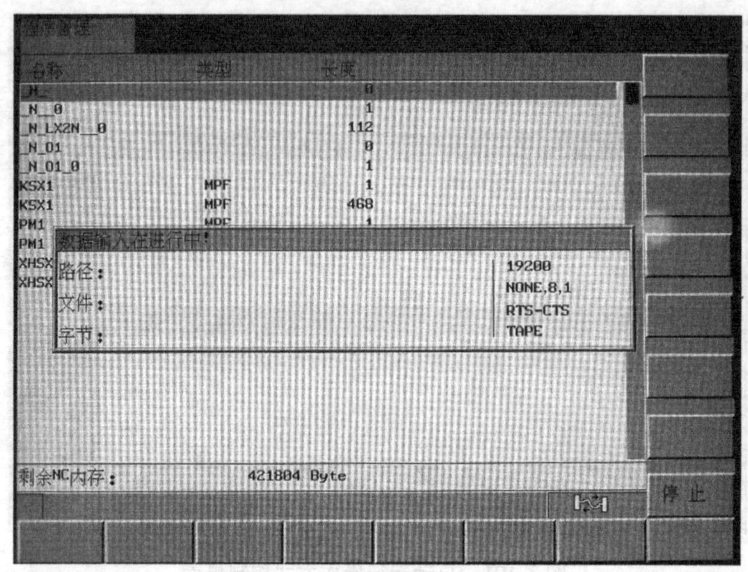

图 3-103 程序导入和导出界面

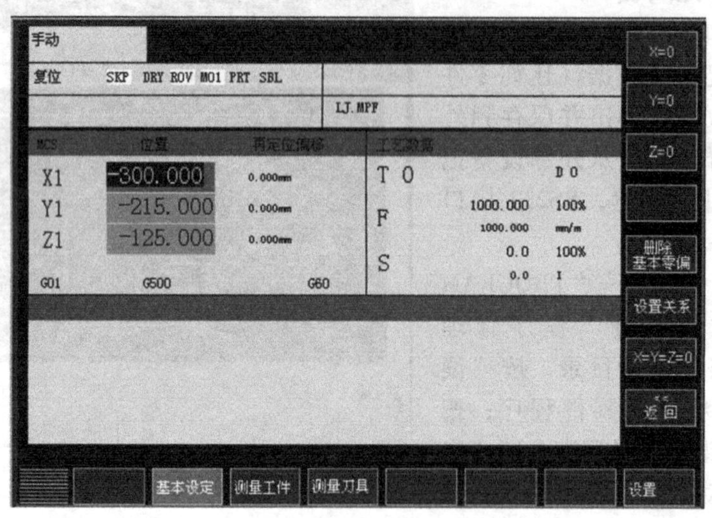

图 3-104 基本设定界面

① 当“设置关系”软键没有被按下时，文本框中的数据表示相对坐标系的原点在相对坐标系中的坐标。例如：当前机床位置在机床坐标系中的坐标为：X＝0，Y＝0，Z＝0，基本设定界面中文本框的内容分别为：X＝－390，Y＝－215，Z＝－125，则此时机床位置在相对坐标系中的坐标为X＝390，Y＝215，Z＝125。

② 当“设置关系”软键被按下时，文本框中的数据表示当前位置在相对坐标系中的坐标。例如：文本框中的数据为X＝－390，Y＝－215，Z＝－125，则此时机床位置在相对坐标系中的坐标为X＝－390，Y＝－215，Z＝－125。

4）基本设定的操作方法：直接在文本框中输入数据，使用软键 X=0 Y=0 Z=0，可将对应文本框中的数据设为零；使用软键 X=Y=Z=0，将所有文本框中的数据设为零；使用软键删除基本零偏，用机床坐标系原点来设置相对坐标系原点。

（2）输入和修改零偏值

1）若当前不是在参数操作区，按Off Para（即 OFFSET），切换到参数区。

2）若参数区显示的不是零偏界面，按软键“零点偏移”切换到零点偏移界面，如图3-105所示。

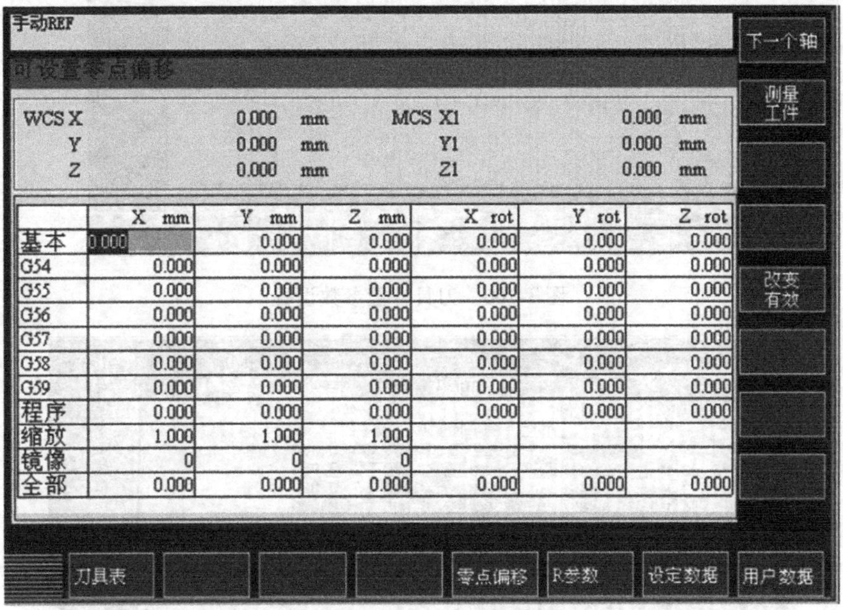

手动REF

可设置零点偏移

WCS X	0.000 mm	MCS X1	0.000 mm
Y	0.000 mm	Y1	0.000 mm
Z	0.000 mm	Z1	0.000 mm

	X mm	Y mm	Z mm	X rot	Y rot	Z rot
基本	0.000	0.000	0.000	0.000	0.000	0.000
G54	0.000	0.000	0.000	0.000	0.000	0.000
G55	0.000	0.000	0.000	0.000	0.000	0.000
G56	0.000	0.000	0.000	0.000	0.000	0.000
G57	0.000	0.000	0.000	0.000	0.000	0.000
G58	0.000	0.000	0.000	0.000	0.000	0.000
G59	0.000	0.000	0.000	0.000	0.000	0.000
程序	0.000	0.000	0.000	0.000	0.000	0.000
缩放	1.000	1.000	1.000			
镜像	0	0	0			
全部	0.000	0.000	0.000	0.000	0.000	0.000

下一个轴　测量工件　改变有效

刀具表　零点偏移　R参数　设定数据　用户数据

图 3-105　零点偏移界面

3）使用系统控制面板上的光标键定位到修改数据的文本框上（其中程序、缩放、镜像等几栏为只读），输入数值，按回车或移动光标，系统将显示软键改变有效，此时输入的新数据还没有生效。

4）按软键“改变有效”，使新数据生效。

2. 刀具参数设置

（1）新建刀具

1）按软键“OFFSET”进入参数设置。

2）按软健“刀具表”进入刀具补偿，刀具补偿参数设置如图 3-106 所示。

3）单击软键“新刀具”，弹出图 3-107 所示新刀具对话框。

4）输入刀具号按“确认”软键，进入刀具补偿设置，默认 D 号为 1。

5）设置刀沿数据，按“上、下”键将光标移动到“几何尺寸”项上，输入刀具的长度、半径补偿参数，按回车确认，或通过对刀功能得出。对于一些特殊刀具可以使用扩 展键，输入参数。刀具补偿数据输入界面如图 3-108 所示。

（2）新建刀沿

1）按软键“OFFSET”进入参数设置。

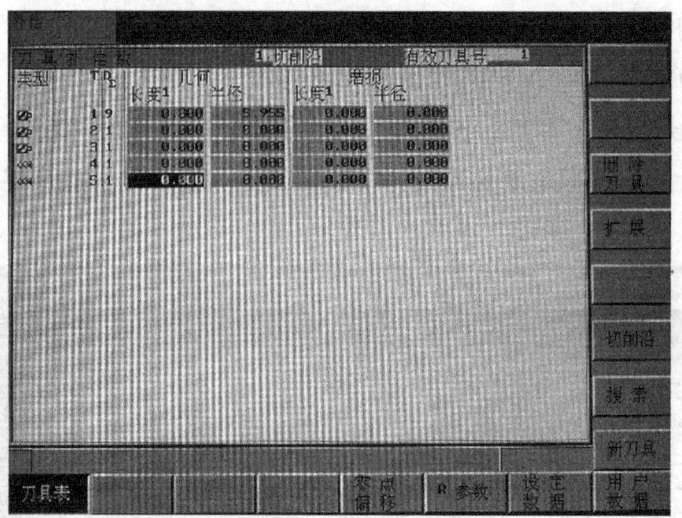

图3-106　刀具补偿参数设置

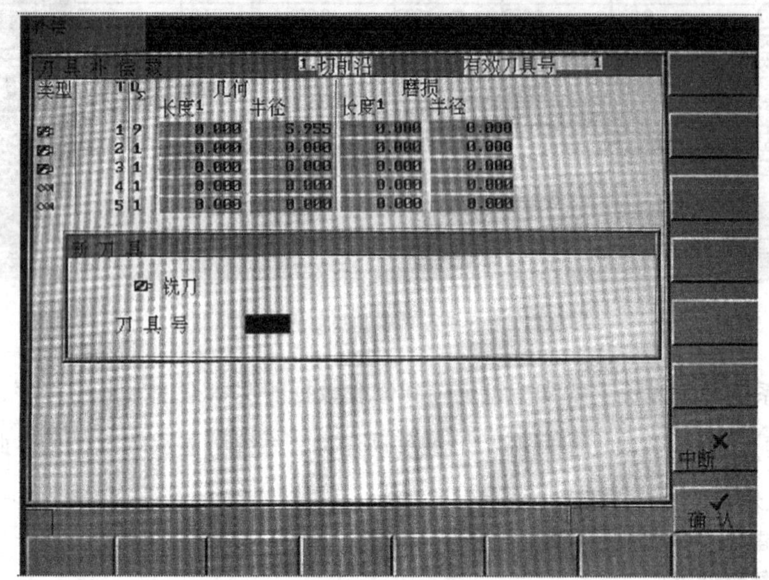

图3-107　新刀具对话框

2）按软键“刀具补偿”进入刀具补偿。

3）按软键“新刀沿”，弹出新刀沿对话框，显示当前刀号和刀型，不可输入。

4）按软键“确认”，进入刀具补偿设置，默认D号递增1。

5）设置刀沿数据，按“上、下”键将光标移动到“几何尺寸”项上，输入刀具的长度、半径补偿参数，按回车确认，或通过对刀功能得出；按“复位刀沿”，可将当前刀沿数据归零。

（3）移到相邻刀具/刀沿　进入“参数”、“刀具补偿”。当新建了一个以上的刀具时，按软键“T >>”命令，即可进入当前刀具的下一个；按软键“<< T”命令，可进入当前刀具的上一个。当一个刀具有两个以上的刀沿时，同样按“<< D”、“D >>”也可以在不同刀沿间切换。

(4) 搜索刀具　如果刀具号太多，选用“<<T”或“T>>”命令太慢，则用“搜索”命令直接选择所需的刀具。单击软键“参数”、“刀具补偿”、“搜索”，弹出对话框，填好刀号后按“确认”软键，则界面进入刀具补偿对话框，显示此刀具的各个参数值，可作修改。

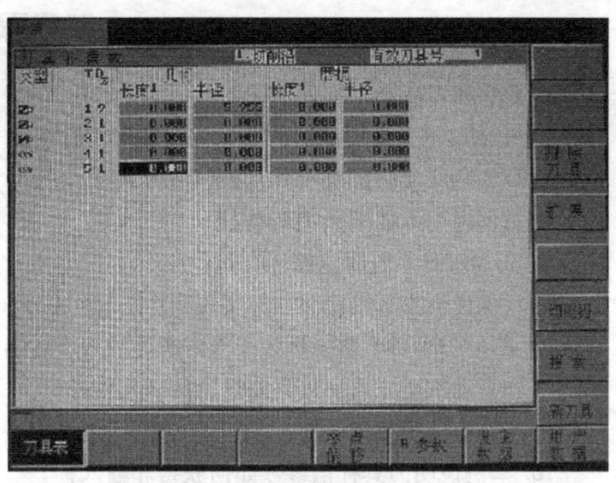

图 3-108　刀具补偿数据输入界面

(5) 删除刀具　用“T >>”或“<<T”、“搜索”命令选择需要删除的刀具号，则此刀具为当前刀具。执行“删除刀具”命令，当前刀具即被删除。其下一个刀具则自动变为当前刀具。继续按“删除”，可以连续删除。

(6) 确定刀具补偿（手动）　利用此功能可以计算刀具 T 未知的几何长度。前提条件：换刀，在“JOG”方式下移动该刀具，使刀尖到达一个已知坐标值的机床位置或试切零件使刀具到工件表面。

1）按 测量刀具 键打开刀具测量窗口（一），如图 3-109 所示。

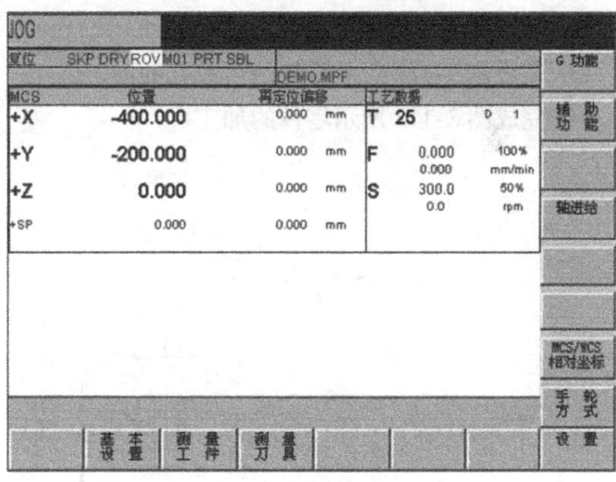

图 3-109　测量窗口（一）

2）按 手动测量 键。

① 直径和长度测量，确定刀具号 T ××和刀沿号 D××（T 1 D 1）。

② 选择测量基准 ABS U。

③ 在 X0、Y0 或 Z0 设置直径和长度，则补偿值存入 OFFSET PARAM 里，测量窗口（二）如图 3-110所示。

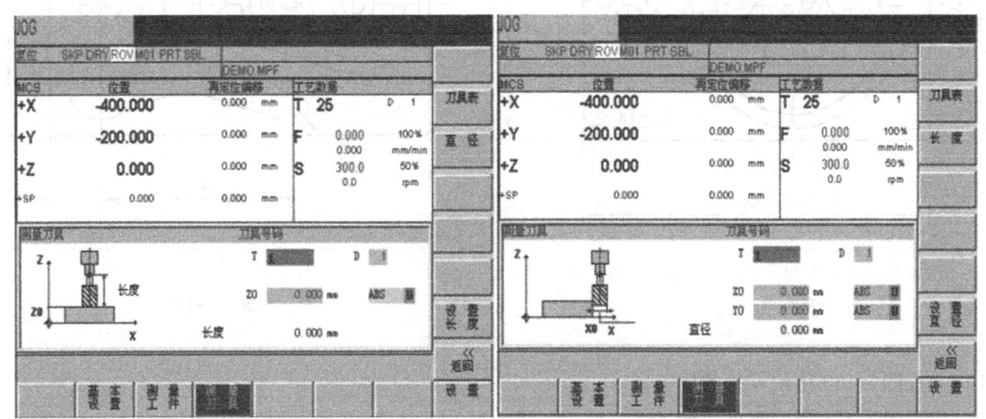

图 3-110　测量窗口（二）

复习思考题

1. G90 和 G91 指令有何不同?
2. SIEMENS 系统可编程的零点偏置如何使用?
3. G02/G03 圆弧插补有哪几种编程方式?
4. 举例说明 G25/G26 有何作用?
5. SIEMENS 系统固定循环有何作用?
6. 举例说明参数编程时如何实现程序跳转?
7. 采用 SIEMENS 系统机床操作时程序导入、导出如何实现?
8. 在自动加工方式下可完成机床的哪几种操作?
9. 工件坐标系如何设定?
10. 举例说明刀具补偿参数如何获得和输入?
11. 零点偏置数据如何获得和输入?
12. 对常用指令编程进行练习。
13. 完成图 3-111 所示零件凸台及孔的加工。
14. 完成图 3-112 所示零件的加工。

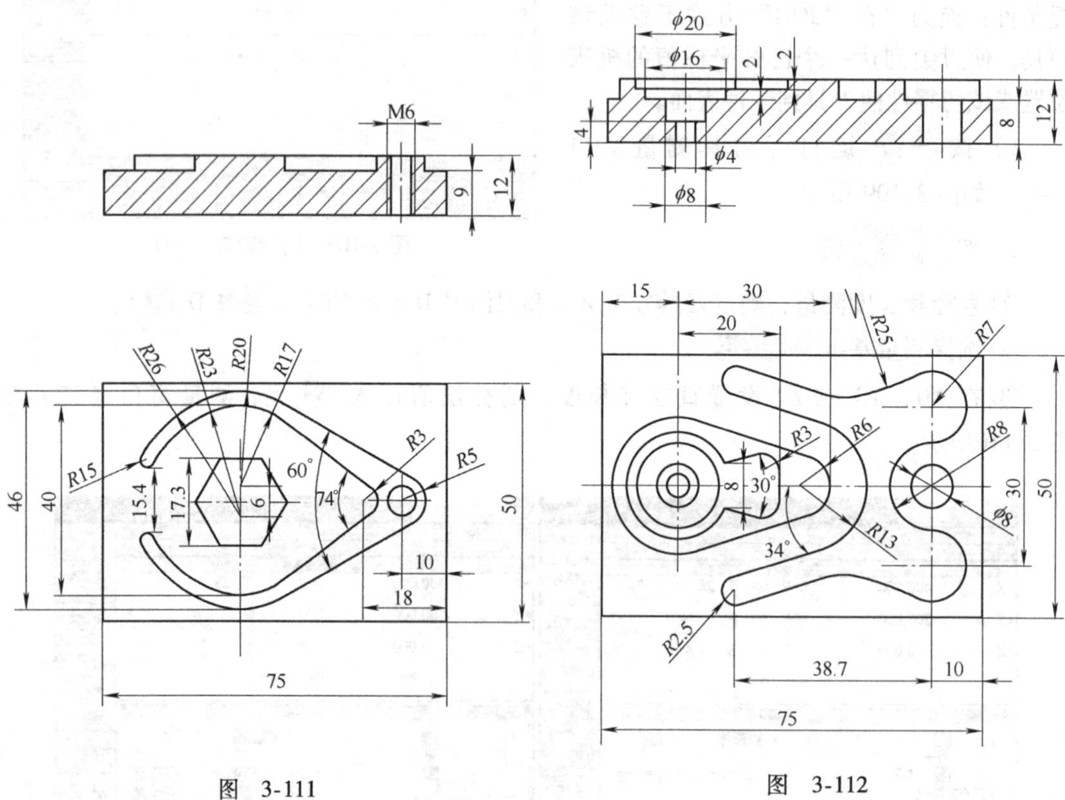

图 3-111

图 3-112

15. 完成图 3-113 所示零件的加工。
16. 完成图 3-114 所示零件的加工。
17. 完成图 3-115 所示零件的加工。

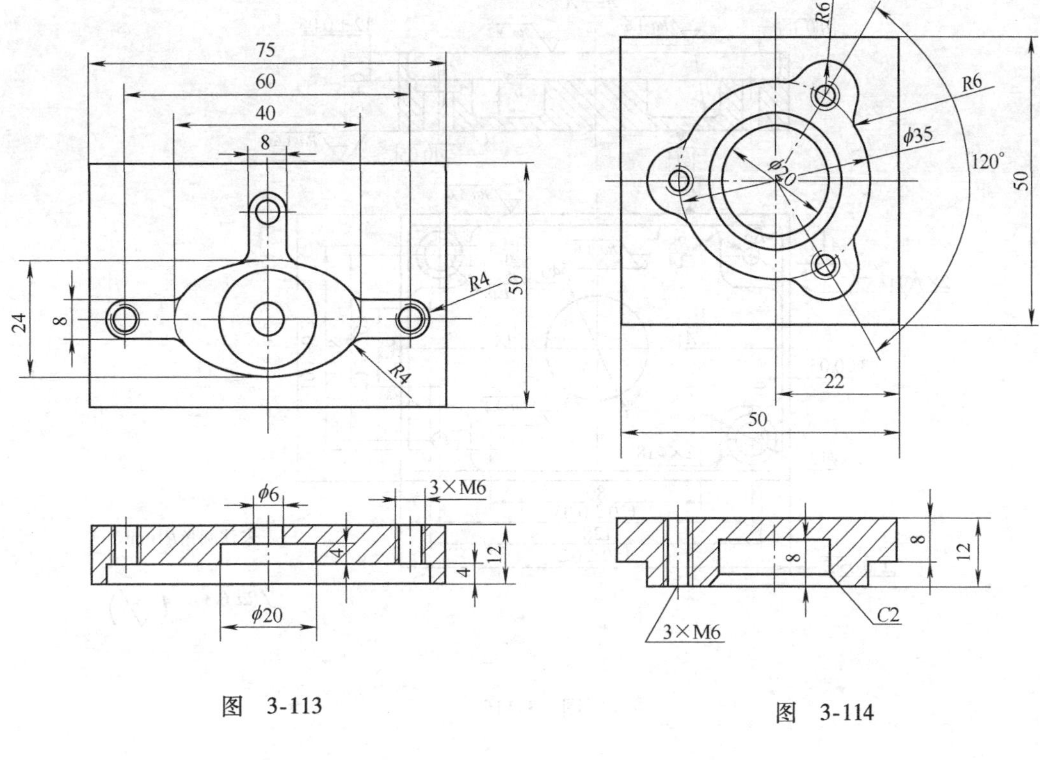

图 3-113

图 3-114

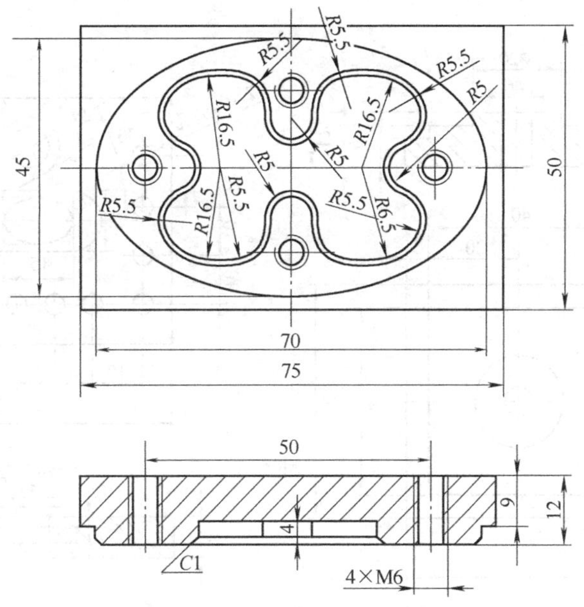

图 3-115

18. 完成图 3-116 所示零件的加工。
19. 完成图 3-117 所示零件的加工。
20. 完成图 3-118 所示零件的加工。

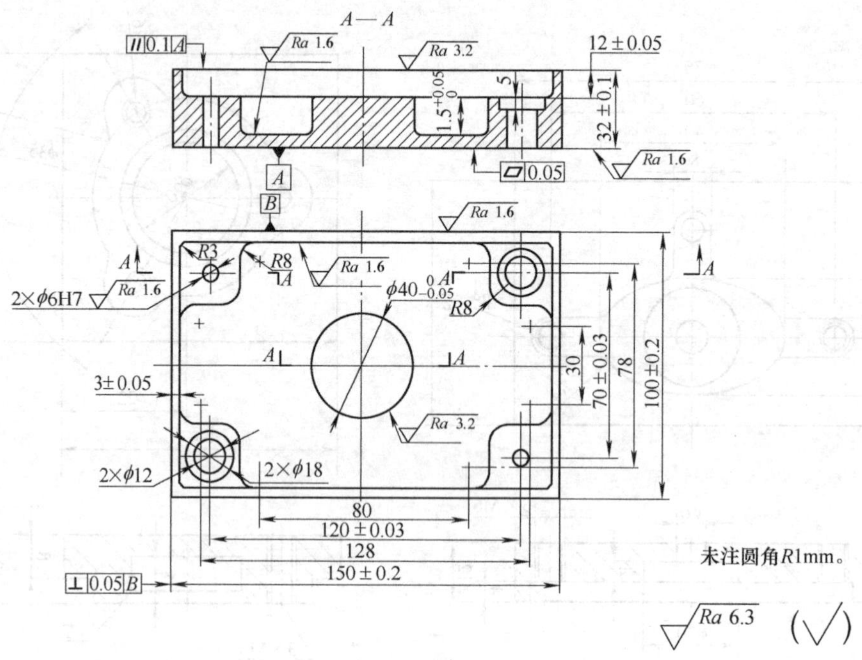

图 3-116

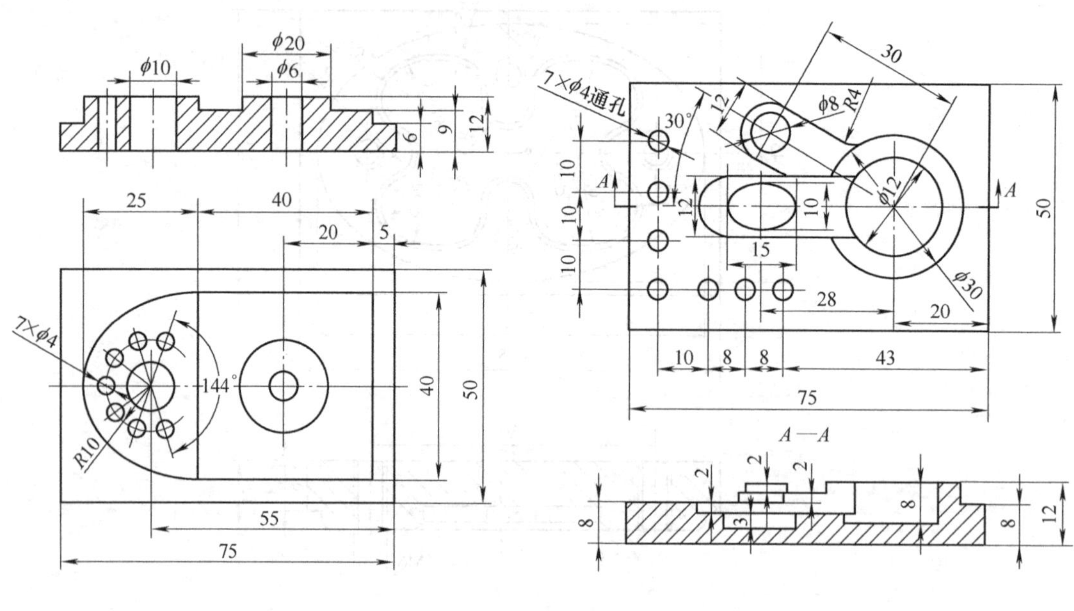

图 3-117 图 3-118

21. 完成图3-119所示零件的加工。
22. 完成图3-120所示零件的加工。
23. 完成图3-121所示零件的加工。

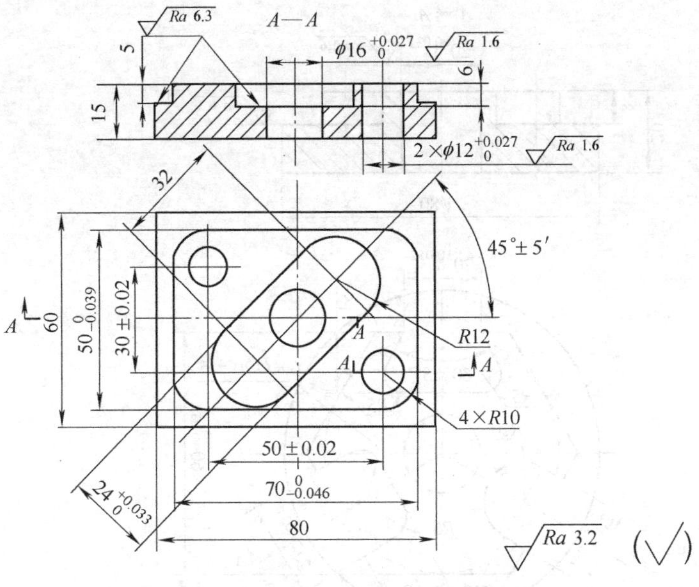

图 3-119

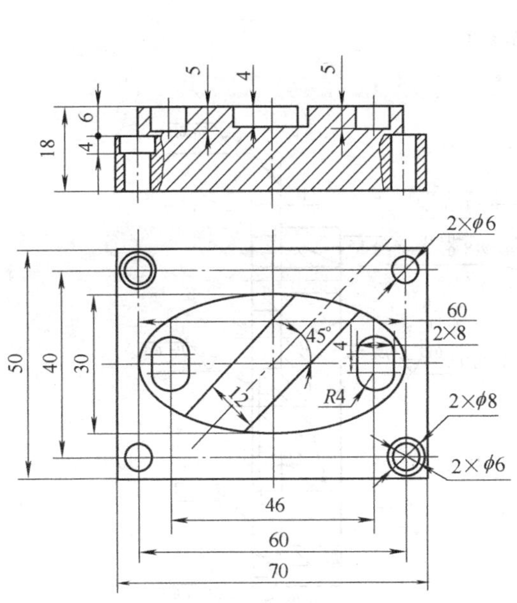

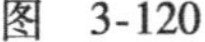
图 3-120

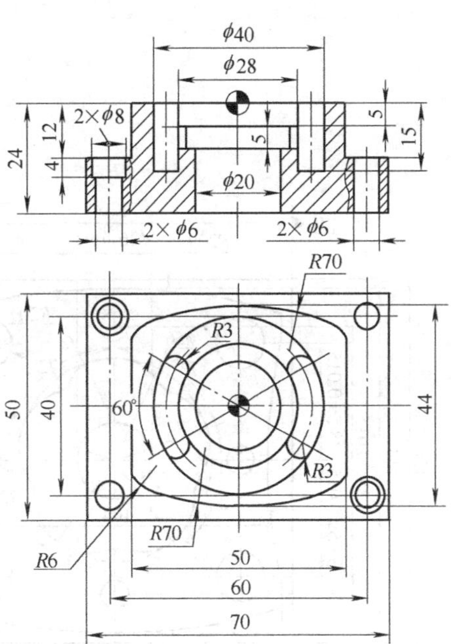

图 3-121

24. 完成图 3-122 所示零件的加工。
25. 完成图 3-123 所示零件的加工。
26. 完成图 3-124 所示零件的加工。
27. 完成图 3-125 所示零件的加工。

A—A
Ra 1.6
Ra 6.3
8
20
φ80
15
60°±5′
6×(120°±5′)
R5
R5
R10
R6
A
A
6
15
Ra 3.2 (√)

图 3-122

A
120
R209
0.04 A
Ra 6.3
10
4×φ18
Ra 1.6
R20
φ66
72°
72°
4×φ10
Ra 1.6
Ra 6.3
120
114
88±0.015
38.5±0.015
38.5±0.015
72°
72°
104
R171
8
B
B—B
B
Ra 6.3
43±0.015
43±0.015
30
Ra 3.2 (√)

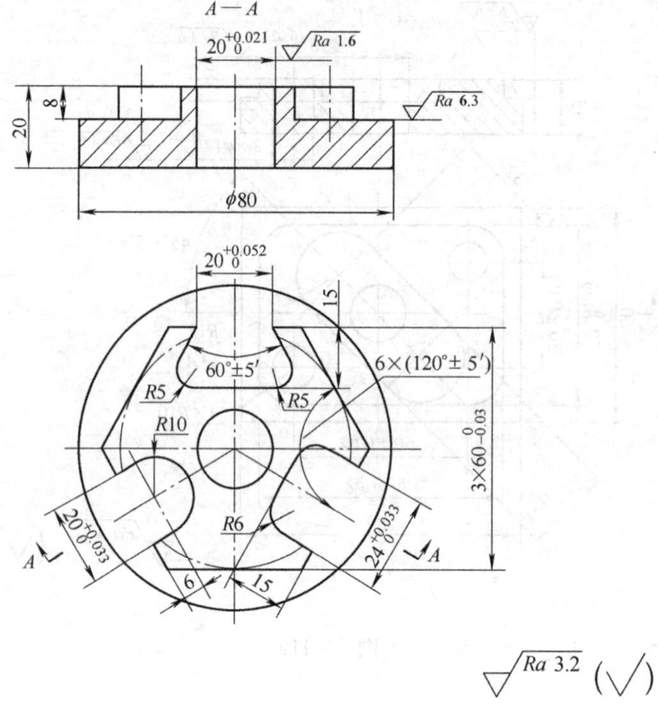

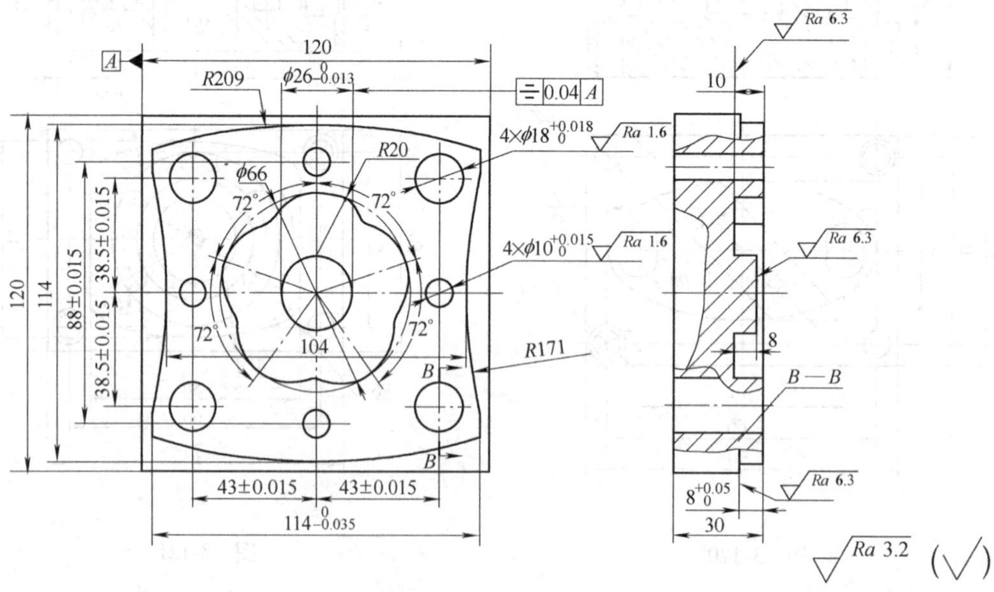

图 3-123

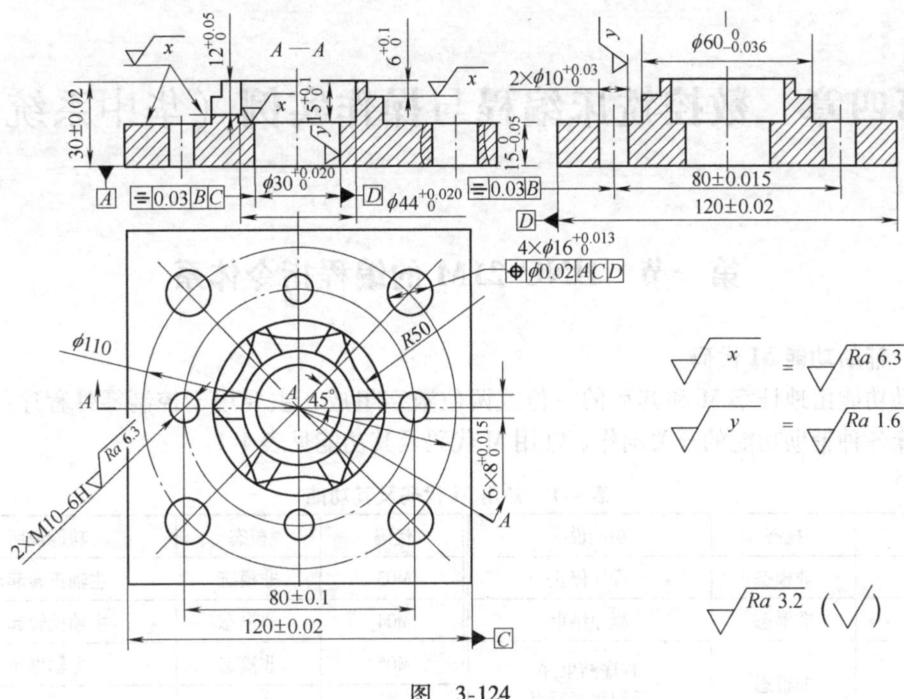

图　3-124

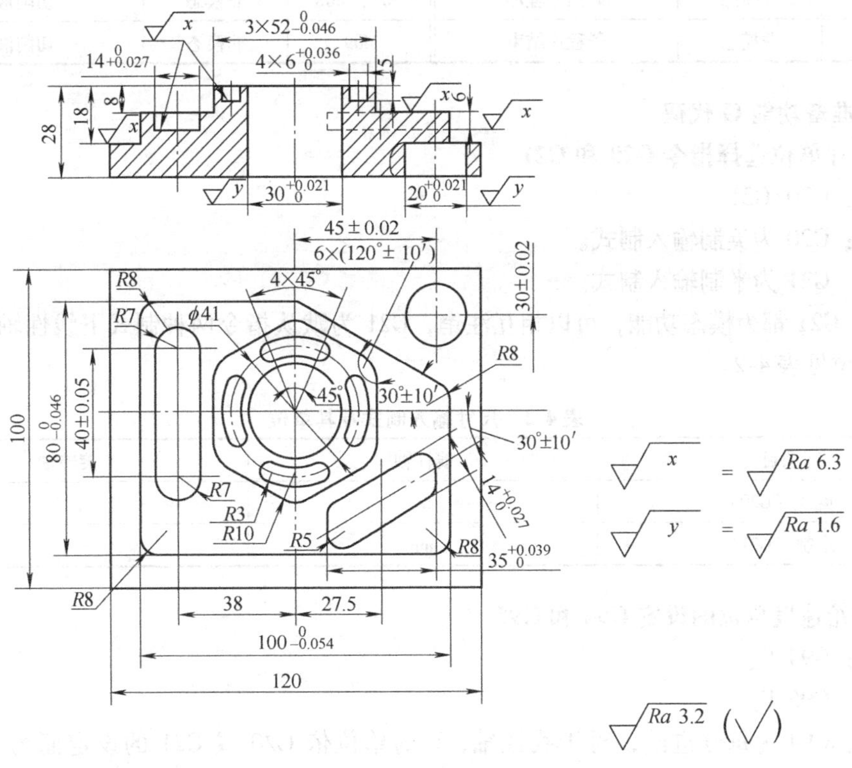

图　3-125

第四章　数控铣床编程与操作实例（华中系统）

第一节　HNC-21M 的编程指令体系

一、辅助功能 M 代码

辅助功能由地址字 M 和其后的一位或两位数字组成，主要用于控制零件程序的走向，以及机床各种辅助功能的开关动作。常用 M 代码及其功能见表 4-1。

表 4-1　常用 M 代码及其功能

代码	模态	功能说明	代码	模态	功能说明
M00	非模态	程序停止	M03	非模态	主轴正转起动
M02	非模态	程序结束	M04	非模态	主轴反转起动
M30	非模态	程序结束并返回程序起点	M05	非模态	主轴停止
			M06	非模态	换刀
M98	非模态	调用子程序	M07、M08	非模态	切削液开
M99	非模态	子程序结束	M09	非模态	切削液关

二、准备功能 G 代码

1. 尺寸单位选择指令 G20 和 G21

格式：G20/G21

说明：G20 为英制输入制式。

G21 为米制输入制式。

G20、G21 都为模态功能，可以相互注销，G21 为默认指令两种制式下线性轴、旋转轴的尺寸单位见表 4-2。

表 4-2　尺寸输入制式及其单位

项目	线性轴	旋转轴
英制（G20）	in	(°)
米制（G21）	mm	(°)

2. 进给速度单位的设定 G94 和 G95

格式：G94 F_

G95 F_

说明：G94 为每分进给，对于线性轴，F 的单位依 G20 或 G21 的设定而为 in/min 或 mm/min；对于旋转轴，F 的单位为 (°)/min。

G95 为每转进给，即主轴转一周时刀具的进给量。F 的单位依 G20 或 G21 的设定而为 in/r 或 mm/r。这个功能只在主轴装有编码器时才能使用。

3. 绝对和相对编程指令 G90 和 G91

格式：G90/G91

说明：G90 表示绝对编程，G91 表示相对编程。G90 和 G91 为模态指令，可以互相注销，G90 为机床默认指令，通常可以省略不写。

4. 工件坐标系的设定指令 G92

格式：G92 X_Y_Z_A _

说明：X_Y_Z_A 设定的工件坐标系为原点到刀具起点的有向距离（假设第四轴用 A 表示）。

G92 指令通过设定刀具起点（对刀点）与坐标系原点的相对位置建立工件坐标系，工件坐标系一旦建立，绝对值编程时的指令值就是在此坐标系中的坐标值。

G92 指令为非模态指令，一般放在一个零件程序的第一段。执行此指令时，只建立工件坐标系，机床并不产生运动。

5. 直接机床坐标系编程指令 G53

格式：G53

说明：G53 是机床坐标系编程指令，在含有 G53 的程序段中，绝对值编程时的指令是在机床坐标系中的坐标值。G53 为非模态指令。

6. 坐标系的选择 G54 ~ G59

格式：G54/G55/G56/G57/G58/G59

说明：G54 ~ G59 是系统预定的 6 个工件坐标系，可根据需要任意选用。一旦选定，后续程序段中绝对值编程时的指令值均为相对此工件坐标系原点的值。G54 ~ G59 为模态指令，可相互注销，G54 为默认值。

7. 坐标平面选择 G17、G18 和 G19

格式：G17/G18/G19

说明：G17 选择 XY 平面，

G18 选择 ZX 平面，

G19 选择 YZ 平面。

该组指令选择进行圆弧插补和刀具半径补偿的平面，G17、G18 和 G19 为模态功能，可相互注销，G17 为默认值。

注意：移动指令与平面选择无关，例如，指令 G17 G01 Z10 时，Z 轴照样会移动。

8. 快速定位

格式：G00 X_ Y_ Z_

说明：该命令把刀具从当前位置快速移动到命令指定的位置（在绝对坐标方式下），或者移动到某个距离处（在增量坐标方式下）。移动速度可由面板上的快速修调按钮修正。

9. 直线插补 G01

格式：G01 X_ Y_ Z_F_

说明：该命令将刀具以直线形式按 F 代码指定的速率从它的当前位置移动到命令要求的位置。对于省略的坐标轴，不执行移动操作；而只有对指定轴执行直线移动。移动速率是命令中指定轴的复合速率。

10. 圆弧插补 G02 和 G03

格式：圆弧在 XY 面上

G17 G02/G03 G90/G91 I_ J_ F_；或 G17 G02/G03 G90/G91 R_ F_；

圆弧在 XZ 面上

G18 G02/G03 G90/G91 I_ K_ F_；或 G18 G02/G03 G90/G91 R_ F_；

圆弧在 YZ 面上

G19 G02/G03 G90/G91 J_ K_ F_；或 G19 G02/G03 G90/G91 R_ F_；

11. 螺旋线插补

格式：

$$G17\begin{Bmatrix}G02\\G03\end{Bmatrix}X\_\ Y\_\begin{Bmatrix}I\_\ J\_\\R\_\end{Bmatrix}Z\_\ F\_$$

$$G18\begin{Bmatrix}G02\\G03\end{Bmatrix}X\_\ Z\_\begin{Bmatrix}I\_\ J\_\\R\_\end{Bmatrix}Y\_\ F\_$$

$$G19\begin{Bmatrix}G02\\G03\end{Bmatrix}Y\_\ Z\_\begin{Bmatrix}I\_\ J\_\\R\_\end{Bmatrix}X\_\ F\_$$

说明：当 G02/G03 指令刀具相对于工件圆弧进给的同时，对另一不在圆弧平面上的坐标轴施加运动指令，则联动轴的合成轨迹为螺旋线。

其中：X、Y、Z 由 G17/G18/G19 平面选定的两个坐标为螺旋线投影圆弧的终点。第三坐标是与选定平面相垂直轴的终点。其余参数的意义和圆弧进给相同。

12. 自动返回参考点 G28

格式：G28 X_Y_Z_A_

13. 自动从参考点返回 G29

格式：G29 X _Y_Z_A_

14. 暂停指令 G04

格式：G04 P_

说明：G04 在前一程序段的进给速度降到零之后才开始暂停动作。在执行含 G04 指令的程序段时，先执行暂停功能。其中：P 表示暂停时间，单位为 s。G04 为非模态指令，仅在其被规定的程序段中有效。G04 可使刀具作短暂停留，以获得圆整而光滑的表面。

15. 刀具半径补偿指令 G40、G41 和 G42

$$格式：\begin{Bmatrix}G17\\G18\\G19\end{Bmatrix}\begin{Bmatrix}G40\\G41\\G42\end{Bmatrix}\begin{Bmatrix}G00\\ \\G01\end{Bmatrix}X\_Y\_Z\_D\_$$

16. 刀具长度补偿指令 G43、G44 和 G49

$$格式：\begin{Bmatrix}G17\\G18\\G19\end{Bmatrix}\begin{Bmatrix}G43\\G44\\G49\end{Bmatrix}\begin{Bmatrix}G00\\ \\G01\end{Bmatrix}X\_Y\_Z\_D\_$$

17. 坐标变换指令

（1）局部坐标系的设定 G52

格式：G52 X_ Y_ Z_ A_

说明：G52 能在所有的工件坐标系（G92、G54 ~ G59）内形成子坐标系，即局部坐标系；X、Y、Z、A 为局部坐标系原点在当前工件坐标系中的坐标值。

G52 设定的局部坐标系在被取代或注销前一直有效。

设定局部坐标系后，工件坐标系和机床坐标系保持不变。

要注销局部坐标系，用 G52 X0 Y0 Z0 A0。

在缩放及旋转功能下，不能使用 G52 指令，但在 G52 下能进行缩放及坐标系旋转。

（2）旋转变换 G68、G69

格式：G17 G68 X_ Y_ P_

G18 G68 X_ Z_ P_

G19 G68 Y_ Z_ P_

M98 P_

G69

说明：该组指令用于建立/取消旋转变换。其中，G68 建立旋转变换；G69 取消旋转变换；X、Y、Z 为旋转中心的坐标值；P 为旋转角度，单位是（°），$0° < P < 360°$。

在有刀具补偿的情况下，先旋转变换、后刀补（刀具半径补偿、刀具长度补偿）；在有缩放功能的情况下，先缩放变换、后旋转变换。

G68、G69 为模态指令，可相互注销，G69 为默认值。

（3）缩放功能 G50、G51

格式：G51 X_ Y_ Z_ P_

M98 P_

G50

说明：该组指令用于建立/取消缩放变换。其中：G51 为建立缩放变换；G50 为取消缩放变换；X、Y、Z 为缩放中心的坐标值；P 为缩放倍数。G51 既可以指定平面缩放，也可以指定空间缩放。

在 G51 后，运动指令的坐标值以（X、Y、Z）为缩放中心，按 P 规定的缩放比例进行计算。在有刀具补偿的情况下，先进行缩放，然后才进行刀具补偿。

G50、G51 为模态指令，可相互注销，G50 为默认值。

（4）镜像功能 G24、G25

格式：G24 X_ Y_ Z_ A_

M98 P_

G25 X_ Y_ Z_ A_

说明：该组指令用于建立/取消镜像功能。其中：G24 为建立镜像；G25 为取消镜像；X、Y、Z、A 为镜像位置。当某一轴的镜像功能有效时，该轴执行与编程方向相反的运动。

G24、G25 为模态指令，可相互注销，G25 为默认值。

三、孔加工固定循环

1. 固定循环路径

有 G73 ~ G89，通常由以下六个动作组成，如图 4-1 所示。

（1）动作 1（AB 段） X、Y 平面快速定位。

（2）动作 2（BR 段） Z 向快速定位到 R 点。

（3）动作 3（RZ 段） Z 轴切削进给，进行孔加工。

（4）动作 4（Z 点） 孔底部的动作。

（5）动作5（ZR段） Z轴退刀。

（6）动作6（RB段） Z轴快速回到起始位置。

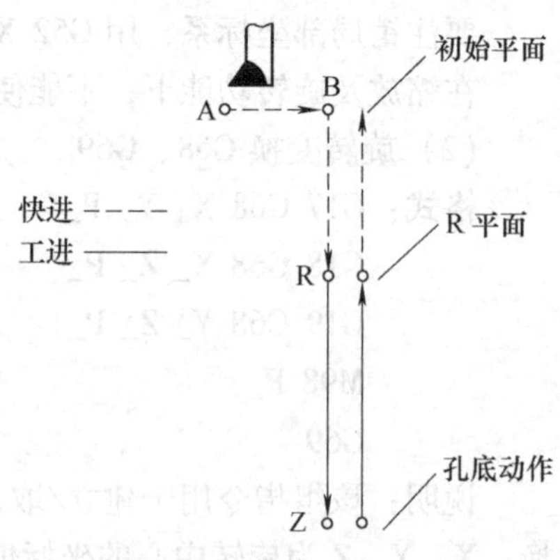

图4-1 固定循环路径

固定循环的程序格式包括数据形式（G90或G91）、返回点平面、孔加工方式、孔位置数据、孔加工数据和循环次数。在程序开始时就已指定，因此，在固定循环格式中可不注出，固定循环的指令格式如下：

G98/G99 G_X_Y_Z_R_Q_P_I_J_K_F_L_

其中，G98为返回初始平面；G99为返回R点平面；G为固定循环代码G73、G74、G76以及G81～G89之一；X、Y为加工起点到孔位的距离（G91）或孔位坐标（G90）；R为初始点到R点的距离（G91）或R点的坐标（G90）；Z为R点到孔底的距离（G91）或孔底坐标（G90）；Q为每次进给深度（G73/G83）；I、J为刀具在轴反向位移增量（G76/G87）；P为刀具在孔底的暂停时间；F为切削进给速度；L为固定循环的次数。

2. 常用固定循环

（1）高速深孔加工循环（G73）

格式：G98/G99 G73 X_ Y_ Z_ R_ Q_ P_ K_ F_ L_

说明：G73用于Z轴的间歇进给，使深孔加工时容易排屑，减少退刀量，可以进行高效率的加工。其中，Q为每次进给深度；K为每次退刀距离。

（2）反攻螺纹循环（G74）

格式：G98/G99 G74 X_ Y_ Z_ R_ P_ F_ L_

说明：1）用G74攻螺纹时主轴反转，到孔底时主轴正转，然后退回。

2）攻螺纹时速度倍率和进给保持均不起作用。

3）R应选在距工件表面7mm以上的地方。

4）如果Z的移动量为零，该指令不执行。

（3）精镗循环（G76）

格式：G98/G99 G76 X_ Y_ Z_ R_ P_ I_ J_ F_ L_

说明：G76精镗时，主轴在孔底定向停止后，向刀尖反方向移动，然后，快速退刀，这种带有让刀的退刀不会划伤已加工平面，保证了镗孔精度。其中，I为X轴刀尖反向位移量；J为Y轴刀尖反向位移量。

（4）中心钻孔循环（G81）

格式：G98/G99 G81 X_ Y_ Z_ R_ F_ L_

（5）带停顿的钻孔循环（G82）

格式：G98/G99 G82 X_ Y_Z_ R_ P_ F_ L_

G82指令除了要在孔底暂停外，其他动作与G81相同，暂停时间由地址P给出。G82指令主要用于加工不通孔，以提高孔深精度。

（6）深孔加工循环（G83）

格式：G98/G99 G83 X_ Y_ Z_ R_ Q_ P_ K_ F_ L_

说明：Q 为每次进给深度；K 为每次退刀后再次进给时，由快速进给转换为切削进给时，距上次加工面的距离。

(7) 攻螺纹循环（G84）

格式：G98/G99 G84 X_ Y_ Z_ R_ P_ F_ L_

说明：G84 攻螺纹时从 R 点到 Z 点主轴正转，在孔底暂停后，主轴反转，然后退回。

(8) 镗孔循环（G85） G85 与 G81 相同，但返回的时候不是快速退回，而是以指定的速度退回。

(9) 镗孔循环（G86） G86 与 G81 相同，但在孔底时主轴停止，然后快速退回。

说明：1）如果 Z 的移动位置为零，该指令不执行。

2）调用此指令之后，主轴将保持正转。

(10) 反镗循环（G87）

格式：G98/G99 G87 X_ Y_ Z_ R_ P_ I_ J_ F_ L_

说明：I 为 X 轴刀尖反向位移量，J 为 Y 轴刀尖反向位移量。

四、极坐标编程

1. 极点和极平面的定义

格式：G38 X_ Y_/G38 X_ Z_/G38 Y_ Z_

说明：1）用 G38 指令定义极坐标的极点位置和极平面。

2）其中 X、Y、Z 表示极点相对于当前工件坐标系零点的位置。

3）被 G38 定义的极点两个坐标决定极平面。

2. 极半径和极角的定义

格式：G_ RP = _ AP = _

说明：在极坐标编程时，是把极坐标编程的位置转化为直角坐标运行。因此，极半径和极角度一般紧跟在 G00/G01/G02/G03 后面取代直角坐标编程时的 X_ Y_ Z_。其中：RP = 表示极半径，即坐标点到极点的距离；AP = 表示极角，即与所在平面的横坐标轴之间的夹角，该角度可以是正值，也可以是负值。

五、宏指令编程

HNC-21M 系统为用户配备了强有力的、类似于高级语言的宏程序功能，用户可以使用变量进行算术运算、逻辑运算和函数的混合运算。此外，宏程序还提供了循环语句、分支语句和子程序调用语句，利于编制各种复杂的零件加工程序，减少乃至免除手工编程时进行烦琐的数值计算，以及精简程序量。

1. 量及常量

(1) 宏变量

#0 ~ #49 为当前局部变量；

#50 ~ #199 为全局变量；

#200 ~ #249 为 0 层局部变量；

#250 ~ #299 为 1 层局部变量；

#300 ~ #349 为 2 层局部变量；

#350 ~ #399 为 3 层局部变量；

#400 ~ #449 为 4 层局部变量；

#450 ~ #499 为5层局部变量；

#500 ~ #549 为6层局部变量；

#550 ~ #599 为7层局部变量；

#600 ~ #699 为刀具长度寄存器 H0 ~ H99；

#700 ~ #799 为刀具半径寄存器 D0 ~ D99；

#800 ~ #899 为刀具寿命寄存器。

（2）常量 PI 圆周率 π。TRUE 表示条件成立（真），FALSE 表示条件不成立（假）。

2. 运算符与表达式

（1）算术运算符 +、-、*、/。

（2）条件运算符 EQ(=)、NE(≠)、GT(>)、GE(≥)、LT(<)、LE(≤)。

（3）逻辑运算符 AND、OR、NOT。

（4）函数 SIN（正弦）、COS（余弦）、TAN（正切）、ATAN（反正切 -90° ~ 90°）、ABS（绝对值）、INT（取整）、EXP（指数）、ATAN2（反正切 -180° ~ 180°）、SIGN（取符号）、SQRT（开方）、POT（平方）。

（5）表达式 用运算符连接起来的常数、宏变量构成表达式。例如：175/SQRT[2] * COS[55 * I/180]；#3 = #3 + 1；#4 = 8。

3. 宏程序语句

1）条件判别语句 IF、ELSE 和 ENDIF。

```
格式1：IF  条件表达式
       …
       ELSE
       …
       ENDIF
格式2：IF 条件表达式
       …
       ENDIF
```

2）循环语句 WHILE 和 ENDW。

```
格式：WHILE  条件表达式
      …
      ENDW
```

第二节 常用指令的综合运用

综合实例一 完成图 4-2 所示零件的加工，零件材料为 45 钢，毛坯尺寸为 ϕ80mm × 20mm，已车至尺寸。

1. 工艺分析

此零件的加工内容为正方形凸台的粗精加工，E 型凸台的粗精加工，正方形和 E 型凸台有相对转动角度，故加工时可用坐标系旋转。

2. 加工步骤及所用刀具

（1）粗加工 E 型凸台　T1，ϕ12mm 立铣刀。

（2）粗加工正方形凸台　T1，ϕ12mm 立铣刀。

（3）粗加工 E 型凸台内槽　T2，ϕ8mm 立铣刀。

（4）精加工正方形和 E 型凸台　T3，ϕ8mm 立铣刀。

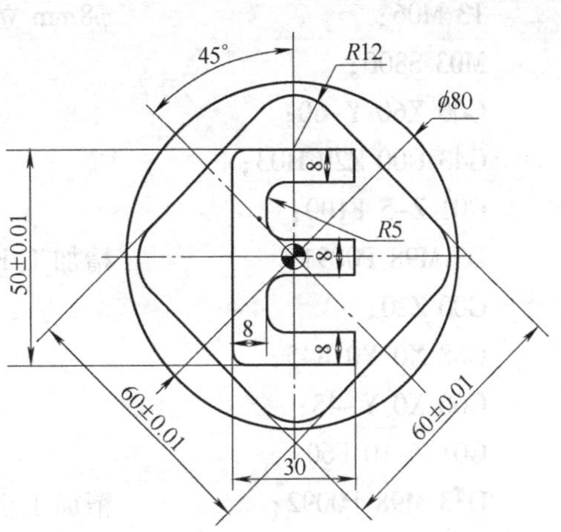

图 4-2　综合加工实例一

3. 程序编制

```
%0001;
N1;                     粗加工
G54;
T1 M06;                 φ12mm 立铣刀
M03 S600;
G00 X50 Y0;
G43 G00 Z20 H01;
G01 Z0 F100;
M98 P20088;             粗加工 E 型凸台
G00 Z20;
G68 X0 Y0 R45;
G00 X37 Y-37;
G01 Z-5 F100;
M98 P20089;             粗加工正方形型台
G00 Z20;
G69;
G49 G00 Z0;
X100 Y100;
M05;

N2; T2M06;              φ8mm 立铣刀
M03 S600;
G00 X35 Y9;
G43 G00 Z20 H02;
G01 Z0 F100;
M98 P20090;             粗加工 E 型凸台内槽
G90 Z0;
Y-9;
M98 P20090;
G90 Z20;
G49 G00 Z0;
```

```
X100 Y100;
M05;

N3;                      精加工
T3 M06;                  φ8mm 立铣刀
M03 S800;
G00 X60 Y-60;
G43 G00 Z20 H03;
G01 Z-5 F100;
D3 M98 P0091;            精加工 E 型凸台
G00 Z20;
G68 X0 Y0 R45;
G00 X0 Y-48;
G01 Z-10 F60;
D33 M98 P0092;           精加工正方形凸台
G00 Z20;
G69;
G49 G00 Z0;
X100 Y100;
M05;
M30;

%0088;
G91 G01 Z-2.5 F60;
G90 X42;
G03 I-42;
G01 X30;
Y-32;
X-30;
Y32;
X30;
Y0;
X22;
Y-32;
X-22;
Y32;
X22;
Y0;
X30;
```

```
M99;

%0089;
G91 G01 Z-2.5 F60;
G90 X-37;
Y37;
X37;
Y-37;
M99;

%0090;
G91 G01 Z-2.5 F60;
X-35;
X35;
M99;

%0091;
G41 G01 X50 Y-25 F60;
X-10;
G02 X-15 Y-20 R5;
G01 Y20;
G02 X-15 Y25 R5;
G01 X15;
Y17;
X-2;
G03 X-7 Y12 R5;
G01 Y9;
G03 X-2 Y4 R5;
G01 X15;
Y-4;
X-2;
G03 X-7 Y-9 R5;
G01 Y-12;
G03 X-2 Y-17 R5;
G01 X15;
Y-50;
G40 G00 X60 Y-60;
M99;
```

```
%0092;
G41 G01 X18;
G03 X0 Y-30 R18;
G01 X-18;
G02 X-30 Y-18 R12;
G01 Y18;
G02 X-18 Y30 R12;
G01 X18;
G02 X30 Y18 R12;
G01 Y-18;
G02 X18 Y-30 R12;
G01 X0;
G03 X-18 Y-48 R18;
G40 G01 X0;
M99;
```

综合实例二 完成图4-3所示零件的加工，零件材料为铝，毛坯尺寸为120mm×100mm，六面已铣至尺寸。

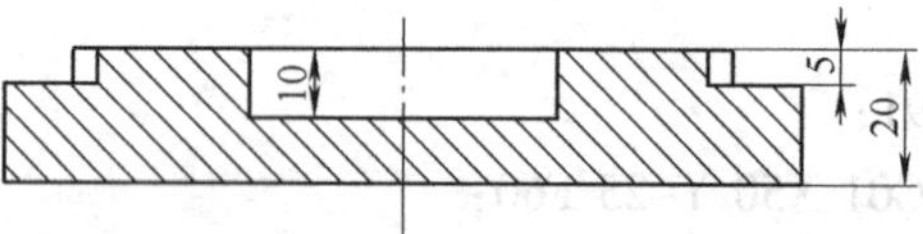

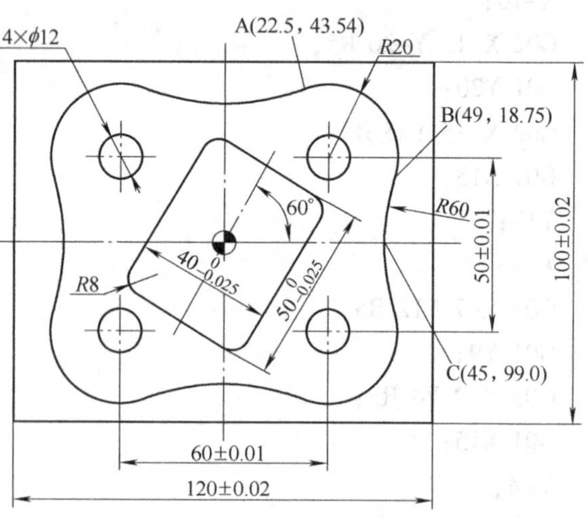

图4-3 综合加工实例二

1. 工艺分析

此零件的加工内容为深5mm的型台、深10mm的型槽和4×ϕ12mm的通孔。

2. 加工步骤及所用刀具

（1）粗加工型台及型槽 T1，ϕ16mm键槽铣刀。

（2）半精加工及精加工型台 T2，ϕ20mm立铣刀。

（3）精加工型槽 T3，ϕ14mm立铣刀。

（4）钻4×ϕ12mm的通孔 T4，ϕ11.8mm的钻头。

（5）铰4×ϕ12mm的通孔 T5，ϕ12mm的铰刀。

3. 程序编制

```
%0001;
N1;                    粗加工
G90 G54;
T1 M06;                ϕ16mm键槽铣刀
M03 S600;
G00 X70 Y0;
```

```
G43 G00 Z0 H01;
M98 P20088;                粗加工型台
G00 Z10;
G68 X0 Y0 R30;
G00 X11 Y-16;
G01 Z0 F100;
M98 P50089;                粗加工型槽
Z10 F200;
G69;
G49 G00 Z0;
X100 Y100;
M05;

N2;                        半精及精加工型台
T2 M06;                    φ20mm 立铣刀
M03 S800;
G00 X72 Y0;
G43 G00 Z20 H02;
G01 Z-10 F60;
D2 M98 P0090;
D22 M98 P0090;
G49 G00 Z0;
X100 Y100;
M05;

N3;                        精加工型槽
T3 M06;                    φ14mm 立铣刀
M03 S600;
G00 X0 Y0;
G43 G00 Z10 H03;
G68 X0 Y0 R30;
G00 X0 Y-17;
M98 P0091;
Z10 F200;
G49 G00 Z0;
X100 Y100;
M05;

T4M06;                     φ11.8mm 的钻头
```

```
M03 S600;
G00 X0 Y0;
G43 G00 Z20 H04;
G99 G81 X-30 Y-25 Z-25 R3 F80;
X30;
Y25;
X-30;
G80 G49 G00 Z0;
X100 Y100;
M05;
T5 M06;                    φ12mm 的铰刀
G00 X0 Y0;
G43 G00 Z20 H05;
G99 G85 X-30 Y-25 Z-22 R3 F80;
X30;
Y25;
X-30;
G80 G49 G00 Z0;
X100 Y100;
M05;
M30;

%0088;
G91 G01 Z-2.5 F100;
G90 X59;
Y59;
X-59;
Y-59;
X59;
Y0;
X70;
M99;

%0089;
G91 G01 Z-2.5 F60;
G90 Y16;
X0;
Y-16;
X-11;
```

```
Y16;
X11 Y-16;
M99;

%0090;
G41 G01 Y26.01 F60;
G03 X45.99 Y0 R26.01;
G03 X49 Y-18.75 R60;
G02 X22.5 Y-43.54 R20;
G03 X-22.5 Y-43.54 R60;
G02 X-49 Y-18.75 R20;
G03 X-49 Y18.75 R60;
G02 X-22.5 Y43.54 R20;
G03 X22.5 Y43.54 R60;
G02 X49 Y18.75 R20;
G03 X45.99 Y0 R60;
G03 X70 Y-24.01 R26.01;
G40 G01 Y0;
M99;

%0091;
G41 G01 X-8 F60 D3;
G03 X0 Y-25 R8;
G01 X12;
G03 X20 Y-17 R8;
G01 Y17;
G03 X12 Y25 R8;
G01 X-12;
G03 X-20 Y17 R8;
G01 Y-17;
G03 X-12 Y-25 R8;
G01 Y0;
G03 X8 Y-17 R8;
G40 G01 X0;
M99;
```

综合实例三　完成如图 4-4 所示零件的加工，零件材料为铝，毛坯尺寸为 100mm × 90mm，六面已铣至尺寸。

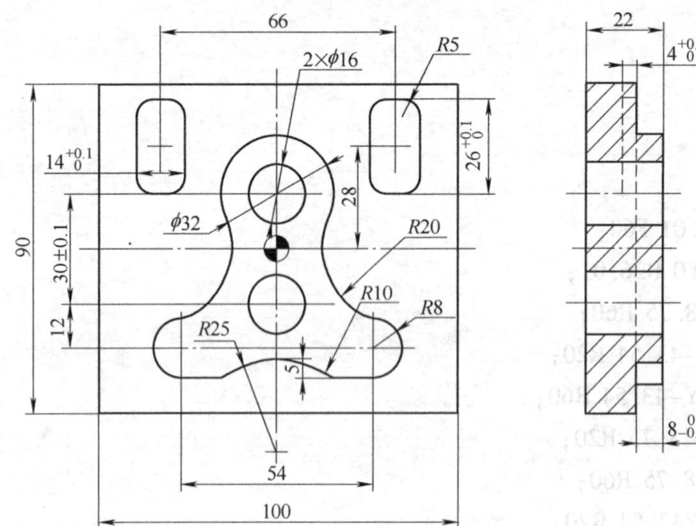

图4-4　组合件一

组合件一：

1. 工艺分析

此零件的加工内容为1个8mm的型台，2个深12mm的型槽和个ϕ16mm的通孔。

2. 加工步骤及所用刀具

（1）粗加工型台　T1，ϕ20mm立铣刀。

（2）粗加工2个型槽　T2，ϕ12mm键槽铣刀。

（3）半精加工及精加工型台　T3，ϕ20mm立铣刀。

（4）精加工2个型槽　T4，ϕ8mm立铣刀。

（5）加工2个ϕ16mm的孔　T5，A3的中心钻；T6，ϕ15.8mm的钻头；T7，ϕ16mm的铰刀。

3. 型台粗加工及精加工刀具路线（图4-5和图4-6）

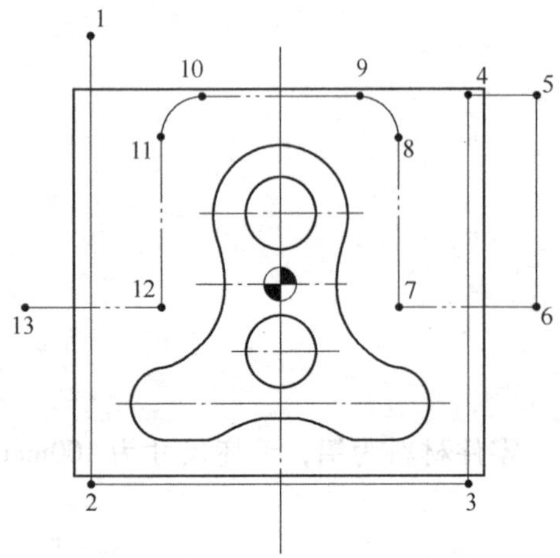

图4-5　型台粗加工刀具路线

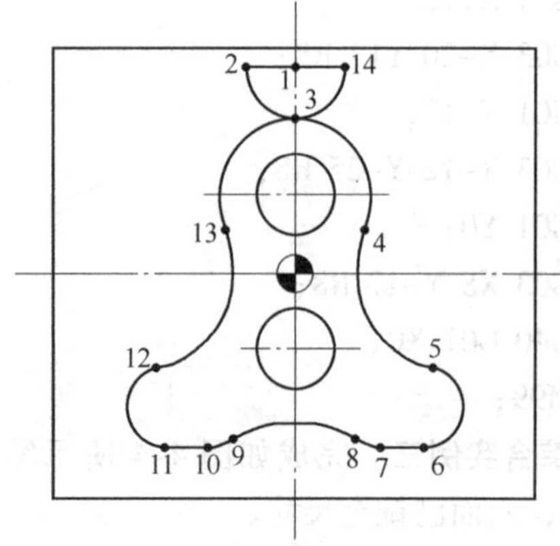

图4-6　型台精加工刀具路线

4. 程序编制

```
%0001;
N1;                     型台的粗加工
G90 G54;
T1 M06;                 φ20mm 立铣刀
M03 S600;
G00 X-46 Y-57;          (1 点)
G43 G00 Z20 H01;
G01 Z0.05 F100;
M98 P40088;
G00 Z10;
G49 G00 Z10;
X100 Y100;
M05;

N2;                     型槽的粗加工
T2 M06;                 φ12mm 键槽铣刀
M03 S600;
G52 X-33 Y28;
G00 X0 Y0;
G43 G00 Z20 H02;
M98 P0089;
G52 X0 Y0;
G52 X33 Y28;
G00 X0 Y0;
M98 P0089;
G49 G00 Z0;
G52 X0 Y0;
X100 Y100;
M05;

N3;                     型台的半精加工及精加工
T3M06;                  φ20mm 立铣刀
M03 S800;
G00 X0 Y41;             (1 点)
G43 G00 Z20 H03;
G01 Z-8.05 F60;
D3 M98 P0090;
D33 M98 P0090;
```

```
G00 Z10;
G49 G00 Z0;
X100 Y100;
M05;

N4;                              型槽的半精加工及精加工
T4M06;                           φ8mm 立铣刀
M03 S800;
G52 X-33 Y28;
G00 X0 Y0;
G43 G00 Z20 H04;
Z3;
G01 Z-12.05 F60;
D4 M98 P0091;                    左边型槽的半精加工
D44 M98 P0091;                   左边型槽的精加工
G00 Z3;
G52 X0 Y0;
G52 X33 Y28;
G00 X0 Y0;
G01 Z-12.05 F60;
D4 M98 P0091;                    右边型槽的半精加工
D44 M98 P0091;                   右边型槽的精加工
G00 Z3;
G52 X0 Y0;
G49 G00 Z0;
X100 Y100;
M05;

N5;                              加工 φ16mm 的通孔
T5 M06;
M03 S1200;
G00 X0 Y0;
G43 G00 Z20 H05;
G99 G81 G00 X0 Y15 Z-3 R3 F100;
G00 Y-15;
G80 G49 G00 Z0;
X100 Y100;
M05;
T6 M06;
```

```
M03 S800;
G00 X0 Y0;
G43 G00 Z20 H06;
G99 G81 G00 X0 Y15 Z-26 R3 F100;
G00 Y-15;
G80 G49 G00 Z0;
X100 Y100;
M05;
T7 M06;
M03 S800;
G00 X0 Y0;
G43 G00 Z20 H07;
G99 G85 G00 X0 Y15 Z-26 R3 F30;
G00 Y-15;
G80 G49 G00 Z0;
X100 Y100;
M05;
M30;

%0088;                      型台粗加工子程序
G91 G01 Z-2 F100;
G90 Y-47;                   (2 点)
X46;                        (3 点)
Y43;                        (4 点)
X62;                        (5 点)
G00 Y-6;                    (6 点)
G01 X29 F100;               (7 点)
Y33;                        (8 点)
G03 X19 Y43 R10 X37;        (9 点)
G01 X-19;                   (10 点)
G03 X-29 Y33 R10;           (11 点)
G01 Y-6;                    (12 点)
X-62;                       (13 点)
Y57;
X-46                        (回到 1 点)
M99;

%0089;                      型槽的粗加工子程序
G91 G00 Y12;
```

```
G90 G00 Z3;
G01 Z-11.8 F60;             (留0.25mm余量)
Y-12;
Z3;
Y0;
M99;

%0090;                      型台精加工子程序
G41 G01 X-10 Y41;           (2点)
G03 X0 Y31 R10;             (3点)
G02 X14.62 Y8.5 R16;        (4点)
G03 X28.68 Y-19.18 R20;     (5点)
G02 X27 Y-35 R8;            (6点)
G01 X18.03;                 (7点)
G02 X12.88 Y-33.57 R5;      (8点)
G03 X-12.88 Y-33.57 R25;    (9点)
G02 X-18.03 Y-35 R5;        (10点)
G01 X-27;                   (11点)
G02 X-28.68 Y-19.18 R8;     (12点)
G03 X-14.62 Y8.5 R20;       (13点)
G02 X0 Y31 R16;             (3点)
G03 X10 Y41 R10;            (14点)
G40 G01 X0 Y41;             (1点)
M99;

%0091;                      型槽的精加工子程序
G41 G01 Y7;
G03 X-7 Y0 R3;
G01 Y-8;
G03 X-2 Y-13 R5;
G01 X2;
G03 X7 Y-8 R5;
G01 Y8;
G03 X2 Y13 R5;
G01 X-2;
G03 X-7 Y8 R5;
G01 Y0;
G03 X0 Y-7 R3;
G40 G01 Y0;
```

M99;

综合实例四　完成如图 4-7 所示零件的加工，零件材料为铝，毛坯尺寸为 100mm × 90mm，六面已铣至尺寸。

组合件二：

1. 工艺分析

此零件的加工内容为 2 个 4mm 高的型台，1 个深 10mm 的型槽和 2 个 ϕ16mm 的通孔。

2. 加工步骤及所用刀具

（1）粗加工型台　T1，ϕ20mm 立铣刀。

（2）粗加工型槽　T2，ϕ14mm 键槽铣刀。

（3）半精加工及精加工型台　T3，ϕ8mm 立铣刀。

（4）半精加工及精加工型槽　T4，ϕ8mm 立铣刀。

（5）加工 2 个 ϕ16mm 的孔　T5，A3 的中心钻；T6，ϕ15.8mm 的铰刀；T7，ϕ16mm 的铰刀。

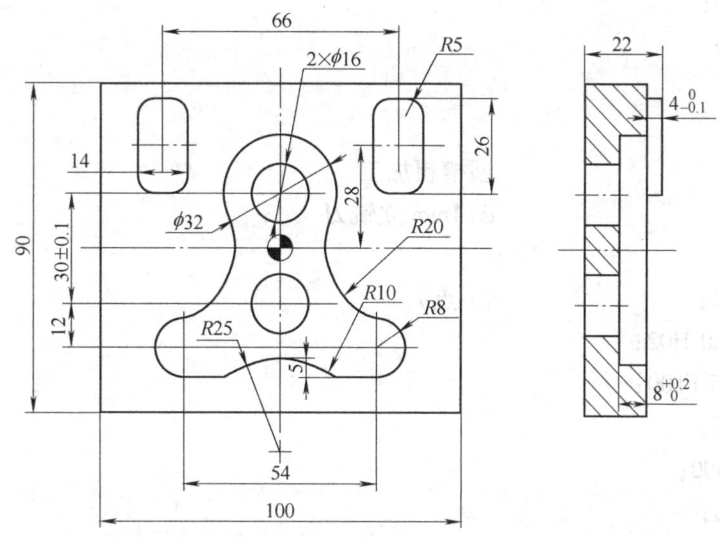

图 4-7　组合件二

3. 型台型槽粗加工及型槽精加工刀具路线（图 4-8 ~ 图 4-10）

4. 程序编制

```
%0001;
N1;                     型台粗加工
T1 M06;                 φ20mm 立铣刀
G90 G54;
M03 S600;
G00 X-62 Y-29;          (1 点)
G43 G00 Z20 H01;
G00 Z0.05 F100;
M98 P20088;
```

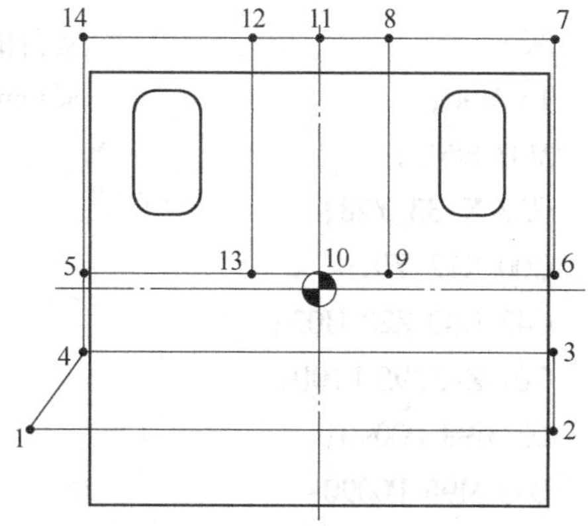

图 4-8　型台粗加工刀具路线

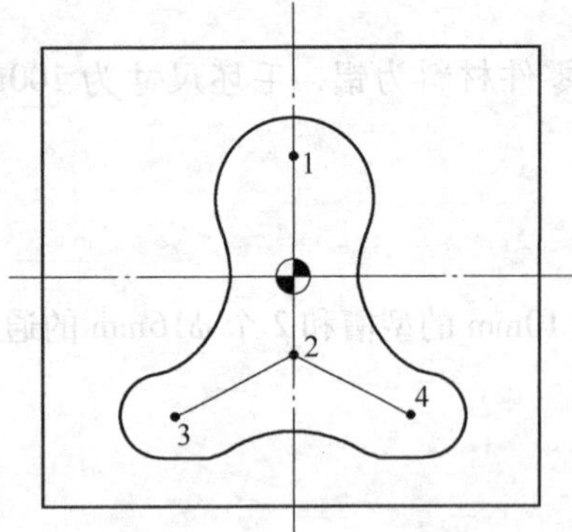

图4-9　型槽粗加工刀具路线

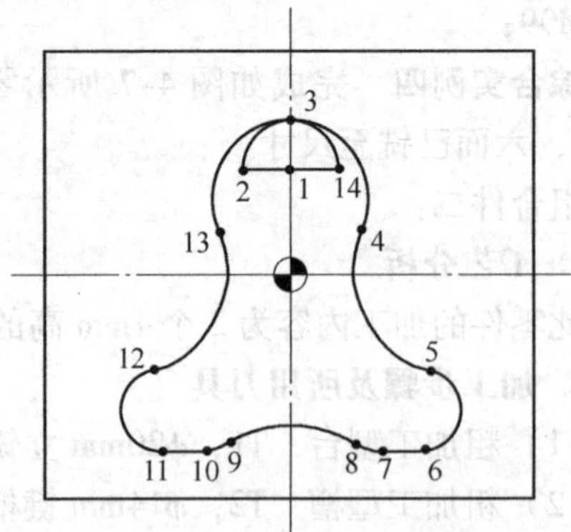

图4-10　型槽精加工刀具路线

```
G49 G00 Z0;
X100 Y100;
M05;

N2;                          型槽粗加工
T2 M06;                      φ14mm 立铣刀
M03 S600;
G00 X0 Y23;                  (1 点)
G43 G00 Z20 H02;
G01 Z-4.05 F100;
M98 P40089;
G01 Z20 F300;
G49 G00 Z0;
X100 Y100;
M05;

N3;                          型台的半精加工及精加工
T3 M06;                      φ8mm 的立铣刀
M03 S800;
G52 X-33 Y28;
G00 X12 Y0;
G43 G00 Z20 H03;
G01 Z-3.95 F100;
D3 M98 P0090;
D33 M98 P0090;
G01 Z5;
G52 X0 Y0;
```

```
G52 X33 Y28;
G00 X12 Y0;
G01 Z-3.95 F100;
D3 M98 P0090;
D33 M98 P0090;
G00 Z5;
G52 X0 Y0;
G49 G00 Z0;
X100 Y100;
M05;

N4;                                型槽的半精加工及精加工
T4 M06;                            φ14mm 立铣刀
M03 S800;
G00 X0 Y21;
G43 G00 Z20 H04;
G01 Z-12.05 F100;
D4 M98 P0091;
D44 M98 P0091;
G01 Z5 F300;
G49 G00 Z0;
X100 Y100;
M05;

N5;                                加工 φ16mm 的通孔
T5 M06;
M03 S1200;
G00 X0 Y0;
G43 G00 Z20 H05;
G99 G81 G00 X0 Y15 Z-3 R-8 F100;
G00 Y-15;
G80 G49 G00 Z0;
X100 Y100;
M05;
T6 M06;
M03 S800;
G00 X0 Y0;
G43 G00 Z20 H06;
G99 G81 G00 X0 Y15 Z-26 R-8 F100;
```

```
G00 Y-15;
G80 G49 G00 Z0;
X100 Y100;
M05;
T7 M06;
M03 S800;
G00 X0 Y0;
G43 G00 Z20 H07;
G99 G85 G00 X0 Y15 Z-26 R-8 F30;
G00 Y-15;
G80 G49 G00 Z0;
X100 Y100;
M05;
M30;

%0088;                          型台粗加工子程序
G91 G01 Z-2 F100;
G90 Y51;                        (2点)
Y-13;                           (3点)
X-51;                           (4点)
Y3;                             (5点)
X51;                            (6点)
Y52;                            (7点)
X15;                            (8点)
Y3;                             (9点)
X0;                             (10点)
Y52;                            (11点)
X-15;                           (12点)
Y3;                             (13点)
Y52;                            (12点)
X-51;                           (14点)
Y-13;                           (4点)
X-61 Y-29;                      (1点)
M99;

%0089;                          型槽的粗加工子程序
G91 G01 Z-2 F60;
G90 Y-15.5;                     (2点)
X-24.22 Y-27.32;                (3点)
```

```
X0 Y-15.5;                  (2点)
X24.22 Y-27.32;             (4点)
X0 Y-15.5;                  (2点)
Y23;                        (1点)
M99;

%0090;                      型台的半精加工及精加工
G91 G41 G01 Y5 F60;
G90 G03 X7 Y0 R5;
G01 Y-8;
G02 X2 Y-13 R5;
G01 X-2;
G02 X-7 Y-8 R5;
G01 Y8;
G02 X-2 Y13 R5;
G01 X2;
G02 X7 Y8 R5;
G01 Y0;
G03 X12 Y-5 R5;
G40 G01 Y0;
M99;

%0091;                      型槽的半精加工及精加工
G41 G01 X10;                (14点)
G03 X0 Y31 R10;             (3点)
G03 X-14.62 Y8.5 R16;       (13点)
G02 X-28.68 Y-19.18 R20;    (12点)
G03 X-27 Y-35 R8;           (11点)
G01 X-18.03;                (10点)
G03 X-12.88 Y-33.57 R5;     (9点)
G02 X12.88 Y-33.57 R25;     (8点)
G03 X18.03 Y-35 R5;         (7点)
G01 X27;                    (6点)
G03 X28.68 Y-19.18 R8;      (5点)
G02 X14.62 Y8.5 R20;        (4点)
G03 X0 Y31 R16;             (3点)
G03 X-10 Y21 R10;           (2点)
G40 G01 X0;                 (1点)
M99;
```

第三节　华中系统数控铣床的操作

一、机床操作面板

华中数控系统操作面板如图4-11所示。

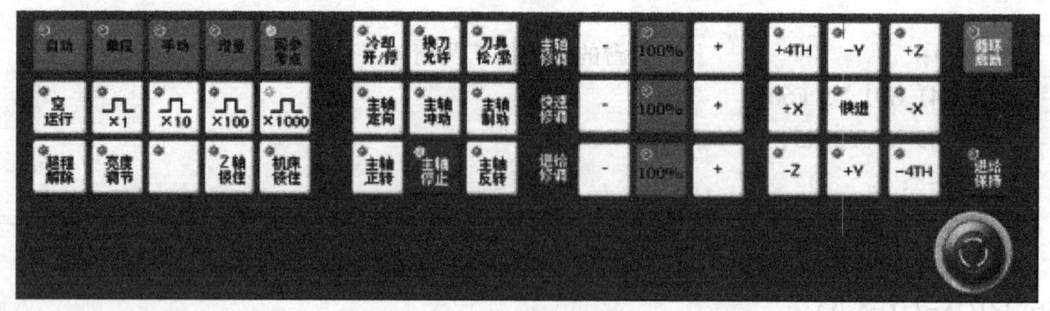

图4-11　华中数控系统操作面板

（1）方式选择

1）按自动进入自动加工模式。

2）按一下“循环启动”键单段运行一程序段，机床运动轴减速停止，刀具、主轴电动机停止运行；再按一下“循环启动”键再执行下一程序段，执行完毕后又再次停止。

3）按手动为手动方式，手动连续移动工作台或刀具。

4）按增量为增量进给。

5）按回参考点为回参考点。

（2）主轴控制

1）在手动方式下，当主轴制动无效时，指示灯灭。按一下“主轴定向”键主轴定向，主轴立即执行主轴定向功能。定向完成后，按键内指示灯亮，主轴准确停止在某一固定位置。

2）在手动方式下，当主轴制动无效时，指示灯灭。按一下“主轴冲动”键主轴冲动，指示灯亮。主电动机以机床参数设定的转速和时间转动一定的角度。

3）在手动方式下，主轴处于停止状态时，按一下“主轴制动”键主轴制动，指示灯亮，主电动机被锁定在当前位置。

4）按一下“主轴正转”键主轴正转，指示灯亮，主电动机以机床参数设定的转速正转。

5）按一下“主轴停止”键主轴停止，指示灯亮，主电动机停止运转。

6）按一下“主轴反转”键主轴反转，指示灯亮，主电动机以机床参数设定的转速反转。

（3）增量倍率 增量倍率用于选择手动台面时每一步的距离，×1 为0.001mm ×1，×10 为0.01mm ×10，×100 为0.1mm ×100，×1000 为1mm ×1000。

（4）锁住按钮

1）禁止进刀：在手动运行开始前，按一下“Z 轴锁住”键Z轴锁住，指示灯亮，再手动移动Z 轴，Z 轴坐标位置信息变化，但Z 轴不运动。

2）禁止机床所有运动：在自动运行开始前，按一下“机床锁住”键机床锁住（指示灯亮），再按“循环启动”键，系统继续执行程序。显示屏上的坐标轴位置信息变化但不输出伺服轴的移动指令，所以机床停止不动，这个功能用于校验程序。

（5）刀具松紧

1）在手动方式下，通过按“换刀允许”键换刀允许，使得允许刀具松/紧操作有效（指示灯亮）。

2）按一下“刀具松/紧”键刀具松/紧，松开刀具默认值为夹紧。再按一下又为夹紧刀具，如此循环。

（6）程序运行控制开关

1）循环启动：程序运行开始，模式选择旋钮在“自动”、“单段”和“MDI”位置时按下有效，其余时间按下无效。

2）进给保持：程序运行停止，在数控程序运行中，按下此按钮可停止程序运行。

（7）空运行 空运行：按下此键，各轴以固定的速度运动。

（8）超程解除 超程解除：在伺服轴行程的两端各有一个极限开关，作用是防止伺服机构碰撞而损坏，每当伺服机构碰到行程极限开关时，就会出现超程。当某轴出现超程（“超程解除”键内指示灯亮）时系统视其状况为紧急停止。要退出超程状态时，必须松开急停按钮，将工作方式设置为手动或手摇方式；一直按着“超程解除”键，控制器会暂时忽略超程的紧急情况；在手动（手摇）方式下使该轴向相反方向退出超程状态；最后松开“超程解除”键。

（9）切削液开/停 冷却开/停：在手动方式下，按一下“冷却开/停”切削液开，默认值为切削液关；再按一下又为切削液关，如此循环。

（10）主轴修调（图4-12） 主轴正转及反转的速度可通过主轴修调调节，按下主轴修调右侧的100%键，指示灯亮。主轴修调倍率被置为100%，按一下“+”键，主轴修调倍率递增5%，按一下“－”键，主轴修调倍率递减5%。当机械齿轮换挡时，主轴速度不能修调。

（11）手动移动机床 手动移动机床主轴按钮如图4-13所示。

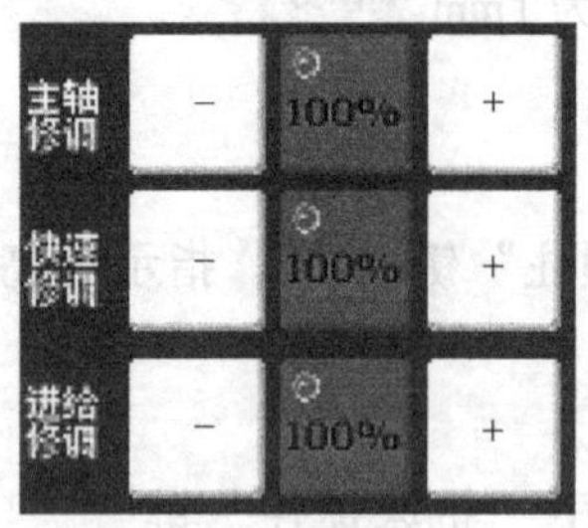

图4-12 主轴修调

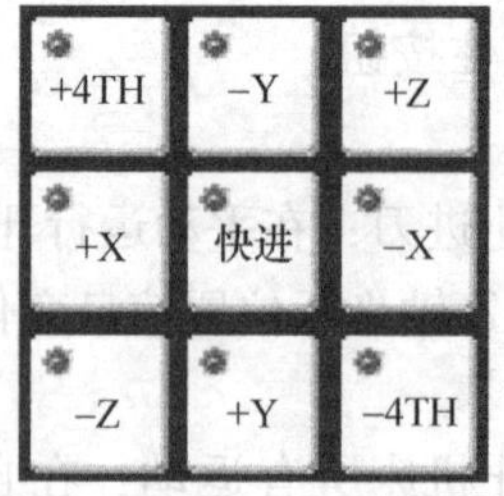

图4-13 手动移动机床主轴按钮

（12）急停 在机床运行过程中，在危险或紧急情况下按下急停按钮，CNC即进入急停状态。伺服进给及主轴运转立即停止工作（控制柜内的进给驱动电源被切断）。松开急停按钮，左旋此按钮，将自动跳起，CNC进入复位状态。

二、系统操作面板

华中数控铣床系统面板如图4-14所示。

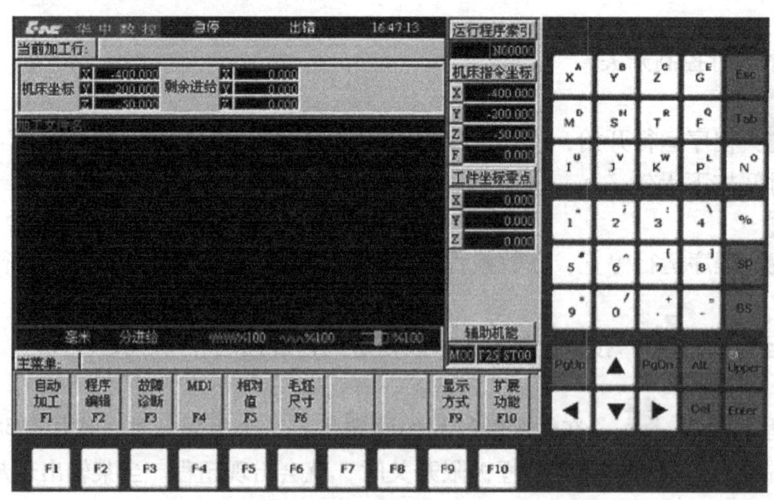

图4-14 华中数控铣床系统面板

（1）功能键（图4-15）

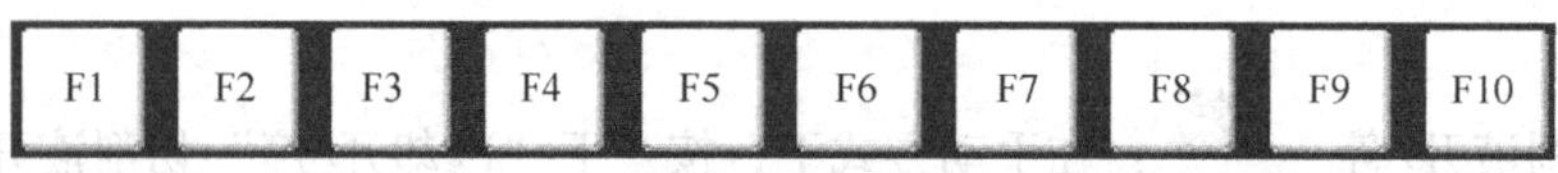

图4-15 功能键

（2）数字键和字母键（图 4-16、图 4-17）

" 1	; 2	: 3	\ 4
# 5	^ 6	[7	] 8
* 9	/ 0	+ +	= −

图 4-16　数字键

图 4-17　字母键

（3）编辑键

1）替代键 Alt，用输入的数据替代光标所在的数据。

2）删除键 Del，删除光标所在的数据；删除一个数控程序或者删除全部数控程序。

3）取消键 Esc，取消当前操作。

4）跳档键 Tab。

5）空格键 SP，空出一格。

6）退格键 BS，删除光标前的一个字符光标向前移动一个字符位置，余下的字符左移一个字符位置。

7）确认键 Enter，确认当前操作；结束一行程序的输入并且换行。

8）上档键 Upper。

（4）翻页键（PAGE）

1）向上翻页 PgUp，使编辑程序向程序头滚动一屏，光标位置不变。如果到了程序头，则光标移到文件首行的第一个字符处。

2）向下翻页 PgDn，使编辑程序向程序尾滚动一屏，光标位置不变。如果到了程序尾，则光标移到文件末行的第一个字符处。

（5）光标移动键（CURSOR）　分为上 ▲、下 ▼、左 ◀ 和右 ▶ 四键。

三、手动操作机床

（1）复位　系统上电时的工作方式为“急停”，为防止系统运行，需左旋并拔起操作台右上角的“急停”按钮使系统复位，并接通伺服电源。

（2）回参考点　控制机床运动的前提是建立机床坐标系，为此，系统接通电源复位后，首先应进行机床各轴回参考点操作。方法如下：

1）如果系统显示的当前工作方式不是回零方式，按一下控制面板上的“回零”键，确保系统处于“回零”方式。

2）根据X轴机床参数“回参考点方向”，按一下+X或-X键，X轴回到参考点后，+X或-X键内的指示灯亮。

3）用同样的方法使用+Y、-Y、+Z、-Z、+4TH和-4TH键，可以使Y轴、Z轴、4TH轴回参考点。所有轴回参考点后，即建立了机床坐标系。

（3）坐标轴移动　手动移动机床坐标轴的操作，由手持单元和机床控制面板上的方式选择、轴手动、增量倍率、快速修调、进给修调等键共同完成。

（4）点动进给　按一下“手动”键手动（指示灯亮），系统处于点动运行方式，可点动移动机床坐标轴。

（5）点动快速移动　在点动进给时，若同时按下“快进”键，则产生相应轴的正向或负向快速运动。

（6）点动进给速度选择　在点动进给时，进给速率为系统参数“最高快移速率”的1/3乘以进给修调选择的进给倍率。点动快速移动的速率为系统参数“最高快移速率”乘以快速修调选择的快移倍率。按下进给修调或快速修调右侧的“100%”键（指示灯亮），进给或快速修调倍率被置为100%，按一下“+”键，修调倍率递增5%，按一下“-”键，修调倍率递减5%。

（7）增量进给　当手持单元的坐标轴选择波段开关置于“OFF”挡时，按一下控制面板上的增量键增量（指示灯亮），系统处于增量进给方式，可增量移动机床坐标轴。

（8）增量值选择　增量进给的增量值由×1、×10、×100和×1000四个增量倍率键控制。注意：这几个键互锁，即按下其中一个（指示灯亮），其余键会失效。

（9）手摇进给　当手持单元的坐标轴选择波段开关置于“X”、“Y”、“Z”和“4TH”挡时，按下控制面板上的键增量（指示灯亮），系统处于手摇进给方式，可手摇进给机床坐标轴。

（10）手摇倍率选择　手摇进给的增量值（手摇脉冲发生器每转一格的移动量）由手持单元的增量倍率波段开关“×1”、“×10”和“×100”控制。增量倍率波段开关的位置和增量值的对应关系见表4-3。

表4-3　增量倍率波段开关的位置和增量值的对应关系

增量倍率按键	×1	×10	×100	×1000
增量值/mm	0.001	0.01	0.1	1

四、手动数据输入（MDI）运行（F4～F6）

在主操作界面下按 F4 键进入 MDI 功能子菜单。

在 MDI 功能子菜单下按 F6 键进入 MDI 运行方式，命令行的底色变成了白色并且有光标在闪烁。这时可以 从 NC 键盘输入并执行一个 G 代码指令段，即“MDI 运行”。

1. 输入 MDI 指令段

MDI 输入的最小单位是一个有效指令字。因此，输入一个 MDI 运行指令段可以有下述两种方法：

（1）一次输入　即一次输入多个指令字的信息。

（2）多次输入　即每次输入一个指令字信息。

例如要输入“G00 X100 Y1000”MDI 运行指令段，可以采用如下两种方法：

① 直接输入“G00 X100 Y1000 ”并按 Enter 键。

② 先输入“G00 ”并按 Enter 键，再输入“X100”并按 Enter 键，然后输入“Y1000”并按 Enter 键，显示窗口内将依次显示大字符“X100”，“ Y1000”。

在输入命令时，可以在命令行看见输入的内容，在按 Enter 键之前，发现输入错误，可用 BS、◀ 和 ▶ 键进行编辑，按 Enter 键后，系统发现输入错误，会提示相应的错误信息。

2. 运行 MDI 指令段

在输入完一个 MDI 指令段后，按一下操作面板上的 循环启动 键，系统即开始运行所输入的 MDI 指令。

如果输入的 MDI 指令信息不完整或存在语法错误，系统会提示相应的错误信息，此时不能运行 MDI 指令。

3. 修改某一字段的值

在运行 MDI 指令段之前，如果要修改输入的某一指令字，可直接在命令行上输入相应的指令字符及数值。例如，在输入“X100”并按 Enter 键后希望 X 值变为 109，可在命令行上输入“X109”并按 Enter 清除当前输入的所有尺寸字数据。

在输入 MDI 数据后，按 F7 键可清除当前输入的所有尺寸字数据（其他指令字依然有效），显示窗口内的 X、Y、Z、I 、J、K 和 R 等字符后面的数据全部消失，此时可重新输入新的数据。

4. 停止当前正在运行的 MDI 指令

当系统正在运行 MDI 指令时，按 F7 键可停止 MDI 运行。

五、程序的导入与文件管理

1. 选择磁盘程序

1）选择“自动加工”菜单中的“程序选择”，按 F1。

2）按 ▲ 或 ▼ 光标选择其中的程序，按“Enter”键，选中的程序被打开。

2. 选择编辑程序

1）选择“自动加工”菜单中的“程序选择”。

2）按F2键，所编辑的程序被调出，按循环启动键 循环启动 ，程序可运行。

3. 块操作

1）打开已编辑好的程序，将光标移动到所要定义的块之前。

2）按F7键，用 ▲ 或 ▼ 键选择“定义块头”。

3）移动 ◀ 、▶ 、▲ 和 ▼ 光标键，选择所要定义块的部分。

4）按F7键，选择“定义块尾”。

5）按F7键，选择“复制”或“剪切”后，移动 ▲ 、▼ 、◀ 和 ▶ 光标键，将光标移动到所要粘贴的位置。

6）按F7键，选择“粘贴”，定义块的部分就被粘贴在光标处。

4. 选择当前正在加工的程序进行编辑

1）在调出加工程序后，按选择编辑程序菜单F2键选中正在加工的程序。

2）按光标键即可进行编辑了。

5. 选择新文件

1）在“文件管理”菜单中，用 ▲ 或 ▼ 选中“新建文件”选项。

2）在输入新文件名栏内输入新文件的文件名，如“NEW”。

3）按Enter键，系统将自动产生一个0字节的空文件。

注意：新文件不能和当前目录中已经存在的文件同名。

6. 保存程序

编辑好程序后，按F4键保存文件。

7. 更改程序名

1）按“程序编辑”菜单中的“文件管理”。

2）按F1键，用上下光标键选择所要更改文件名的程序。

3）按“Enter”键，用 ◀ 、▶ 、BS 和 Del 键进行编辑修改。

4）修改好后，按“Enter”键。

5）如确实要更改选中的程序名，按“Y”，否则按“N”。

8. 程序编辑

（1）编辑当前程序（F2）　当编辑器获得一个零件程序后，就可以编辑当前的程序了，在编辑过程中用到的主要快捷键如下：

1）Del：删除光标后的一个字符，光标位置不变，余下的字符左移一个字符位置。

2）PgUp：使编辑程序向程序头滚动一屏，光标位置不变，如果到了程序头则光标移到文件首行的第一个字符处。

3）PgDn：使编辑程序向程序尾滚动一屏，光标位置不变，如果到了程序尾则光标移到文件末行的第一个字符处。

4）BS：删除光标前的一个字符，光标向前移动一个字符位置，余下的字符左移一个字符位置。

（2）删除一行（F2、F8） 在编辑状态下按F8键将删除光标所在的程序行。

（3）查找（F2、F6） 在编辑状态下查找字符串的操作步骤如下：

1）在编辑功能子菜单下按F6键。

2）在查找栏输入要查找的字符串。

3）按Enter键从光标处开始向程序结尾搜索。

4）如果当前编辑程序不存在要查找的字符串，将弹出提示对话框。

5）如果当前编辑程序存在要查找的字符串，光标将停在找到的字符串后，且被查找到的字符串颜色和背景都将改变。

6）若要继续查找，按F8键即可。

注意：查找总是从光标处向程序尾进行，到文件尾后再从文件头继续往下查找。

（4）替换（F2、F6） 在编辑状态下替换字符串的操作步骤如下：

1）在编辑功能子菜单下按F6键。

2）在被替换的字符串栏内输入被替换的字符串。

3）按Enter键确定。

4）在用来替换的字符串栏内输入用来替换的字符串。

5）按Enter键从光标处开始向程序尾搜索。

6）按Y键替换所有字符串，按N键则光标停在找到的被替换字符串后。

7）按Y键则替换当前光标处的字符串，按N键则取消操作。

8）若要继续替换按F8键即可。

注意：替换也是从光标处向程序结尾进行，到文件尾后再从文件头继续往下替换。

9. 删除程序

1）按“程序编辑”菜单中的“文件管理”。

2）按F4键，用上下光标选择要删除的程序如“NEW. cnc”。

3）按“Enter”键确定。

4）如确实要删除选中的程序，按“Y”，否则按“N”。

10. 启动、暂停、中止和再启动

（1）启动自动运行 系统调入零件加工程序经校验无误后可正式启动运行。

1）按一下机床控制面板上的自动键（指示灯亮），进入程序运行方式。

2）按一下机床控制面板上的循环启动键（指示灯亮），机床开始自动运行已调入的零件加工程序。

(2) 暂停运行　在程序运行的过程中需要暂停运行，可按下述步骤操作：

1）在程序运行子菜单下按F7键。

2）按N键则暂停程序运行并保留当前运行程序的模态信息。

(3) 中止运行　在程序运行的过程中需要中止运行可按下述步骤操作：

1）在程序运行子菜单下按F7键。

2）按Y键则中止程序运行并卸载当前运行程序的模态信息。

(4) 暂停后的再启动　在自动运行暂停状态下，按一下机床控制面板上的“循环起动”键，系统将从暂停前的状态重新启动并继续运行。

(5) 重新运行　如果在当前加工程序已中止自动运行后，希望从程序头重新开始运行时，可按下述步骤操作：

1）在程序运行子菜单下按F4键。

2）按Y键则光标将返回到程序头，按N键则取消重新运行。

3）按机床控制面板上的“循环启动”键，将从程序首行开始，重新运行当前加工程序。

(6) 空运行　在自动方式下按一下机床控制面板上的 空运行 键（指示灯亮），CNC处于空运行状态，程序中编制进给速率被忽略，坐标轴以最大快移速率移动。空运行不做实际切削，目的在于确认切削路线及程序。在实际切削时应关闭此功能，否则可能会造成危险，此功能对螺纹切削无效。

六、参数设置

1. 坐标系

在MDI方式下输入坐标系数据的操作步骤如下：

1）在MDI功能子菜单下按F3键进入坐标系手动数据输入方式，图形显示窗口首先显示G54坐标系数据，如图4-18所示。

图4-18　显示G54坐标系数据

2）按 PgUp 或 PgDn 键，选择要输入的数据类型：G55、G56、G57、G58、G59 坐标系，当前工件坐标系的偏置值（坐标系零点相对于机床零点的值），或当前相对值零点。

3）在命令行输入所需数据，如输入“X200 Y300”，并按 Enter 键，将设置 G54 坐标系的 X 及 Y 偏置分别为 200、300。

4）若输入正确，在图形显示窗口的相应位置将显示修改过的值，否则原值不变。

2. 刀库表

在 MDI 方式下输入刀库数据的操作步骤如下：

1）在 MDI 功能子菜单下按 F1 键，可进行刀库设置，图形显示窗口将出现刀库数据，如图 4-19 所示。

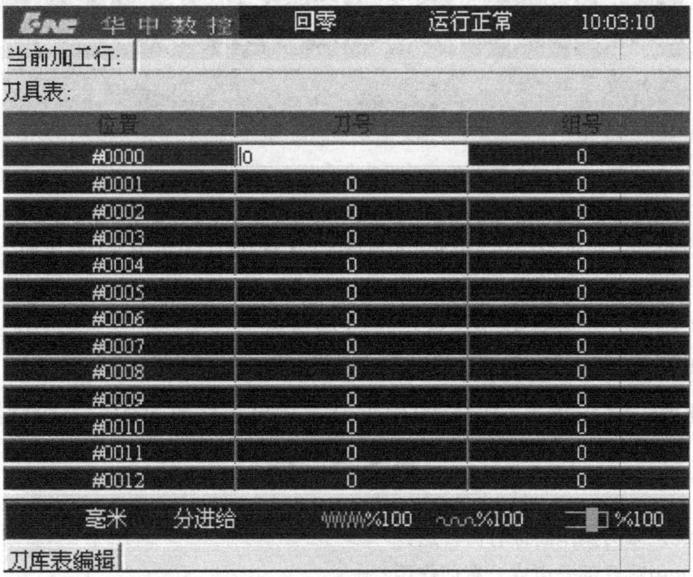

华中数控　回零　运行正常　10:03:10

当前加工行：

刀具表：

位置	刀号	组号
#0000	0	0
#0001	0	0
#0002	0	0
#0003	0	0
#0004	0	0
#0005	0	0
#0006	0	0
#0007	0	0
#0008	0	0
#0009	0	0
#0010	0	0
#0011	0	0
#0012	0	0

毫米　分进给　%100　%100　%100

刀库表编辑

图 4-19　刀库数据

2）用 ▲、▼、◀、▶、PgUp 和 PgDn 移动亮条，选择要编辑的选项。

3）按 Enter 键，亮条所指刀库数据的颜色和背景都发生变化，同时有一个光标在闪烁。

4）用 ◀、▶、BS 和 Del 键进行编辑修改。

5）修改完毕，按 Enter 键确认。

6）若输入正确，在图形显示窗口的相应位置将显示修改过的值，否则原值不变。

3. 刀具表

在 MDI 方式下输入刀具数据的操作步骤如下：

1）在 MDI 功能子菜单下按 F2 键，可进行刀具设置，图形显示窗口将出现刀具数据如图 4-20 所示。

2）用 ▲、▼、◀、▶、PgUp 和 PgDn 移动亮条，选择要编辑的选项。

华中数控 回零 运行正常 10:04:18

当前加工行:

刀具表:

刀号	组号	长度	半径	寿命	位置
#0000	0	0.000	0.000	0	0
#0001	0	0.000	4.000	0	0
#0002	0	0.000	0.000	0	0
#0003	0	0.000	0.000	0	0
#0004	0	0.000	0.000	0	0
#0005	0	0.000	0.000	0	0
#0006	0	0.000	0.000	0	0
#0007	0	0.000	0.000	0	0
#0008	0	0.000	0.000	0	0
#0009	0	0.000	0.000	0	0
#0010	0	0.000	0.000	0	0
#0011	0	0.000	0.000	0	0
#0012	0	0.000	0.000	0	0

毫米 分进给 %100 %100 %100

MDI:

图4-20 刀具数据

3）按Enter键，亮条所指刀具数据的颜色和背景都发生变化，同时有一个光标在闪烁。

4）用键进行编辑修改。

5）修改完毕，按Enter键确认。

6）若输入正确，在图形显示窗口的相应位置将显示修改过的值，否则原值不变。

复习思考题

1. 华中数控系统铣床的操作面板有何特点？
2. MPG手持单元由哪几部分组成？有何作用？
3. 华中系统的镜像功能、缩放功能使用什么指令？如何使用？
4. 华中系统的旋转变换指令G68、G69的含义是什么？
5. 华中系统的常用固定循环指令有哪些？

读者信息反馈表

感谢您购买《数控铣床/加工中心编程与操作实例　第2版》一书。为了更好地为您服务，有针对性地为您提供图书信息，方便您选购合适图书，我们希望了解您的需求和对我们教材的意见和建议，愿这小小的表格为我们架起一座沟通的桥梁。

<table>
<tr><td>姓　　名</td><td></td><td>所在单位名称</td><td colspan="2"></td></tr>
<tr><td>性　　别</td><td></td><td>所从事工作（或专业）</td><td colspan="2"></td></tr>
<tr><td>电子邮件</td><td colspan="2"></td><td>移动电话</td><td></td></tr>
<tr><td>办公电话</td><td colspan="2"></td><td>邮　　编</td><td></td></tr>
<tr><td>通信地址</td><td colspan="4"></td></tr>
<tr><td colspan="5">1. 您选择图书时主要考虑的因素：（在相应项前面打“√”）
（　）出版社　（　）内容　（　）价格　（　）封面设计　（　）其他
2. 您选择我们图书的途径（在相应项前面打“√”）
（　）书目　（　）书店　（　）网站　（　）朋友推介　（　）其他</td></tr>
<tr><td colspan="5">希望我们与您经常保持联系的方式：
□电子邮件信息　□定期邮寄书目
□通过编辑联络　□定期电话咨询</td></tr>
<tr><td colspan="5">您关注（或需要）哪些类图书和教材：</td></tr>
<tr><td colspan="5">您对我社图书出版有哪些意见和建议（可从内容、质量、设计、需求等方面谈）：</td></tr>
<tr><td colspan="5">您今后是否准备出版相应的教材、图书或专著（请写出出版的专业方向、准备出版的时间、出版社的选择等）：</td></tr>
</table>

非常感谢您能抽出宝贵的时间完成这张调查表的填写并回寄给我们，我们愿以真诚的服务回报您对机械工业出版社技能教育分社的关心和支持。

请联系我们——

通信地址　北京市西城区百万庄大街22号　机械工业出版社技能教育分社

邮政编码　100037

社长电话　（010）8837-9083　8837-9080　6832-9397（带传真）

电子邮件　cmpjjj@ vip. 163. com